Les vaches de paris

De la Régence à la Restauration

Histoire de Paris
Collection dirigée par Thierry Halay

L'Histoire de Paris et de l'Ile-de-France est un vaste champ d'étude, quasiment illimité dans ses multiples aspects.

Cette collection a pour but de présenter différentes facettes de cette riche histoire, que ce soit à travers les lieux, les personnages ou les événements qui ont marqué les siècles.

Elle s'efforcera également de montrer la vie quotidienne, les métiers et les loisirs des Parisiens et des habitants de la région à des époques variées, qu'il s'agisse d'individus célèbres ou inconnus, de classes sociales privilégiées ou défavorisées.

Les études publiées dans le cadre de cette collection, tout en étant sélectionnées sur la base de leur sérieux et d'un travail de fond, s'adressent à un large public, qui y trouvera un ensemble documentaire passionnant et de qualité.

A côté de l'intérêt intellectuel qu'elle présente, l'histoire locale est fondamentalement utile car elle nous aide, à travers les gens, les événements et le patrimoine de différentes périodes, à mieux comprendre Paris et l'Ile-de-France.

Dernières parutions

Jean-Pierre DUQUESNE, *La Véridique Histoire d'une religieuse, d'un monastère et d'un cercueil, de Louis XIII à René Coty*, 2016.

Yves BERTHIER, *Femmes de pierre du jardin du Luxembourg*, 2015.

Hubert DEMORY, *Alexandre Janson, Fondateur du lycée Janson de Sailly*, 2015.

Dominique SABOURDIN-PERRIN, *Les dames de Sainte-Elizabeth. Un couvent dans le Marais (1916 - 1792)*, 2014.

Claude MOREAU, *Charenton-le-Pont. Un dictionnaire historique des rues anciennes et actuelles*, 2014.

Hubert DEMORY, *Auteuil et Passy. Du Moyen-Âge à la Révolution*, 2013.

Pascale GAUTHIER, *L'Épopée des Espagnols à Paris de 1945 à nos jours*, 2010.

Hubert DEMORY, *La Mémoire du XVIe Arrondissement. Inventaire des plaques commémoratives*, 2010.

Pierrette BINET-LETAC, *Les sœurs de l'Hôtel-Dieu dans le Paris des XIVe et XVe siècles. Philippe du Bois, Marguerite Pinelle...*, 2010.

Sylvain BRIENS, *Paris, laboratoire de la littérature scandinave moderne. 1880-1905*, 2010.

Janice BEST, *Les monuments de Paris sous la Troisième République : contestation et commémoration du passé*, 2010.

Hubert DEMORY, *Auteuil et Passy. De l'Annexion à la Grande Guerre*, 2009.

Françoise BUSSEREAU-PLUNIAN, *Le temps des maraîchers franciliens. De François 1er à nos jours*, 2009.

Jean-Marie DURAND, *Heurs et malheurs des prévôts de Paris*, 2008.

Michel Gautier

Les vaches de paris

De la Régence à la Restauration

Du même auteur

Le fil et le blé. Neuf mille arpents et trois mille cinq cents manceaux au XVIIe siècle, Paris (chez l'auteur), 1998, 2e édition, 2010.

Un canton agricole de la Sarthe face au « monde plein » : 1670-1870, L'Harmattan, Paris, 2010.

© L'Harmattan, 2016
5-7, rue de l'Ecole-Polytechnique, 75005 Paris

http://www.editions-harmattan.fr

ISBN : 978-2-343-11014-1
EAN : 9782343110141

INTRODUCTION

Dans la cour éclairée par la lueur blafarde de l'aube passant les toits, François attelait l'âne à la petite voiture à lait. Dans la chaleur moite d'une étable basse mal éclairée par les portes à deux battants, Marie Geneviève, sa femme, et Marie Jeanne, la servante, terminaient la traite du matin. Jean-Marie, le garçon, charriait du fumier et de la paille avant la distribution matinale aux vaches. La rumeur du faubourg montait alentour. Une nouvelle journée avait commencé.

A une époque où les medias nous vantent le développement de l'agriculture du béton et du bitume, de l'agriculture verticale, en fait des cultures légumières ou fruitières urbaines et des petits élevages de volailles et de lapins, et à une époque où l'on souligne l'urgence qu'il y a à résoudre les problèmes environnementaux posés par les élevages, il m'a semblé bon de nous souvenir que, jusqu'à la Grande Guerre, des bêtes à cornes étaient élevées de façon notable à l'intérieur de la Ville de Paris (France). Assez récemment l'approvisionnement en lait des Parisiens a été étudié sous tous ses aspects par Olivier Fanica[1] et le contrôle environnemental et sanitaire des vacheries, déclarées « établissements classés », a fait l'objet de quelques pages dans un ouvrage d'André Guillerme[2] analysant les travaux du Conseil de Salubrité de la Seine durant l'Empire et la Restauration. Par ailleurs, des associations parisiennes se sont intéressées aux anciennes vacheries dont des bâtiments subsistaient dans la capitale. En dehors de quelques textes réglementaires, toutes ces informations ainsi rassemblées sont fondées principalement sur des témoignages extérieurs à la profession, soit des rapports administratifs, des études circonstanciées de différentes époques, de maigres statistiques incertaines, des articles de revues ou de journaux et quelques écrits littéraires[3], et décrivent plutôt la situation du dernier quart du XIXe siècle et du début du XXe siècle.

Mais les éleveurs, les « nourrisseurs de bestiaux », témoignent rarement directement de leur situation concrète, en particulier avant la fin du XIXe siècle. A partir des actes des notaires il m'a semblé possible de rendre compte de leur activité et de leur insertion dans le milieu parisien ; avec

---

1. FANICA, 2003, 2006, 2008. Se reporter à la bibliographie pour les détails.
2. GUILLERME, 2007, p. 36-38.
3. Néanmoins les impressions que l'on retient à la lecture des inventaires après décès des nourrisseurs se retrouvent bien dans le *Colonel Chabert* de Balzac, qui a quand même un peu forcé le trait.

pour hypothèse[4] que sont minoritaires les nourrisseurs n'ayant laissé aucune trace notariale. En effet les contrats de mariage et les inventaires après décès présentent des structures assez standardisées pour que l'on puisse les utiliser comme des questionnaires d'enquête. Et cela avant la stabilisation de la mise en œuvre du cadre institutionnel de cette activité vers la fin des années 1820 et surtout avant le développement du chemin de fer qui a élargi notablement le périmètre d'approvisionnement laitier de Paris, en rapport avec l'augmentation de la population de la capitale. Et avant la « révolution pastorienne » qui introduira de nouvelles problématiques quant à la qualité du lait. Je me suis donc intéressé aux vaches et à leurs nourrisseurs en activité de la Régence à la Restauration, soit pendant le XVIIIe siècle et le premier XIXe siècle. Et, pour faire le lien avec les périodes suivantes, j'ai retenu le cadre géographique du futur Paris d'après 1859, après l'absorption des communes situées à l'intérieur des fortifications de Thiers en place au milieu des années 1840. Dans ce cadre je propose donc au lecteur bienveillant une contribution, certes ciblée sur une petite minorité, à l'histoire économique et sociale parisienne. La problématique développée ici ne sera pas celle de la production, de la vente et de la consommation du lait en milieu urbain, ni celle des problèmes de la qualité du produit, ni celle des effets sur l'environnement de cette activité ; ces problématiques ont déjà été développées par ailleurs comme je l'ai exposé plus haut. On examinera donc une sous-population centrée sur une activité particulière dont on exposera les modalités d'exercice dans sa période de développement initial. Dans la diversité parisienne, du fait de ses particularités, celle-ci peut être l'objet d'une recherche spécifique tout autant que la bourgeoisie rentière, les musiciens, les orfèvres et les métiers d'art, les boulangers ou les jardiniers.

Dans un premier temps, en se référant aux données d'une ample enquête dans les minutes des notaires parisiens, nous verrons comment se situent socialement les nourrisseurs parmi les Parisiens à travers leurs origines et leurs liens familiaux et ce que l'on peut savoir de leur cadre de vie. Puis je détaillerai les éléments de l'activité de nourrisseur avant de tenter un bilan économique. Pour illustrer plus précisément la diversité des situations, des études de cas succinctes viendront préciser en deuxième partie ce que les données de l'enquête auront permis d'entrevoir. Enfin en troisième partie, en annexes, j'exposerai longuement les modalités de l'enquête et ses résultats détaillés et commentés, outre une analyse des cartes de sûreté de 1793 et quelques maigres statistiques. Pour ne pas surcharger le texte de synthèse, tous les tableaux de chiffres ont été placés dans les annexes.

---

4. Cette hypothèse peut difficilement être retenue dans le cas des strates inférieures de la population comme les gagne-deniers, les frotteurs, les manouvriers ou journaliers.

Le cadre général

Qu'est-ce qu'un nourrisseur de bestiaux ?

Cette activité paraîtrait a priori être connue depuis longtemps et ne pas avoir besoin d'une définition particulière. Mais le premier inventaire après décès auquel j'ai pu avoir accès en sélectionnant le terme « nourrisseur » dans les bases de données[5] consultées ne date que de 1720 et le premier contrat de mariage de 1721. Et encore la désignation était en fait « marchand nourrisseur de bestiaux ». Ce terme était parfois condensé en « marchand de bestiaux » dans d'autres actes de la même époque repérés par la suite. Et je n'ai rien trouvé avant ces années dans les susdites bases de données. Même pas sous les termes « vacher », « laitier » ou « marchand de lait ». En revanche j'en ai repéré ensuite, en enchaînant les actes, sous les désignations de « voiturier », « gagne-denier » ou « bourgeois de Paris ». Il y avait sans doute jusqu'alors un manque de reconnaissance sociale de l'activité contrairement aux « laitières » dont on parlait depuis le Bas Moyen Age et qui bénéficiaient de la reconnaissance des « Cris de Paris »[6]. Plus tard dans le XIXe siècle on les désignera sous le terme de « laitier nourrisseur ». Donc pour la suite du propos un nourrisseur de bestiaux, ou une nourrisseuse de bestiaux, sera simplement celui qui possède des vaches dans une étable ainsi que du matériel de laiterie, soit une « vacherie », et dont on peut supposer qu'il produit et commercialise du lait frais. Cette activité laitière n'est pas exclusive et peut être associée à des activités de cultivateur, de voiturier, de jardinier maraîcher ou de vigneron, comme nous le verrons plus loin. De même nous verrons que des indices permettent de supposer que cette activité laitière était souvent une affaire de femme.

Avant 1790 cette activité n'est pas encadrée dans une corporation ; il n'y a pas de maîtres, de compagnons et d'apprentis. C'est un métier dit « libre ». En revanche à partir de 1801 cette activité entre dans la nouvelle catégorie des « établissements classés » soumis à déclaration, autorisation par le préfet et surveillance par le Conseil de Salubrité. L'ordonnance de police de 1801 édicte des normes à respecter quant aux étables et à leur environnement. Une autre ordonnance de police de 1822 renforce ces normes et prétend interdire l'installation de vacheries à l'intérieur des barrières. Et en 1838 une nouvelle ordonnance sur les mêmes sujets montre que ces règles n'étaient

---

5. Voir l'annexe A dispositif d'enquête.
6. FANICA, 2008, p. 35-41 et p. 129-131.

pas vraiment respectées comme le révélaient certains rapports au Conseil de Salubrité[7].

Un nourrisseur est-il « peuple »[8], « maître artisan », « petit bourgeois » ? On se trouve dans un entre-deux. L'activité n'est pas subordonnée à l'action de quelqu'un d'autre ; le nourrisseur n'est pas un salarié, il ne vend pas sa force de travail mais du lait et quelques autres produits, et il mène son affaire comme il l'entend. Et selon son niveau d'activité il peut employer un ou plusieurs domestiques hommes dénommés « garçons nourrisseurs » et une ou plusieurs domestiques femmes. L'activité demande en général un capital d'exploitation plus important que celui du maître artisan du bois ou des métaux ou de la pierre et ce capital est plus important que celui du maître jardinier dans la plupart des cas. Mais nous verrons que son niveau de vie déterminé par les biens de son inventaire peut être dans certains cas inférieur à celui d'un compagnon de métier et être proche de celui d'un gagne-denier.

Où exerce-t-il son activité ?

L'on nous dit que les vacheries étaient installées dans les faubourgs de la ville, la proche banlieue et la ville elle-même, selon un compromis entre les contraintes de la livraison du lait et les contraintes de l'entretien des animaux à l'étable. Sans plus de détail. Et tout dépend de la définition qui est donnée à la ville, ses faubourgs et sa banlieue[9]. Avant 1790 et la délimitation de la Ville par la barrière toute neuve dite « des Fermiers Généraux », il y a une délimitation floue entre les faubourgs de la Ville assujettis aux Aides (et donc à l'intérieur des barrières) et les paroisses avoisinantes redevables de la taille. Les faubourgs sont les quartiers extérieurs aux anciennes fortifications du Moyen Age réaménagées sous Louis XIII et Louis XIV. Leur périmètre taxable a été redéfini plusieurs fois. D'où les mentions du type « rue de Sèves hors barrière paroisse Saint Sulpice » ou « rue et barrière de Vaugirard paroisse Saint Etienne du Mont ». Et même après 1790 il subsiste quelques incertitudes du genre « chaussée de la Villette Faubourg Saint Martin » ou « chaussée du Maine près la barrière ». Il y a un intérêt certain pour un nourrisseur de se trouver « hors barrière » car le lait n'est pas taxé mais les vaches, le foin et la paille le sont ; on trouve des traces de cette taxation dans l'examen des papiers et les dettes passives des inventaires « intra-muros ». Mais certains qui étaient situés à l'origine « hors barrière » se sont retrouvés inclus « intra-muros » avec la

---

7. GUILLERME, 2007, FANICA, 2008, p. 134, 139-145.
8. Selon la définition de Daniel ROCHE, 1998 (1980).
9. Voir à ce sujet POUSSOU, 1996.

mise en place du mur des Fermiers Généraux qui a débordé l'ancienne barrière à certains endroits.

Néanmoins tous les actes que j'ai relevés portent sur des individus domiciliés dans les faubourgs et la banlieue proche, celle qui sera englobée dans les fortifications et intégrée à Paris à partir de 1860. Je n'ai aucune information sur le cœur de la Ville elle-même. Je n'ai pas trouvé de références à propos de vacheries telles que celle décrite par Huzard en 1813[10] dans le quartier de la Cité. Les conditions de constitution de l'échantillon font que la proche banlieue n'apparaît vraiment qu'après 1780. La part dans l'échantillon des vacheries implantées en banlieue proche ne cesse d'augmenter au fil du temps. Même si cela ne peut pas être mesuré précisément cela correspond à la réalité du déplacement des vacheries vers la banlieue en réponse à l'extension de l'urbanisation de la Ville. En définitive, en fin d'observation, la répartition dans l'espace parisien des vacheries étudiées est proche de celle révélée par une carte portant sur l'implantation des vacheries en 1895[11]. Notons en 1838, en dehors la période couverte par cette étude, la publication d'une ordonnance du préfet de Police qui limite l'extension des vacheries à certains quartiers de Paris et renforce les normes de construction des étables et celles de la gestion des effluents.

Figure 1 Répartition géographique des nourrisseurs par zones

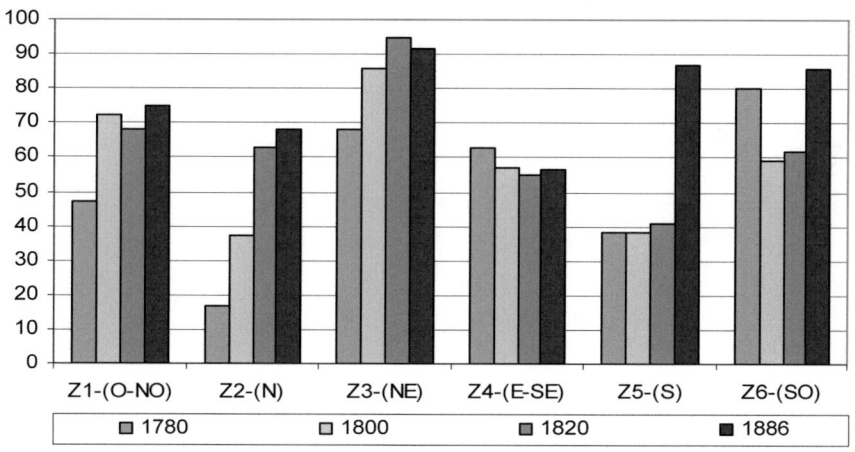

Note : pour les décennies 1780, 1800 et 1820 nombre de nourrisseurs repérés dans l'échantillon notarial, pour 1886 voir l'annexe D statistiques - recensement de 1891. Vers 1820 on peut estimer le nombre de nourrisseurs à environ 600-650 dans le cadre du futur Paris de 1860 à comparer au chiffre de 464 pour 1886 à Paris selon la même extension.

---

10. HUZARD, 1813.
11. FANICA, 2008, p. 143, PINOL et GARDEN, 2009, p. 154.

Les zones principales révélées par l'échantillon[12] sont, dans le sens des aiguilles d'une montre à partir de l'ouest sur la rive droite, le Faubourg Saint honoré, les Porcherons et la rue Saint Lazare avec l'extension vers Monceau, les Batignolles et le « triangle d'or » (Auteuil, Neuilly, Passy) ; le Faubourg Montmartre et le Faubourg Poissonnière avec l'extension vers la Chapelle ; le Faubourg Saint Martin avec l'extension vers La Villette et Belleville ; le Faubourg Saint Antoine au sens large ; le Faubourg Saint Marcel au sens large avec le Faubourg Saint Jacques et la barrière d'Enfer avec extension vers le Petit Montrouge et le Petit Gentilly ; les rues de Sèvres (« Sèves ») et de Vaugirard, le Faubourg Saint Germain et le Gros Caillou avec l'extension vers Vaugirard (celui d'avant 1830 et le détachement de Grenelle).

Grâce à l'existence de plusieurs références pour un même individu, on note que certains nourrisseurs de l'échantillon se sont déplacés au cours de leur vie, surtout à partir de l'Empire. En particulier certains parmi ceux du Faubourg Saint Martin sont allés à La Villette, ceux de la rue de Sèvres ou de la rue de Vaugirard à Vaugirard, ceux de la rue Saint Lazare et des Porcherons à La Chapelle. Des individus installés en premier lieu à La Villette sont allés à La Chapelle et vice-versa. Avec parfois un retour à l'adresse d'origine suite à un remariage. L'un est passé de La Villette à Drancy rejoignant ainsi la commune d'origine de sa femme. Un autre est allé de La Villette à Pantin, gagnant là aussi la commune d'origine de sa femme. En revanche ceux du Faubourg Saint Antoine au sens large y sont généralement restés, en dehors d'un cas de transfert à Charenton. On pourrait exposer d'autres cas, mais en dehors d'exemples ponctuels il n'est pas possible de dresser un panorama général de ces mouvements vers la périphérie car les informations disponibles ne le permettent pas.

Avec l'Empire apparaissent dans les inventaires et les ventes de fonds la valorisation de « l'achalandage » et la déclaration des emplacements de vente de lait. L'activité des laitières doit être déclarée à l'Administration. Les nourrisseurs de la périphérie ont souvent une ou deux places intra-muros pour la vente du lait, souvent des pas de porte d'épicier, de volailler ou de limonadier qu'ils louent ou un petit local qu'ils peuvent posséder.

---

12. Annexe A tableau 6 définition des zones et localisation des nourrisseurs.

Les nourrisseurs dans la société parisienne

Les parties et témoins des contrats de mariage, les parties et tuteurs des inventaires après décès, les conseils de tutelle des mineurs et les liquidations de succession fournissent un aperçu de l'origine des individus, de leur parentèle et amis. A l'aide de 507 contrats de mariage parisiens et de 564 inventaires après décès, j'ai pu retenir 760 couples ayant eu une activité de nourrisseur entre 1710 et 1830 et présentant au moins un acte de mariage ou un acte de décès. Ces couples sont constitués de 655 hommes et 690 femmes[13]. Ensuite, en ce qui concerne les origines et le milieu dans lequel sont géographiquement ancrés les nourrisseurs, nous bénéficions de travaux sur les cartes de sûreté de 1793.

Comment devient-on nourrisseur ? Par héritage quand on est fils ou fille de nourrisseur, par mariage avec une veuve de nourrisseur, par migration et mariage avec une nourrisseuse, par imitation de sa parentèle ou de ses amis, et par des voies que les actes notariés ne révèlent pas ? Le mariage est donc un point central car cette activité semble bien être une affaire de couple comme dans l'artisanat ou la boutique ou l'agriculture.

La formation des couples de nourrisseurs

Globalement, comment se sont constitués les couples ayant eu une activité de nourrisseur en distinguant quatre grandes catégories entre les migrants[14], les enfants de nourrisseur, les autres garçons et filles et les veufs ? Nous disposons d'informations à ce sujet pour 841 couples, en ajoutant aux 760 couples cités plus haut, 81 couples extraits des 204 couples connus mais non retenus dans l'échantillon[15]. Si on laisse de côté les 24 couples qui se sont mariés en province et qui, par définition, sont composés d'un migrant et d'une migrante, il reste 817 couples qui se sont formés à Paris ou dans le département de la Seine. Les 24 couples de migrants mariés en province se sont installés à Paris à un moment indéterminé de leur vie commune car nous ne connaissons leur existence que par l'intermédiaire des inventaires après décès. La répartition des combinaisons possibles entre les groupes d'hommes et les groupes de femmes ainsi définis n'est pas aléatoire.

---

13. Voir l'annexe A du dispositif d'enquête et l'annexe B des résultats de l'enquête. Dans la suite du propos on voudra bien se reporter aux données détaillées de ces annexes qui ne seront pas développées dans le texte.
14. Ici un migrant est celui qui est né en dehors du département de la Seine.
15. Annexe B résultats tableau 7.

Ce que révèlent des indices d'intensité relative qui sont des indicateurs de l'écart existant entre l'effectif observé et l'effectif théorique de chaque cas. Ceci indépendamment de la répartition effective des couples entre les différentes combinaisons et le poids de chacune de celles-ci dans l'échantillon. C'est ainsi qu'il y a une nette préférence relative pour un mariage entre deux migrants, un mariage entre deux enfants de nourrisseurs, un mariage entre deux veufs, un mariage entre un veuf ou une veuve et une fille migrante ou un garçon migrant. En revanche sont relativement moins prisés les mariages entre des veufs ou veuves et des enfants de nourrisseurs, ainsi qu'entre des garçons parisiens et des filles migrantes. Bien entendu les mariages entre garçons parisiens et filles parisiennes dominent en nombre avec près de la moitié des 841 cas. Les mariages entre fils de nourrisseur et filles de nourrisseur ne comptent que pour 18% des 416 couples garçons-filles recensés d'origine parisienne. Les mariages entre migrants, y compris les mariages en province, ne représentent que 11% de l'ensemble des 641 couples garçons-filles mais concernent 48% de l'ensemble des filles migrantes contre seulement 30% des garçons migrants.

L'échantillon retenu des 760 couples, complété par des hommes et des femmes non retenus mais dont on connaît l'origine, livre 548 hommes et 583 femmes ayant eu une activité de nourrisseur dont l'origine géographique et sociale est connue. Du côté des hommes 42% sont des migrants, 31% sont des fils de nourrisseur et 27% ne sont ni l'un ni l'autre. A l'inverse, du côté des femmes, 42% sont des filles de nourrisseur, 25% sont des migrantes et 33% sont autres. A titre indicatif, dans l'échantillon, parmi les hommes mariés avant 1810, 39% ont un ou plusieurs fils ou filles mariés ayant une activité de nourrisseur. Et, parmi ces hommes, certains sont eux-mêmes fils de nourrisseur comme le montreront certaines études de cas de la deuxième partie de cet ouvrage. Notons que les filles de nourrisseur mariées à un nourrisseur sont plus nombreuses que les fils de nourrisseurs mariés à une nourrisseuse. Notons aussi que les hommes migrants ne sont que 28% à avoir une descendance nourrisseuse contre 45% pour les non migrants[16]. Par ailleurs on relève un nombre significatif de mariages entre fils et filles de migrants, entre migrants et filles de migrants et entre fils de migrants et

---

16. Il ne faut pas tirer trop rapidement des conclusions au sujet de l'héritabilité de la profession car nous ne connaissons pas la descendance de la totalité des couples repérés. Retenons aussi qu'une bonne dizaine d'hommes se sont révélés être sans enfant au moment de leur inventaire après décès. Rappelons aussi que 170 couples de l'échantillon n'ont pas de décès connus, auxquels il faut ajouter les 56 couples des pères et mères de nourrisseur non retenus dans l'échantillon (absence d'actes connus).

migrantes. Ce qui ne saurait surprendre étant donné la proportion de migrants dans chaque génération.

Dans l'ensemble de l'échantillon[17], les couples « primaires » constitués de garçons et de filles forment globalement les trois quarts des couples référencés, les veufs remariés à une fille 11,7%, les veuves remariées à un garçon 9,6% et les couples de deux veufs 3,8%. La place des remariages semble plus élevée dans l'échantillon que dans la population parisienne en général. Ainsi durant les années 1817 à 1821, dans le département de la Seine[18], les mariages entre garçons et filles représentaient 81,5% du total des mariages contre 76% dans l'échantillon entre 1816 et 1829 pour 109 cas. Mais cela est peut-être dû au mode de constitution de l'échantillon car entre 1760 et 1790, période la plus favorable pour les relevés des contrats de mariage, cette part était de 83% sur 258 cas dans l'échantillon. Les veufs, et assez souvent les veuves de nourrisseurs, se remarient très rapidement comme cela est le cas le plus général.

La durée[19] de ces mariages « primaires » de nourrisseurs est en moyenne de 19 à 20 ans. Celle des remariages est plus courte et fluctue autour de 14 ans. Les garçons se marient en moyenne à 26 ans, plus âgés avant 1800 (26,7 ans) qu'après 1800 (25,4 ans), et plus tard pour les migrants (28,3 ans) que pour les Parisiens (24,8 ans). Du côté des filles la moyenne est de 22,7 ans et change peu selon les périodes, mais en revanche l'écart entre les migrantes et les Parisiennes existe aussi avec 24,3 ans contre 22,1 ans. Au XVIIIe siècle, lors de leur mariage, les deux tiers des garçons sont majeurs (25 ans et plus) alors que les deux tiers de filles sont mineures. Après 1800 entre un quart et un tiers des filles se marient avant 21 ans (mineures) contre un douzième des garçons. Les Parisiens nourrisseurs ne sont pas majoritairement des adeptes du mariage tardif. Lors des successions les enfants sont souvent nombreux, le nombre des naissances ne diminuant qu'après 1800. Les veufs se remarient en moyenne à l'âge de 36 ans et les veuves à celui de 33 ans, soit en moyenne après 10 ans de mariage ; mais le nombre de cas étudiés est faible. Et un nombre non négligeable de cas de décès féminin peut être noté que l'on peut supposer avoir eu lieu après un accouchement.

Attendent-ils le décès de leurs parents[20] pour convoler ? Les contrats de mariage parisiens nous révèlent qu'il y a moins de 17% de garçons parisiens orphelins et moins de 14% de filles parisiennes orphelines. Près de la moitié (49%) des garçons parisiens qui se marient ont encore un père vivant et les filles parisiennes 58%. Ici encore un contraste existe avec les migrants qui

---

17. Annexe B résultats tableaux 8 à 11.
18. Annexe D statistiques des mariages dans la Seine.
19. Annexe B résultats tableau 11.
20. Annexe B résultats tableaux 9 et 10.

sont orphelins pour un quart et les filles pour un cinquième. Ceci est important pour l'établissement des jeunes couples dans le cadre des dots et apports. Si un des parents est décédé on voir apparaître dans les contrats la mention de droits souvent non chiffrés sur la succession du décédé et donc un droit non immédiat ; mais dans ce cas une dot en avance de partage peut aussi être établie. D'une manière générale toutes les dots sont soit en « avance d'hoirie », soit consistent en une renonciation à la part de succession. Ce problème des droits sur les successions est constant dans le cas des remariages des veufs et veuves qui exhibent l'inventaire fait après le décès de leur ancien conjoint. On note que cet inventaire a lieu le plus souvent peu de temps avant la noce et parfois longtemps après le décès dudit conjoint.

Entre un tiers et un quart des mariages d'un garçon et d'une fille se font sans contrat, surtout avant 1760. Tandis que les veufs et les veuves se remarient presque systématiquement avec un contrat de mariage, de façon à préserver les droits des enfants du premier lit, surtout après 1760. Cela montre aussi qu'en général ils ont les moyens financiers de rendre visite au notaire. De même ont-ils les moyens de payer un inventaire car sont rares les mentions de procès-verbal de carence les concernant. Ces contrats comportent parfois la mention d'apports d'animaux et matériels (environ 21% des contrats) ou d'immeubles (environ 17%). Ces aspects économiques des contrats de mariage seront étudiés plus loin.

Dis-moi qui tu fréquentes…

On nous dit que les Parisiens avaient tendance à se regrouper par quartiers où dominaient leurs compatriotes provinciaux ou par quartier plus ou moins socialement et professionnellement homogènes. Les études de cas qui sont exposées montrent qu'en effet, à première vue, il y a des groupes familiaux bas-normands ou savoyards, et que les nourrisseurs ont tendance à se marier entre eux. Un petit détour par l'analyse statistique de l'échantillon sur l'origine sociale des membres des couples va permettre de nuancer cette première impression. Les mentions de profession sont celles citées dans les actes, en particulier les contrats de mariage. Ces mentions de profession ou d'activité s'apparentent en fait à des mentions de statuts ou de catégories socioprofessionnelles, pour s'exprimer en termes actuels ; elles sont marquées indirectement par l'existence des corporations et de leur organisation. L'analyse des inventaires après décès montrera qu'un nourrisseur peut être désigné par une autre profession qui est en fait celle de sa référence sociale. Ainsi un compagnon menuisier lors de son mariage avec une veuve de nourrisseur sera toujours désigné comme tel lors du décès de celle-ci en présence de 15 vaches dans les étables. Le premier mari de ladite dame était lui aussi désigné comme compagnon menuisier à leur mariage et à son décès avec 14 vaches. Mais le nourrisseur était peut-être une nourrisseuse. De même, quatre-vingt ans plus tard, un scieur de pierre à son mariage est toujours scieur de pierre à son décès treize ans après en présence de cinq vaches. Dans ce cas aussi s'agirait-il sans doute d'une nourrisseuse. Parmi les inventaires les plus anciens des années 1720 on trouve celui d'un bourgeois de Paris du Faubourg Saint Antoine qui correspond en fait à celui d'un nourrisseur ou d'un laboureur avec six vaches, un cheval, un âne, une charrette, un tombereau et une charrue. Puis on trouve l'inventaire de son fils marié, décédé peu de temps après lui, désigné comme voiturier avec cinq vaches, un âne et aucune charrette et dont le père était cité comme laboureur lors de son mariage ; mais ce dernier inventaire a eu lieu deux ans après le décès quand la veuve a trouvé une occasion pour se remarier. Un coiffeur, apparemment originaire de Tulle, se marie en 1792 avec une serveuse, tous deux de la paroisse Saint Paul ; celui-ci est toujours désigné comme coiffeur sur sa carte de sécurité en 1793 ; mais au décès de sa veuve en 1819 celle-ci est nourrisseuse rue Neuve Saint Etienne (12e arrondissement).

L'analyse statistique de l'origine sociale des couples de garçons et de filles montre que les catégories les plus proches des nourrisseurs sont les voituriers, les cultivateurs et les jardiniers ou vignerons. Dans l'ensemble de l'échantillon, neuf garçons parisiens sur dix et huit filles parisiennes sur dix ont ces catégories pour origine sociale. Les nourrisseurs représentent 58% des garçons parisiens et 54% des filles parisiennes ; les voituriers respectivement 13,5% et 9%, les jardiniers ou vignerons 12% et 11% et les cultivateurs 7% pour les deux sexes[21]. Mais les mariages entre nourrisseurs ne représentent qu'un peu moins de 31% des 249 couples de garçons parisiens et filles parisiennes aux origines sociales connues ; ce qui ne dénote pas une forte endogamie professionnelle stricte ; mais ce pourcentage global cache une évolution dans le temps avec une augmentation très nette de l'homogamie. Par ailleurs si le fils de jardinier[22] peut devenir nourrisseur, il n'y a pas de cas dans cette enquête où le fils de nourrisseur soit devenu jardinier. En revanche il y a comme une fluidité entre l'activité de voiturier et celle de nourrisseur ; un fils de nourrisseur peut devenir voiturier alors que sa sœur épouse un nourrisseur ; et pratiquer en même temps ou plus tard l'activité de nourrisseur. Chez les filles, la catégorie « autres » est plus importante que les catégories de « voiturier » et de « jardinier vigneron ».

---

21. Annexe B résultats tableaux 15 à 18.
22. Au sujet des jardiniers parisiens puis franciliens voir BUSSEREAU-PLUNIAN, 2009.

Figure 2 Origines sociales des garçons et filles parisiens

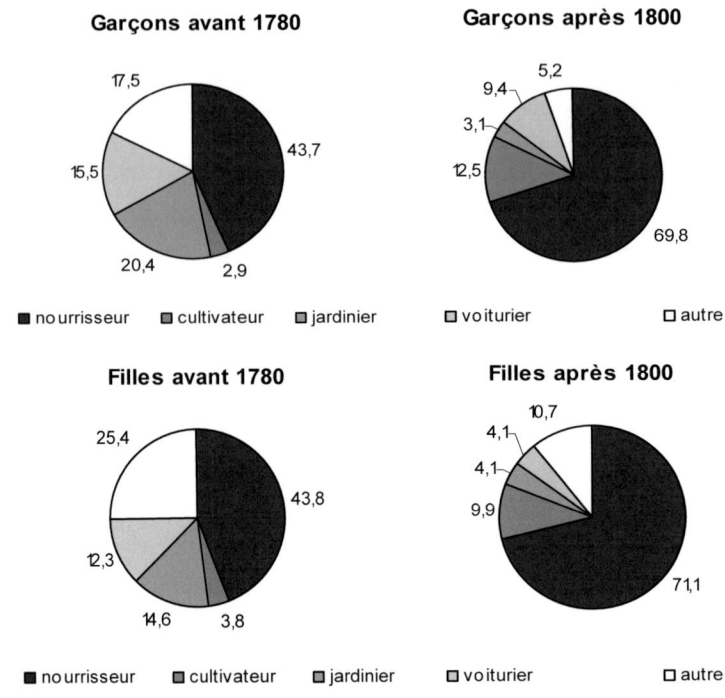

Cette catégorie « autres » comprend des activités plus ou moins liées à celle de nourrisseur comme journalier ou gagne-denier, marchand de chevaux ou de vaches, meunier ou boulanger (fourniture de son), amidonnier, loueur de carrosses ou de cabriolets mais les bouchers sont quasiment absents. Il semble que le cercle de recherche matrimonial se soit rétréci au cours du temps comme le suggère les différences que l'on note entre « avant 1780 » et après « 1800 ». Au XVIIIe siècle la répartition des origines sociales telles quelles résultent des déclarations dans les actes est moins polarisée qu'au début du XIXe siècle. Durant la première période il y avait 44% de nourrisseurs à la fois chez les garçons et chez les filles contre 70% et 71% pour les deux sexes durant la seconde période. Dans le premier cas le total des quatre catégories de référence était de 82% chez les garçons et de 75% chez les filles ; dans le second cas ces mêmes pourcentages étaient égaux à 95% et 90%. De même, parmi les 249 couples composés de garçons et filles non migrants renseignés, les mariages entre nourrisseurs (ou assimilés) n'ont lieu que pour 20% des couples avant 1780 contre 32% entre 1780 et 1800 et 40% après 1800. Le même phénomène peut être observé sur la place des couples « fils de nourrisseur-fille de nourrisseur » parmi le total des 352 couples de non migrants avec 11%, 23% et 32% pour les mêmes périodes. La place des « cultivateurs » a plus que doublé après 1800 en prenant le second rang en lien avec l'extension de l'activité révélée aux communes de la banlieue proche. L'association nourrisseur-jardinier semble plutôt exclusive de l'association nourrisseur-voiturier, en tenant compte des frères, beaux-frères et oncles connus. Les hommes qui ne sont pas nourrisseur ou fils de nourrisseur avant leur mariage avec une fille de nourrisseur le deviennent donc ensuite, même s'ils gardent leur première titulature à d'autres occasions. Ils « entrent en gendre » pour utiliser une expression rurale. L'activité semble donc attractive. A condition d'avoir un « coup de pouce » adapté au moment de l'installation.

Du côté des remariages des veufs on note aussi une importante diversité dans les alliances nouées. Les nourrisseurs veufs ne sont qu'un cinquième à choisir une veuve ou une fille de nourrisseur pour nouvelle compagne. Ils semblent privilégier en premier lieu les filles migrantes en épousant 29% du total de celles-ci puis les filles locales non nourrisseuses. Mais ces dernières sont pour les deux tiers issues de famille de jardinier ou voiturier ou cultivateur. Un quart des veufs ne sont pas nourrisseurs avant leur remariage et vont le devenir pour moitié par alliance avec une veuve ou une fille de nourrisseur et pour moitié en créant une activité avec une compagne non nourrisseuse. Les choix des veuves sont un peu plus complexes. Pour elles, l'objectif primaire semble être le maintien de leur activité sur la base de leur inventaire ou en continuant leur première communauté à défaut d'inventaire. Comme dans le cas des hommes cet inventaire a souvent lieu peu de temps avant le nouveau mariage mais parfois longtemps après le décès de l'ancien conjoint. Un tiers des veuves de nourrisseurs de remarient avec un veuf ou un garçon nourrisseur. A titre anecdotique on peut même citer quelques cas de remariage de la veuve avec son employé garçon nourrisseur. Les deux autres tiers convolent relativement souvent avec un jardinier, un voiturier ou un cultivateur. Elles aussi semblent relativement priser les garçons migrants comme nous l'avons vu précédemment. Mais un tiers des veuves ne sont pas nourrisseuses avant leur mariage et vont le devenir soit par mariage avec un veuf ou un garçon nourrisseur soit, plus souvent, par création d'une activité avec leur nouveau conjoint.

Les couples parisiens se forment à plus de 90% localement par quartier et même très souvent par rue, sinon par maison. Ce qui est tout à fait classique pour les classes populaires citadines. Souvent on retrouve ultérieurement les couples composés d'un non-nourrisseur et d'une nourrisseuse à l'adresse qui était celle de la femme au moment du mariage.

Les migrants

Paris est une ville de migrants. Un migrant ou une migrante est donc ici celui ou celle qui est né(e) en dehors de ce qui sera et a été le département de la Seine. Selon cette définition nous connaissons par les actes des notaires 222 garçons et 138 filles parmi les 760 couples retenus. La proportion par rapport à l'ensemble des origines connues est de 45% de migrants pour les garçons et 28% de migrantes pour les filles. Dans l'échantillon, nous ne connaissons pas formellement l'origine d'un quart des garçons et des filles. Les proportions de migrants fluctuent autour de ces valeurs selon les périodes de mariage avec un tout petit pic dans les années 1780-90 et un petit creux pendant l'Empire. A ceux-ci on peut ajouter deux veufs migrants non nourrisseurs remariés et trois veuves aux mêmes caractéristiques.

Si à la fin du XIXe siècle on nous fait part d'une présence très importante des Auvergnats et des Bretons parmi les nourrisseurs, ces derniers sont plutôt absents au XVIIIe siècle et au début du XIXe siècle. A ces époques, dans l'échantillon, les migrants et migrantes sont le plus souvent Bas-Normands, Franciliens, Champenois et Picards. L'Ouest normand est très dominant chez les hommes, surtout l'Orne (en dehors du Perche) et la Manche. Viennent ensuite des Savoyards et des Auvergnats[23]. Les Auvergnats se sont révélés principalement à la fin du XVIIIe siècle tandis que les Savoyards proviennent principalement de deux petites régions et sont pour la plupart liées à deux familles. Ces origines principales ne concordent pas à ce que l'on sait de la répartition selon les provinces des migrants présents à Paris au moment de la Révolution d'après les cartes de sureté[24]. Dans ce dernier cas, si les Normands sont nombreux, la plupart des migrants viennent de Picardie, de Champagne, de Bourgogne, des provinces du Nord et de l'Est.

Les pères des migrants sont évidemment majoritairement issus du monde l'agriculture. Mais, ainsi qu'il y avait des différences de provenance géographique entre les garçons et les filles, il y avait des différences entre leurs positions sociales. Nous connaissons l'activité de 75% des pères des garçons et de 70% des pères des filles. Sur la base des références connues, les pères des garçons sont laboureurs et cultivateurs pour 53%, vigneron ou jardinier pour 6%, journalier ou tisserand pour 17,5% ; tandis que les pères des filles ne sont que 28% à être laboureurs et cultivateurs mais 26% à être vigneron ou jardinier et 17,5% journalier ou tisserand. A quoi s'employaient à Paris les garçons migrants au moment de leur mariage ? Nous avons les professions déclarées dans leur contrat de mariage pour 91% des garçons migrants. Ceux-ci étaient pour 45% nourrisseur ou garçon nourrisseur, pour 14% jardinier, pour 13% charretier ou voiturier et 9,5% journalier ou gagne-denier[25].

---

23. Annexe B résultats tableau 13.
24. Annexe C les cartes de sûreté de 1793.
25. Annexe B résultats tableau 14.

Le regroupement des compatriotes provinciaux trouve des exemples dans l'échantillon notarial où l'on trouve des groupes familiaux de frères, sœurs, oncles, tantes, neveux et nièces. Plusieurs exemples sont cités dans les études de cas de la deuxième partie. Ainsi les Aubel (Manche), Favre (Haute Savoie), Guiot (Orne), Gontier (Savoie), Halouze (Orne), Jonot (Yvelines), Leclancher (Orne), Louis (Oise), Millot (Haute Marne), Oursel (Yvelines), pour ne citer qu'eux.

La situation des nourrisseurs parmi les Parisiens en 1793

Comment situer ces nourrisseurs dans l'ensemble de la population parisienne ? L'étude des cartes de sûreté ou de civisme de 1793 devrait nous donner un début de réponse. L'annexe C présente l'exploitation de ces données dans leur situation actuelle.

Les études sur le Faubourg Saint Antoine et le Faubourg Saint Marcel ne font que citer les nourrisseurs qui sont agglomérés dans les « professions de la terre » avec les jardiniers, les vignerons et les cultivateurs, soit respectivement 7,7% et 3,5% de l'ensemble des hommes recensés dans ces six Sections parisiennes[26]. En revanche le sondage de 1986 aboutit par extrapolation à 325 nourrisseurs pour Paris « intra-muros », représentant 0,16% des professions recensées. Mon propre examen de ces cartes de sûreté donne par extrapolation 315 nourrisseurs pour Paris « intra-muros », soit entre 0,13% et 0,16% des hommes de vingt ans et plus selon le taux de renouvellement des cartes de sûreté que l'on retient. L'activité est donc très minoritaire. Dans la liste des professions du sondage de 1986, la profession de nourrisseur est en queue du peloton, dépassant tout juste les fourreurs, les balayeurs et les caissiers. Dans la base Bibgen[27] les jardiniers sont douze fois plus nombreux que les nourrisseurs, les voituriers deux à trois fois plus et les vignerons deux fois moins nombreux pour ne citer que les professions socialement les plus proches des nourrisseurs.

Dans le Faubourg Saint Antoine et le Faubourg Saint Marcel, les deux tiers des hommes ne sont pas originaires de Paris « intra-muros » (respectivement 67% et 65% ou 62%) ; 68% signent le registre dans le Faubourg Saint Marcel. Le sondage de 1986 révèle un taux de 72% pour les mêmes origines et la statistique de 1999 à partir de la base Bibgen 65%. Les Parisiens de naissance sont donc très minoritaires. Par contraste, dans le

---

26. A partir des proportions issues de comptages faits dans la base Bibgen, les nourrisseurs pourraient être au nombre d'environ de 90 dans l'ensemble de ces deux faubourgs, soit environ 0,3 % des hommes, dont deux tiers pour le Faubourg Saint Antoine et un tiers pour le Faubourg Saint Marcel.
27. Base des cartes de sûreté de la Bibliothèque généalogique de France (Bibgen).

sondage de 1986, les nourrisseurs sont à 69% d'origine parisienne et 51% signent le registre mais le faible échantillon de 17 individus a pour corollaire un intervalle de confiance statistique important. En contrepoint les domestiques sont à 93% non parisiens et signent à 89%, les gagne-deniers et journaliers sont à 80% non parisiens et signent à 57%. Selon mon estimation à partir de la base Bibgen les nourrisseurs sont à 47% originaires de Paris « intra-muros » et la moitié n'est pas originaire du département de la Seine. D'après la liste des nourrisseurs issus des actes notariaux dans le périmètre actuel de Paris et présents dans les années 1790, un tiers d'entre eux au minimum n'étaient pas originaires de la Seine et les deux tiers signaient parmi ceux dont la capacité à signer était connue (13% de situations inconnues). Sachant que dans cet échantillon l'on ne connaît pas l'origine de plus d'un tiers des hommes, la proportion de migrants dans ce stock est donc proche de la moitié de ceux dont l'origine est connue. En terme de flux les garçons mariés dans les années 1760-1799 étaient à 48,5% non originaires de Paris et de la Seine parmi ceux dont l'origine est formellement connue (soit 76% des garçons). Donc sur la base de ces observations les nourrisseurs parisiens étaient en moyenne plus parisiens que l'ensemble des Parisiens, dans une proportion similaire à celle des artisans et boutiquiers.

Une autre différence par rapport à l'ensemble de la population masculine parisienne au début des années 1790 est à retenir. La proportion de Bas-Normands entrés dans la profession de nourrisseur est trois plus importante que le taux de présence des Bas-Normands parmi les Parisiens. Ce qui est le reflet de la proportion des Bas-Normands parmi les garçons de l'échantillon notarial des nourrisseurs puisque ceux-ci représentent près de la moitié des migrants repérés. Les autres origines importantes des nourrisseurs sont l'Ile de France, la Picardie, la Bourgogne et la Champagne dans des proportions similaires à celles de la population masculine générale. Les Savoyards se distinguent par une présence relativement plus importante et les Auvergnats par une présence relativement moins importante que celles observées parmi les hommes parisiens en général.

Parmi les 1796 Normands du futur 5e arrondissement (soit 6,5% des cartes des Sections examinées) se trouvent 12 nourrisseurs soit 0,67% et près de cinq fois la part de ceux-ci dans l'ensemble de la population masculine parisienne. Cela traduit une présence des nourrisseurs dans les faubourgs plus importante que dans la population parisienne en général. Ce qui est aussi le cas des jardiniers et des vignerons qu'ils côtoient le plus souvent. Les 213 nourrisseurs issus de l'étude à partir de la base Bibgen sont à quelques exceptions près domiciliés dans les Sections faubouriennes, et surtout le Faubourg Saint Antoine et le Faubourg du Nord/Bondy où ils pourraient représenter environ 0,5% des cartes de sûreté locales.

Figure 3 Origines géographiques des provinciaux en 1793 (% du total)

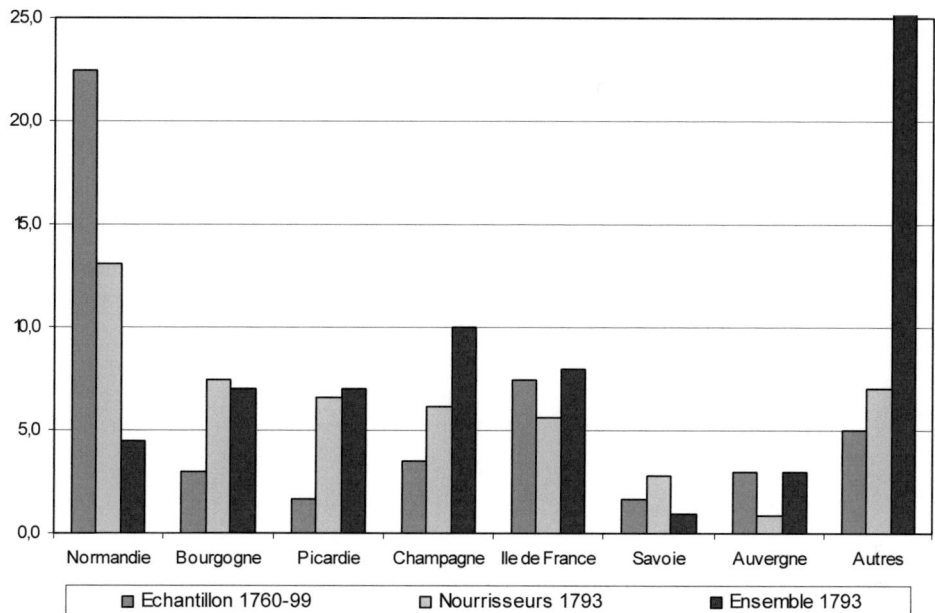

Donc les nourrisseurs auraient été au nombre de 315-325 dans Paris « intra-muros » à la fin du XVIIIe siècle et ils auraient été migrants pour la moitié d'entre eux. Et parmi eux les Bas-Normands auraient été mieux représentés que dans la population masculine en général. Ce qui dénote une quasi-stagnation par rapport au début de la Restauration où 326 nourrisseurs étaient décomptés dans les arrondissements parisiens vers 1820[28]. Les mentions de présence de nourrisseurs relevées dans les actes notariés montrent alors une prédominance des activités « extra-muros »[29].

Et un peu plus tard...

Parmi les mariés parisiens de 1820, on notera 67% de migrants parmi les hommes et 52% parmi les femmes[30], soit près de 60% pour l'ensemble des deux sexes. En comparaison, dans l'échantillon notarial, les nourrisseurs mariés dans les années 1820 étaient migrants à 46% et les filles migrantes à 26%, soit 36% pour les deux sexes. Sur la base des décès parisiens de 1833, il a été estimé que parmi la population de l'époque se trouvaient 59% de migrants (nés en dehors de la Seine, hommes et femmes confondues)[31]. Les Bas-Normands auraient représenté 3,8% des Parisiens et Parisiennes, les

---

28. Annexe D statistiques.
29. Annexe A tableau 6.
30. RATCLIFFE et PIETTE, 2007, p.111.
31. Résultats statistiques du dénombrement de 1891 pour la Ville de Paris p. LXXI

Franciliens 9,1%, les Picards 5,6%, les Auvergnats 2,2% et les Savoyards 0,8%. En comparaison, dans l'échantillon notarial des nourrisseurs, les Bas-Normands garçons et filles mariés entre 1800 et 1830 étaient 14,5%, les Franciliens 7%, les Picards 1,5% et les Auvergnats et Savoyards moins de 1% chacun. Et les Parisiens et Parisiennes 70%. Les nourrisseurs apparaissent donc toujours plus Parisiens que les Parisiens en général et les Bas-Normands sont toujours mieux représentés parmi eux que dans la moyenne de la population.

Quelques autres faits concernant l'insertion des nourrisseurs dans le milieu parisien

La capitation, impôt par tête en vigueur de façon permanente depuis le début du XVIIIe siècle, fonctionnait sur la base d'une classification de la « qualité » des hommes exprimée à travers des statuts socioprofessionnels. Les inventaires après décès nous livrent quelques montants payés par des nourrisseurs qui permettent d'avoir une idée de la place qu'ils s'attribuaient ou qui leur était attribuée. Paris « intra-muros » n'était pas soumis à la « taille » mais des « aides » étaient prélevées sur les marchandises à l'entrée de la Ville ; notons une nouvelle fois que le lait n'était pas ainsi taxé mais que les vaches l'étaient. Paris avait un statut particulier en ce qui concerne la capitation. Dans les années 1730 on dispose de 5 notations pour différentes tailles d'activité ; tous se trouvent au fin fond de la classification avec les journaliers, les jardiniers ou les vignerons. Dans les années 1750, 6 notations sont connues, toujours de différentes tailles ; toujours dans les dernières classes mais certains ont grimpé d'un ou deux crans. Dans les années 1770 nous avons 14 notations, tous ont grimpé encore d'une ou deux classes et se trouvent en compagnie de maîtres de certains métiers. Dans les années 1780 nous avons 13 notations ; certains « gros » nourrisseurs propriétaires se trouvent désormais dans la moitié supérieure de la classification parmi les marchands et les maîtres de métiers les plus reconnus, les autres sont compris entre la 20e et la 15e classe parmi 24 classes (la classification a été modifiée en 1779). Trois indications sur la taxe pour les pauvres montrent qu'ils payent le tarif le plus bas, celui des compagnons et de certains maîtres de métiers ; mais l'échantillon est vraiment de trop petite taille pour être représentatif. La reconnaissance du métier de nourrisseur, métier dit « libre », a donc progressé pendant le XVIIIe siècle.

La mise en nourrice des jeunes enfants, qui est une caractéristique citadine des familles dans lesquelles la femme a une activité économique prenante et les moyens pécuniaires de le faire, se retrouve dans les dettes passives des nourrisseurs. Ces nourrices sont apparemment souvent locales mais on trouve des mentions de sépulture d'enfants de nourrisseurs parisiens à la campagne. Par exemple j'en ai trouvé 12 entre 1754 et 1807, au hasard des relevés dans les registres paroissiaux et d'Etat-Civil, faits par d'autres personnes, dont 5 dans l'Yonne, 4 dans l'Aisne, 2 dans la Seine et Marne et 1 dans l'Orne (chez la sœur du père). Les nourrisseurs, ou du moins une partie d'entre eux, agissent donc comme les petits bourgeois, maîtres de métiers et boutiquiers.

En 1834 un rapport d'une Commission préfectorale sur l'épidémie de choléra de 1832 à Paris et dans la Seine, se livre à une comparaison par professions de la mortalité de 1832 par rapport à celle de 1831. Ils détectent 23 professions proportionnellement plus touchées que les autres. Et parmi celles-ci, se trouvent les nourrisseurs et les laitières. Je passe sur certaines explications qu'ils donnent à ce fait et qui semblent peu convaincantes dans l'état de nos connaissances actuelles. Du côté des décès relevés dans l'échantillon on a un doublement en 1832 par rapport à 1831 et 1833. Nourrisseur est, semble-t-il, un métier risqué.

Le cadre de vie des nourrisseurs

Le contenu des inventaires après décès va nous permettre d'essayer de situer les nourrisseurs au sein des classes laborieuses et d'évaluer l'évolution de leur cadre de vie. Ceci concerne la maison et son contenu en mobilier, linge, argenterie et vêtements. La comparaison avec les autres catégories de la société parisienne ne pourra être tentée que pour le XVIIIe siècle faute de publications similaires sur les classes populaires parisiennes pour le premier XIXe siècle. En revanche nous pourrons noter les différences sur certains points avec les ruraux de quelques provinces proches pour ces périodes[32].

Les immeubles

L'habitation inventoriée la plus répandue est composée de deux pièces[33]. Ce nombre de pièces a eu tendance à augmenter au fil des ans par multiplication des cabinets comme cela a été noté pour la population parisienne en général. En moyenne on passe de deux pièces, une cuisine et une chambre, au début du XVIIIe siècle à trois pièces au début du XIXe siècle. Avant 1760 plus d'un quart des nourrisseurs vivent dans une seule pièce contre un vingtième au début du XIXe siècle. En général on trouve un rez-de-chaussée et un étage. Mais le nombre de pièces présentes dans le bâtiment peut en fait être plus important car les nourrisseurs propriétaires ou « principaux locataires » peuvent louer des chambres et en tirer un revenu. La présence d'un deuxième étage, sinon d'un troisième, apparait alors dans certains inventaires lors de l'exposition des dettes actives.

Cette habitation se trouve sur une cour ainsi que les écuries et étables. Des greniers sont cités au dessus ; parfois une cave est inventoriée, surtout à partir des années 1780. Une porte charretière apparait dans d'autres actes comme les baux et les ventes[34].

Les écuries et étables[35] sont en moyenne au nombre d'environ deux. Mais les inventaires ne nous donnent pas toujours suffisamment de détails sur ces étables ou écuries et leur nombre exact. Les nourrisseurs ayant peu de vaches n'en ont en général qu'une. Mais ce nombre ne veut pas dire grand-

---

32. Sources : Pardailhé-Galabrun, 1988, Roche, 1998, Baulant, 2006, Wado-Desjardins, 1996, Gautier, 2010. Les résultats sont utilisés tels quels, nonobstant la représentativité incertaine des classes inférieures indiquée par les auteurs.
33. Annexe B résultats tableau 24.
34. A titre d'exemple voir la figure 5 p.34.
35. Annexe B résultats tableau 28.

chose car les étables sont de différentes tailles. Les plus grandes peuvent contenir 20 à 24 vaches sur deux rangs. Les nourrisseurs ayant plus de 20 vaches peuvent utiliser 4 ou 5 étables ou écuries plus petites.

Paris est une ville de locataires. Au XVIIIe siècle Annick Pardailhé-Galabrun cite 14% de propriétaires de leur logement dans son vaste échantillon ; environ 10% pour les « maîtres de métiers » et environ 4% pour les « gens de métiers ». Parmi les « salariés » étudiés par Daniel Roche se trouvent 2% de propriétaires de leur logement dans son échantillon de 1775-1790. Mais aux mêmes époques les nourrisseurs sont 46% de propriétaires[36] avant 1760 et 38% entre 1760 et 1800. Après 1800 ils sont à 43% propriétaires de leurs locaux. Certains sont aussi propriétaires d'autres immeubles, dont parfois quelques parcelles de terre. Les différences sont faibles entre « intra-muros » et « extra-muros ». La proportion de propriétaires croit en fonction de la taille des vacheries ; les nourrisseurs les plus petits (moins de 6 vaches) sont locataires pour les deux tiers (70%) et les plus grands (plus de 20 vaches) pour un tiers seulement (38%).

Cette propriété entre dans le patrimoine des couples de nourrisseurs au cours de leur vie commune ; la grande majorité commence apparemment par louer des locaux ou s'installe pour un temps dans l'une ou l'autre famille avec une certaine préférence pour la famille de l'épouse. Ils peuvent hériter et dans ce cas être en indivision avec leurs frères et sœurs ou leur verser une rente en devenant propriétaires de la totalité. Ils peuvent acheter la maison et certains vendent leur héritage en province pour couvrir une part du montant de l'opération. Ils peuvent acheter un terrain et faire construire la maison. Tous ces cas sont présents dans l'échantillon. Les achats prennent souvent la forme d'adjudications et au hasard des actes on trouve quelques achats de biens nationaux. Certaines notations suggèrent que les maisons achetées ne sont pas toujours adaptées à l'activité de nourrisseur et que des travaux d'aménagement s'avèrent nécessaires en ce qui concerne les étables. Les propriétaires ont en moyenne des étables plus fournies que les locataires. Il semblerait que devenir propriétaire en construisant des locaux adaptés ou en achetant les locaux d'un ancien nourrisseur soit une contrainte pour celui qui désire développer son activité. Car les locaux adaptés à louer ne sont pas si nombreux que cela ; les propriétaires sont plus enclins à louer des habitations à des particuliers que des étables pour la même surface au sol. La cession du bail des locaux en même temps que la vente du fonds est une solution qui se répandra au XIXe siècle, de même que le bail des locaux par les parents propriétaires à leur fils ou leur fille qui se marie et reprend l'activité. Nous verrons que le coût du foncier parisien est

---

36. Annexe B résultats tableau 23.

élevé et pèse sur l'économie nourrisseuse, même en l'absence de terres. Le phénomène n'est pas spécifique à notre temps.

L'activité de location de chambres ou de parcelles est renseignée par l'analyse des papiers et des dettes actives. Bien entendu quand les baux sont oraux, ce qui est très souvent le cas des chambres a contrario des terres, et que le terme a été payé, nous n'avons plus beaucoup de traces à moins que le terme courant ne soit rappelé. Donc avant les années 1760, les traces ne sont pas nombreuses. A peine 8% des inventaires sont concernés. Tout change dans les années 1760 ; de 1760 à 1800 un bon quart des nourrisseurs de l'échantillon ont des locataires, puis de 1800 à 1830 un cinquième. Soit, de 1760 à 1839, 42% des propriétaires et moins de 10% des « principaux locataires ». Ces derniers ne sous-louent en fait qu'une chambre, sinon deux, en fonction de la taille de la famille du moment.

Les meubles

Pour essayer de situer les nourrisseurs parmi les différentes catégories de la population parisienne en fonction de leurs biens matériels, j'ai retenu un certains nombre d'objets marquants[37]. Les valeurs des prisées seront aussi retenues malgré les difficultés d'interprétation qu'elles posent. Contrairement à ce que j'avais tenté pour le XVIIe siècle dans le Nord de la Sarthe, je n'ai pas mis en œuvre ici la technique des « indices de niveau de vie » initiée par Micheline Baulant[38].

Dans un premier temps nous allons essayer de placer les nourrisseurs parmi les autres catégories de la population sur la base de la valeur de l'ensemble des meubles (mobilier, argenterie, vêtements). Un aperçu de leur position sociale en rapport avec les niveaux de fortune sera décrit dans un autre chapitre.

La valeur des prisées des meubles[39] au sens large des nourrisseurs est tendanciellement croissante avec la taille de l'activité des nourrisseurs mais il semble difficile de dire s'il y a eu une augmentation réelle au fil du temps. Outre un effet de revenu différentiel, il faut aussi retenir que, comme dans les exploitations agricoles, les « gros » abritent généralement plus de monde que les « petits » et possèdent corrélativement plus d'objets. Les montants sont moins élevés extra-muros qu'intra-muros en lien avec la taille moyenne des vacheries. Mais la présence dans une classe de taille d'associations entre l'activité de nourrisseur et une autre activité induit des fluctuations dans les montants moyens de chaque classe. Par exemple les voituriers et

---

37. Annexe B résultats tableaux 19 à 27.
38. BAULANT, 2006 (1989), p.287-317
39. Annexe B résultats tableaux 46, 49 et 50. « Meubles » comprend ici le mobilier, les ustensiles de ménage, le linge, l'argenterie, les bijoux et les vêtements.

nourrisseurs ayant de petites étables présentent des montants supérieurs à ceux des simples nourrisseurs de la même classe de taille[40]. En outre les inventaires des nourrisseurs les plus âgés sont parfois moins bien valorisés que ceux des autres nourrisseurs de la même classe de taille. Mais les moyennes générales avec ou sans pondération évoluent peu au cours du temps avec une période plus favorable entre 1780 et 1800. On note également un étalement plus grand de la distribution statistique durant les décennies 1820 et 1830 que lors des périodes précédentes.

En comparaison[41] avec les « salariés » ou « gens de métier » parisiens, les « petits » nourrisseurs sont mieux lotis que les « petits » salariés à la même époque et les « gros » présentent un montant de meubles inventoriés moyen, un peu supérieur à celui des plus riches des salariés. Dans les années 1760, les « petits » nourrisseurs ont en moyenne des meubles d'un montant très supérieur à celui des bordagers du Nord de la Sarthe et les « gros » présentent en moyenne des montants équivalents à ceux des laboureurs du même lieu. Sous l'Empire, changement de décor. Les « petits » nourrisseurs ont alors en moyenne des meubles d'un montant équivalent à celui des bordagers et les « gros » ont décroché par rapport aux laboureurs. Les valeurs ont doublé dans la Sarthe alors que celles-ci n'ont augmenté que d'un tiers dans le cas des « gros » nourrisseurs parisiens et même que d'un seul dixième dans le cas des « petits » nourrisseurs.

Figure 4 Répartition (%) selon la valeur des meubles par classes

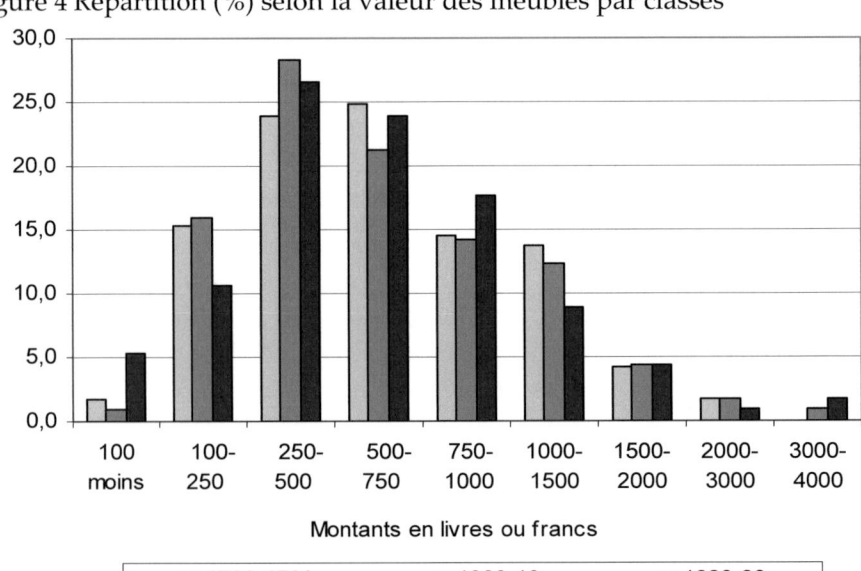

40. Annexe B résultats tableau 55.
41. Annexe B résultats tableau 62.

Les grandes évolutions du mobilier parisien durant le XVIIIe siècle sont aussi visibles chez les nourrisseurs. Par exemple, l'abandon progressif de l'étain au profit de la faïence moins chère, ou la quasi disparition des coffres, souvent couverts de cuir, ou la disparition des bancs au profit des chaises enfoncées de paille. Pratiquement tous les foyers de nourrisseurs ont une fontaine en cuivre rouge ou en grès, celui-ci se substituant progressivement au cuivre plus cher, mais sa contenance est rarement indiquée. Cet élément est absent des campagnes et est n'est cité que dans un quart des inventaires des « salariés » parisiens des années 1775-90. Contrairement à Daniel Roche je n'ai pas examiné en détail les vêtements car les inventaires ne sont globalement pas très fiables à leur sujet. Dans beaucoup de cas les garde-robes ne sont pas très garnies mais la tendance à une plus grande ampleur et diversité des « hardes » des femmes par rapport à celles des hommes est respectée. Notons au XIXe siècle la présence notable d'un élément indicateur d'une position sociale, celle de pièces d'uniforme de garde national, en particulier « extra-muros ». Notons aussi à partir du dernier quart du XVIIIe siècle la présence presque constante d'un élément spécifique à l'activité, celui des « tabliers de nourrisseur » en plusieurs exemplaires. Nous allons donc examiner maintenant certains biens « marqueurs » tant du côté du « mobilier »[42] que des « biens culturels »[43]. Avec une comparaison avec les campagnes.

Commençons par le chauffage. Laissant à part l'évolution de la cheminée vers le foyer bas surmonté d'une tablette et d'un trumeau, examinons le cas des poêles. Tout d'abord notons que le fourneau apparaît dans les cuisines des inventaires à la fin des années 1750 en même temps que la première mention d'un poêle. Ce fourneau sera rapidement présent partout. Le poêle est le plus souvent en faïence ; trois poêles en fonte ne seront cités que dans les années 1820. Sa diffusion est lente comme cela a déjà été remarqué. La présence du poêle se répand en lien avec l'augmentation du nombre de pièces ou de cabinets. On le trouve dans 14% des inventaires de nourrisseurs des décennies 1780 et 1790 contre 48% « intra-muros » et 31% « extra-muros » après 1800. Comparativement, dans le dernier quart du XVIIIe siècle, il est présent, semble-t-il, chez environ 30% des « salariés » parisiens mais presque absent des campagnes tant de Meaux ou du Vexin que du Nord de la Sarthe.

Du côté des meubles de rangement, notons d'abord que les armoires sont présentes dans presque tous les inventaires de nourrisseurs depuis 1718 jusqu'à 1839 ; il y en a au moins une, à l'exception de quelques cas marginaux de dénuement. Les bas d'armoire disparaissent au fur et à

---

42. Annexe B résultats tableaux 25, 26, 27.
43. Annexe B résultats tableaux 20, 21, 22.

mesure au profit des commodes. Ces armoires étaient présentes chez les deux tiers des « salariés » parisiens, et chez plus de la moitié ou des deux tiers des campagnards dans les années 1770-80 selon les lieux. Mais la commode est un des meubles de rangement de l'avenir. Les nourrisseurs sont 35% à en posséder dans les décennies 1750 et 1760 ; les premières apparaissent dans des inventaires de 1736 et 1748. Puis on en trouve une ou deux dans 54% des inventaires de 1770 à 1790 et 81% après 1800. Comparativement les « salariés » sont 57% à en posséder dans les années 1775-90 et elles sont peu présentes à la campagne avec 10 à 20% de possesseurs à la même époque.

Du côté des glaces et des miroirs, cinq nourrisseurs sur six ont au moins un petit miroir de toilette. Mais cette proportion n'est que des trois quarts chez les nourrisseurs « extra-muros » contre les quatre cinquièmes puis 94% « intra-muros ». En moyenne le nombre de glaces ou miroirs détenus a augmenté au fil des ans, sans doute en lien avec la baisse de leur prix et l'existence d'une manufacture locale ainsi que l'extension des cheminées avec trumeau. Comparativement, entre 1775 et 1790, les « salariés » parisiens sont 60% à posséder au moins une glace et 29% à avoir un trumeau ou un petit miroir ; après 1750 on en trouve dans plus de 70% des foyers parisiens. Ce qui peut être considéré comme un luxe est moins répandu à la campagne, avec un taux de détention de 66% autour de Meaux, et de 15 à 20% dans le Nord de la Sarthe ; et ici il s'agit surtout de petits miroirs et pas de glaces sur pied ou à la Dauphine.

Du côté du confort des lits, le matelas de laine est présent dans les quatre cinquièmes des inventaires de nourrisseur avant 1760, en général dans un seul lit, dans les neuf dixièmes entre 1760 et 1800 et dans la quasi-totalité après 1800. Et leur nombre moyen a augmenté au cours des décennies en équipant plusieurs lits. La comparaison avec les Parisiens en général n'est pas possible en l'absence de notation à ce sujet. Mais le contraste est frappant avec la situation des campagnes. Dans le Vexin au moins un matelas chez un laboureur sur cinq ou six et pratiquement aucun dans le Nord de la Sarthe avant les années 1830. Autre contraste avec les campagnes, la couverture de laine est présente dans tous les lits de nourrisseurs ; souvent de couleur avant 1760 puis presque toujours blanche ensuite. Si la couverture de laine blanche est la norme dans le Vexin après 1770 il n'en est pas de même dans le Nord de la Sarthe où l'on passe d'une majorité de couvertures de serge sur fil jaunes ou blanches ou de couvertures dites « catalogne » à une majorité de couverture de laine verte à partir de la Restauration. Il existe un point de convergence entre les nourrisseurs et les campagnards : la présence d'un ou plusieurs lits dans les écuries ou les greniers pour la domesticité. Et l'augmentation de la valeur moyenne des lits comme le notait déjà Daniel Roche dans le cas des « salariés ».

Du côté de la mesure du temps, les horloges ou les pendules ou les cartels sont bien présents chez les nourrisseurs et se sont répandus au cours du temps. Un tiers des inventaires en présentaient avant 1760, puis presque les deux tiers après 1780. Et quelques uns en avaient plusieurs. Les Parisiens en général en étaient équipés à environ 40% après 1750. Tandis qu'à la campagne on en trouvait chez environ un laboureur sur dix autour de Meaux et dans le Vexin et moins encore dans le Nord de la Sarthe à la même époque. Dans le Nord de la Sarthe le taux d'équipement sous l'Empire était équivalent à celui des nourrisseurs des années 1770, et il n'a largement dépassé celui-ci que dans les années 1830. Les montres n'ont commencé à apparaître de façon notable chez les nourrisseurs que dans les années 1770 avec un détenteur pour cinq nourrisseurs pour ne dépasser le taux de 50% qu'à partir des années 1820. Ces montres à boitier d'argent, et parfois d'or, sont considérées comme des bijoux. Elles sont présentes chez un tiers des « salariés » parisiens des années 1775-90 mais elles sont très rares, sinon absentes, à la campagne. Notons au passage la présence de baromètres-thermomètre dans 14 inventaires de nourrisseurs à partir de la fin du XVIIIe siècle, pour moitié chez des nourrisseurs « intra-muros » et pour moitié chez des nourrisseurs ayant une activité de cultivateur.

Du côté de la lecture et de l'écriture. Les livres ne sont présents que dans 8% à 11% des inventaires de nourrisseurs « intra-muros » et dans moins de 5% « extra-muros ». En moyenne 13 livres par détenteur. Avant 1800, ceux qui ont 10 livres et plus ne sont que 2 à 3%, puis 5 à 6% après 1800. Ce sont majoritairement des livres dits « de dévotion », mais les livres sont rarement décrits et sont prisés en nombre de volumes. Dans certains inventaires apparaissent des registres d'achats et de ventes liés à l'activité de nourrisseur ou aux activités annexes. Mais il n'y a aucune trace d'une quelconque comptabilité. La moitié (51%) des Parisiens inventoriés après 1750 ont des livres et 8% des « salariés » ont en moyenne 6 livres pour les plus pauvres et 26% avec 24 volumes en moyenne pour les plus riches ; livres d'histoire et de dévotion en majorité. Les campagnes semblent plus liseuses que les nourrisseurs parisiens puisque l'on trouve des livres dans un tiers des inventaires autour de Meaux, un sixième chez les laboureurs du Vexin et du Nord de la Sarthe. Quant aux secrétaires ou bureaux ou tables à écrire ils n'apparaissent réellement qu'après 1800 et ne sont présents que chez moins de 2% des nourrisseurs contre 6% des « salariés » parisiens des décennies 1770 et 1780.

Mais qu'en est-il de leur capacité à signer[44] ? Plus de la moitié des hommes signent avant 1740 et près des trois quarts dans les décennies 1820 et 1830 ; contre un quart puis les deux tiers des femmes. Parmi les couples garçons/filles on passe de la proportion d'un quart de doubles signatures à celle de la moitié. La capacité des migrants à signer est un peu plus faible et est en relation avec la situation de leur département d'origine telle que l'on peut la percevoir à travers « l'enquête dite Maggiolo » sur les signatures au mariage. Les « salariés » parisiens en 1775-90 signent à 66% leur inventaire et les femmes à 62%. Les proportions sont similaires chez les nourrisseurs à la même époque. Dans le Nord de la Sarthe les bordagers et laboureurs signent dans la proportion d'un tiers et les femmes autour d'un cinquième à ladite époque.

Du côté des images, à toutes les périodes, environ 40% des nourrisseurs en ont au moins une, et avant 1800 17% en ont 10 et plus et 7% après 1800. En moyenne on trouve 8 images par détenteur. Les gravures et les estampes font la masse de ces images mais elles ne sont le plus souvent pas décrites. Les tableaux, proportionnellement peu nombreux, sont des sujets dits de dévotion, des paysages, et parfois des portraits. Après 1750, 71% des inventaires parisiens contiennent des images, 7 à 8 en moyenne. Les « salariés » ont en moyenne 6 images pour 43% des plus pauvres ou 22 images pour 18% des plus riches. Les images sont peu nombreuses à la campagne et les décomptes font défaut. Chez les nourrisseurs, un crucifix est prisé dans 21% des cas avant 1760, 17% entre 1760 et 1800, et seulement 6% après 1800. Cette diminution peut s'expliquer à la fois par une désaffection des familles et par un intérêt moindre du commissaire priseur pour l'objet.

Du côté des boissons stimulantes, la présence d'objets liés à la consommation de café ou de thé à la maison n'est vraiment notable qu'à partir de l'Empire avec un taux de présence d'environ 40%. Auparavant ce taux était inférieur à 10%. Est-ce une indication d'un changement de type de sociabilité ? Dans les campagnes du Nord de la Sarthe cette vaisselle n'apparaît que marginalement sous l'Empire et ne sera trouvée que dans 17% des inventaires de la décennie 1830.

Et pour finir un objet qui nous paraît aujourd'hui insolite : la seringue en étain. Elle est présente chez presque tous les nourrisseurs et est parfois qualifiée de « pour les chevaux ». Mais un quart des inventaires des « salariés » des années 1775-90 en contiennent, sans doute pour un tout autre usage.

L'impression qui se dégage de ces observations est que les nourrisseurs parisiens ont bien un style de vie parisien et que leur niveau de vie est

---

44. Annexe B résultats tableau 19.

proche de celui des artisans et des salariés bien placés. Mais il semble aussi que ce niveau de vie ne se soit pas beaucoup amélioré entre le dernier quart du XVIIIe siècle et le premier XIXe siècle[45]. Un signe d'une certaine dégradation de la situation à partir de la période du Directoire est le fait que plus d'un inventaire sur deux entre 1796 et 1819 ne recèle de façon significative[46] ni bijoux, ni argenterie, contre 19% auparavant, entre 1760 et 1792, et 40% après, entre 1820 et 1839. Cette remarque rejoint celle qui a trait à la montée de l'endettement que nous verrons plus loin.

Figure 5 Plan des bâtiments d'un nourrisseur

Dans le but de montrer la complexité de certaines situations, j'ai reconstitué le plan schématique du rez-de-chaussée d'une maison de nourrisseur rue du Faubourg Saint Martin sous l'Empire. L'immeuble couvrait au total environ 950 m² et était entouré par d'autres bâtiments dont certains étaient mitoyens. Il y avait une porte cochère et un passage depuis la rue et la même chose entre les deux cours. Le corps principal sur la rue comportait un étage avec, paraît-il, huit chambres, qui étaient louées pour une part. De même une salle supportait une pièce à l'étage sur la première cour. La cuisine située dans la deuxième cour avait elle aussi une pièce à l'étage, sans doute au même niveau que les greniers. Des greniers étaient situés au-dessus de l'ensemble des écuries et étables de la deuxième cour ; celles-ci étaient décrites comme pouvant abriter soixante chevaux et vaches. Il y avait aussi deux toits à porcs, un puits et deux caves. L'une des boutiques sur la rue était louée, l'autre sans doute aussi ; apparemment, selon les moments, deux à quatre ménages de nourrisseurs (propriétaires et locataires) ont pu s'y loger et mener à bien des activités tant de nourrisseur que de voiturier.

---

45. Annexe B résultats tableau 55.
46. En dehors de « la croix de ma mère ». La déclaration de 10 francs et plus en bijoux et argenterie est considérée comme significative. Mais un accroissement de l'omission ou de la dissimulation est aussi possible, comme pour les deniers comptants. Les montres figurent parmi les bijoux.

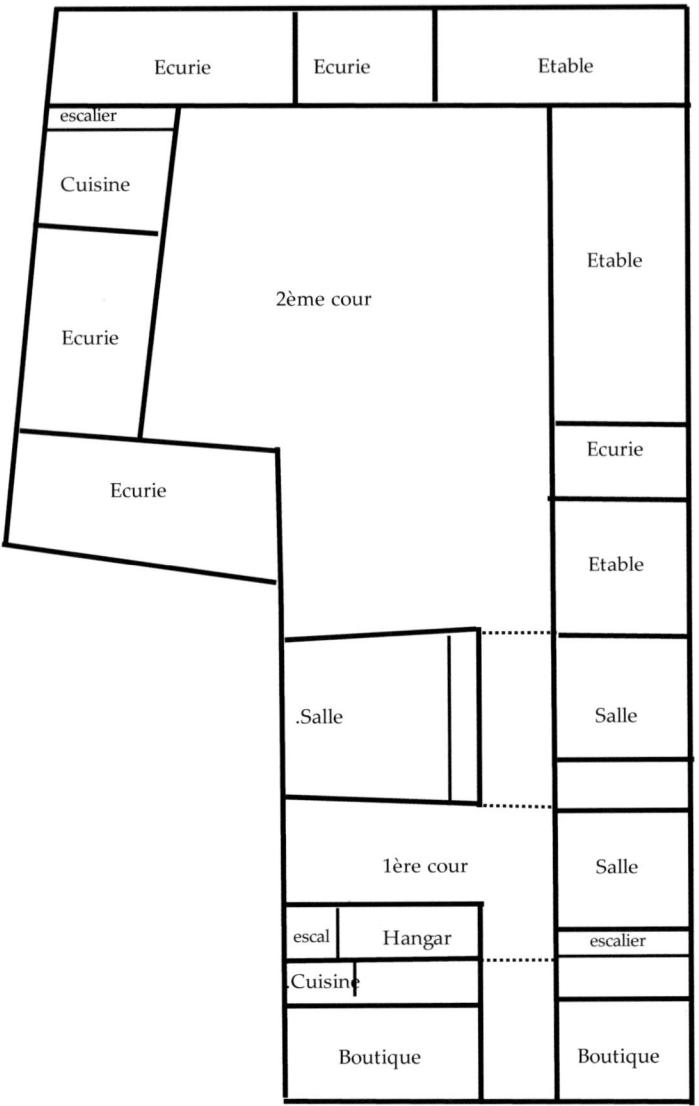

Plan simplifié d'un immeuble de nourrisseurs reconstitué par l'auteur

L'ACTIVITÉ DE NOURRISSEUR

Sauf cas exceptionnel les éléments de l'activité de nourrisseur font l'objet d'un chapitre particulier des inventaires après décès. Le commissaire priseur sollicite l'avis d'experts. Ces experts sont le plus souvent au nombre de deux et sont agréés par chacune des parties. La plupart des prisées sont dites avoir été faites « à leur juste valeur sans crue »[47].

Une vacherie type peut être décrite comme comportant entre 10 et 15 vaches, 1 cheval hors d'âge, 1 charrette, 1 âne ou 1 petit cheval, 1 petite charrette ou « voiture à lait », deux étables ou écuries et une laiterie. Le tout sur une cour où trône un tas de fumier. Cet établissement type ne correspond en fait qu'à environ un petit tiers des vacheries de l'échantillon.

Classement selon la taille de la vacherie

Le principal critère de classification utilisé est la taille des exploitations exprimée en nombre standard de vaches. Ce nombre standard résulte de la normalisation des ânesses et des chèvres en « équivalent vache » en fonction de leur niveau de production. Cette normalisation ne concerne que 25 inventaires sur les 420 retenus dans l'échantillon auxquels il faut ajouter 25 ventes de fonds de nourrisseur[48]. Cette taille de référence repose sur le nombre d'animaux trouvés lors de l'inventaire, donc à un moment précis dans des circonstances particulières. Il n'est pas sûr qu'il soit toujours tout à fait représentatif de la situation courante de l'exploitation. A part deux cas de noyade dans la Seine, ces inventaires ne sont pas des photos instantanées ; le décès a le plus souvent été précédé d'une maladie qui a perturbé le fonctionnement de l'exploitation ; en outre l'inventaire peut avoir été fait longtemps après le décès pour régulariser une situation avant un remariage ou avant le mariage d'un enfant. Mais nous sommes obligés de nous en contenter après avoir éliminé les inventaires qui semblent poser un problème à ce sujet.

La répartition des inventaires et des ventes de fonds de l'échantillon selon ce critère de taille se lit dans le tableau 31 de l'annexe B. Il est à retenir qu'avant 1760 les 65 inventaires retenus sont quasiment tous situés « intra-muros » avec seulement 4 cas « hors barrière » de l'époque et que les petites vacheries sont alors moins répandues qu'elles ne le seront plus tard. Les

---

47. Les résultats détaillés et commentés de l'enquête concernant l'activité de nourrisseur se trouvent dans les tableaux 31 à 45 de l'annexe B des résultats de l'enquête.
48. Annexe A méthodologie tableau 3.

inventaires « extra-muros » ne sont présents de façon notable qu'à partir des années 1780 et ils domineront à partir des années 1800 alors que l'échantillon doublera presque de volume. Ceci tient d'une part à un effet de la documentation disponible et d'autre part au développement de l'activité aux limites du Paris de l'époque alors que le nombre de nourrisseurs semble stagner « intra-muros ». Ces vacheries « extra-muros » sont en moyenne de taille moindre que celles « intra-muros » et elles sont souvent associées à d'autres activités, en particulier l'agriculture. En moyenne on trouve 13 vaches par vacherie « intra-muros » et 10 vaches « extra-muros ». Mais la période du Consulat et de l'Empire est marquée par une taille générale plutôt inférieure à ce qu'elle était auparavant et à ce qu'elle sera après, du fait de l'importance numérique des vacheries de moins de 10 vaches dans l'échantillon de cette période ; soit en moyenne 11 vaches « intra-muros » et moins de 9 vaches « extra-muros ». Pour cette période, l'analyse par André Guillerme des rapports faits sur cinq ans au Conseil de Salubrité[49] conclut d'ailleurs que l'étable moyenne déclarée était prévue pour un peu moins de 8 vaches et que la situation la plus répandue était une dizaine de vaches sur deux rangs. En fait il semble bien qu'il y ait différents types de nourrisseurs ; mais leur typologie est difficile à établir.

Figure 6 Répartition (%) des vacheries par taille

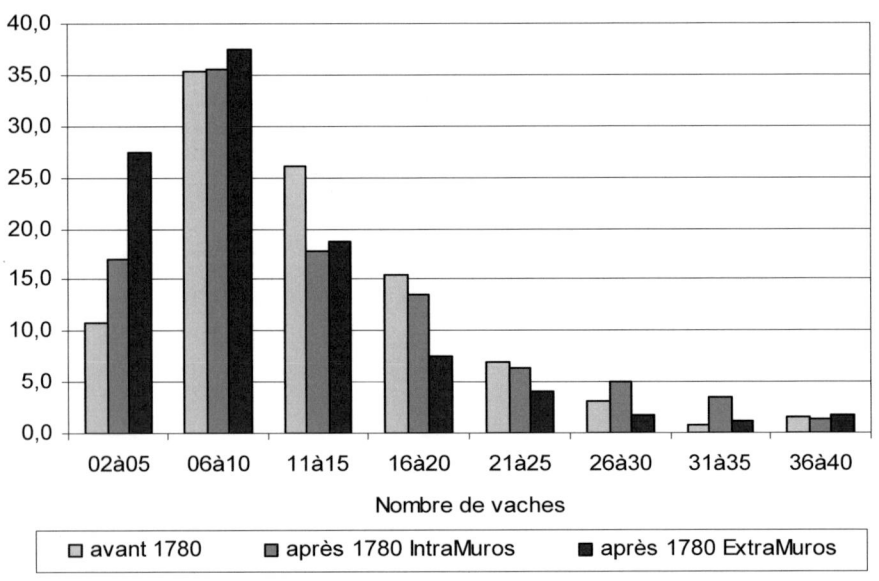

---

49. Annexe D statistiques

Autres activités que le lait

Souvent l'activité des nourrisseurs ne se limite pas à la production et la vente de lait et de crème. Les excédents peuvent être transformés en beurre ou en fromages comme nous le verront plus loin. Ils ont aussi en complément des poulaillers fournis[50] pour la vente d'œufs et de volailles ; 64% des nourrisseurs ont plus de 10 volailles et 11% plus de 50. Parmi ces volailles on trouve souvent quelques canards ou oies, parfois une dinde ou un paon, mais les poules accompagnées de leurs coqs et de poulets constituent le plus gros des effectifs. Un cinquième des vacheries entretiennent au moins un porc, sous un toit à porcs dans la cour, et sont situées pour la plupart « extra-muros » ou proche des barrières pour respecter la réglementation de la Ville. Mettons à part une activité assez répandue qui consiste à collecter du fumier en ville auprès des cochers et garçons d'écurie et de le joindre à son propre fumier pour approvisionner les jardiniers. Jardiniers à qui ils auront aussi acheté de l'herbe (ou gazon) pour alimenter leur bétail. En revanche une fraction importante des nourrisseurs, globalement un cinquième, a aussi une activité de culture ou de voiturier ou les deux à la fois[51]. Et cette proportion augmente avec les années. Ces activités sont plus répandues « extra-muros » qu'à Paris même. Avant 1800, 11% des nourrisseurs « intra-muros » ont d'autres activités contre 24% « extra-muros » ; après 1800, ce sont respectivement 19% et 31%. La part de ceux qui présentent ces activités augmente aussi à mesure que la taille des étables croit. L'activité de culture est la plus fréquente et peut revêtir la forme d'un travail fait à façon par un cultivateur. Celle de voiturier repose pour une grande part sur des prestations auprès de carriers ou de maçons. D'autres activités moins répandues sont le fait de quelques nourrisseurs en tant que marchand de bois, cabaretier ou aubergiste, garde de l'Hôtel de Ville, vidangeur ou entrepreneur de l'enlèvement des boues de Paris.

Produire et vendre le lait

Revenons à la production et la vente de lait. Nous trouvons trois espèces laitières, les vaches très majoritaires, les chèvres et les ânesses très minoritaires. L'échantillon retenu compte 5237 vaches, 129 ânesses productives et 61 chèvres. Les exploitations élevant uniquement des vaches représentent 94% de l'échantillon. Les ânesses sont une spécialité que 13 individus (3%) associent à des vaches et/ou des chèvres ; elles ne sont jamais seules. Il y a donc quelques spécialistes « multi-lait » plutôt présents avant 1780. Je laisse aux spécialistes de déterminer la provenance des vaches selon

---

50. Annexe B résultats tableaux 37 et 38. Au-dessus d'une douzaine de poules, celles-ci ne divaguent plus en général dans la cour mais sont enfermées dans un poulailler.
51. Annexe B résultats tableaux 43, 44, 45.

la couleur de leur robe[52] ; néanmoins il me semble que les Normandes de différentes robes et les Flamandes se soient répandues au fil du temps. Les différences notables dans la valorisation individuelle des animaux par les experts semblent indiquer que ces troupeaux sont hétérogènes en ce qui concerne la qualité des bêtes. Ainsi la valeur moyenne des vaches augmente avec la taille des vacheries pour toutes les périodes ; les « petits » semble avoir en moyenne des animaux de moins bonne qualité que les « gros ». Ces animaux sédentaires ne sont pas toujours élevés dans de bonnes conditions, comme l'a souligné Huzard.

Ces vaches sont fournies sur les marchés spécialisés[53], parfois « sauvages », par des marchands de bestiaux ; elles ont en général fait un long chemin depuis leurs verts pâturages. On nous dit que les nourrisseurs renouvellent leur cheptel tous les ans, après avoir vendu les vaches taries aux bouchers. C'est peut-être la tendance générale mais Huzard[54] parle plutôt de dix-huit mois ; il donne aussi l'exemple d'un nourrisseur de la Petite Pologne[55] qui, en 1789, possède un taureau pour « renouveler les vaches ». Les inventaires après décès révèlent 14 taureaux chez des nourrisseurs ; avant 1800, 2 « intra-muros », et après 1800, 3 « intra-muros » et 8 « extra-muros » (dont 5 cultivateurs et nourrisseurs). Huzard indique aussi que, depuis l'épizootie des années 1770 qui avait provoqué une pénurie de lait et une augmentation importante des prix, et face à une demande croissante du produit, il y a eu un changement dans la gestion du cheptel par les nourrisseurs dont le nombre s'était multiplié. Plus de vacheries, plus de vaches dans les étables, plus de vaches vieilles et moins bien constituées en moyenne. Les inventaires après décès ne révèlent pas « intra-muros » une augmentation notable de la taille moyenne des étables pour les décennies 1770 à 1790 par rapport aux décennies antérieures.

Le traitement du lait suppose un matériel spécialisé qui, à partir des années 1770, est systématiquement prisé à part par les experts. Auparavant il était évalué avec les objets trouvés dans la cuisine. Ce matériel se compose d'un ou plusieurs chaudrons de cuivre jaune, de pots et de boîtes à lait, de couloirs, de mesures et de terrines de terre ou de grès ou de fer blanc. On parle parfois de cruches avec couvercle ou de cafetières, surtout dans les années 1780 et 1790. Avant 1760 on trouve aussi des cruches en poterie. A

---

52. Annexe B résultats tableau 35.
53. Marchés officiels des vaches laitières : en 1745 Plaine des Sablons (à l'ouest), à partir de 1785 Faubourg de Gloire et La Chapelle (au nord), Maison Blanche Gentilly (au sud).
54. Huzard, 1813 (1800), p. 196-246.
55. Cet homme, fils d'un jardinier, s'est marié avec contrat à 20 ans en 1758 mais aucun inventaire après décès n'a encore été trouvé.

partir de la déclaration royale du 13 juin 1777 interdisant la commercialisation du lait dans des vaisseaux en cuivre, on n'aurait dû trouver dans les inventaires que des pots, boîtes, mesures et couloirs en fer battu ou en fer blanc. Or cela n'est pas le cas car les vacheries en activité n'ont pas fait disparaître des matériels plutôt solides et qui coutaient chers. Dans les inventaires des années 1780 et 1790, et même au début des années 1800, nous trouvons donc souvent à la fois des récipients en cuivre jaune et des récipients en fer battu ou en fer blanc. Notons que les chaudrons resteront en cuivre jaune et parfois rouge jusqu'à la fin des observations ; les chaudrons en fonte sont rarement cités. Dans les inventaires plus précis que d'autres on trouve des petits pots en faïence, des pots de grès pour la crème. La fabrication du fromage, sans doute du fromage blanc, n'a pas laissé beaucoup de traces explicites. On trouve la mention de moules à fromage en 1766, d'un cœur à dresser fromage en faïence blanche en 1806, de moules à fromage en 1807, de paniers en forme de cœur en 1810, et de paniers à fromages en 1826, tous matériels qui auraient pu échapper à la prisée du fait de leur faible valeur. La fabrication du beurre est un peu plus explicite car neuf inventaires présentent une baratte, un en 1764, un en 1788, les autres après 1800 ; parmi ces nourrisseurs trois ont aussi une activité de cultivateur. Notons que l'écrémage plus ou moins intense semble être systématique ; crème et lait sont toujours associés. En ce qui concerne la traite proprement dite, selles à traire et seaux sont cités ; les seaux ne sont pas toujours décrits mais il semble que le fer battu se soit répandu au début du XIXe siècle.

Tout ce matériel se trouve normalement dans une pièce spécialisée appelée « laiterie »[56]. Or cette laiterie n'apparaît nommément pour la première fois que dans un inventaire de 1761 avec 7 vaches. Entre 1760 et 1800, 21% des vacheries seulement ont ce local dédié contre 57% après 1800, dont 66% après 1820. Mais dès les années 1780 les grandes vacheries ont quasiment toutes un local spécifique ; en revanche les plus petites n'en ont pas en majorité. En l'absence de pièce dédiée, le matériel de laiterie est en général présent dans une écurie ou dans la pièce servant de cuisine. Dans quelques cas la laiterie est un simple appentis ou un coin de hangar.

Outre les emplacements pour la vente directe du lait dont il a été fait mention plus haut, les inventaires nous révèlent une partie de leurs « pratiques » à travers les dettes actives. En dehors des laitières ou des crémiers à qui ils fournissent l'approvisionnement de leur commerce, certains ont pour clients attitrés de « grandes maisons », des collectivités comme un hôpital ou un couvent, des maîtres de pension, avec lesquels ils sont en compte, parfois pour plusieurs centaines de livres ou francs.

---

56. Annexe B résultats tableaux 29 et 30.

Transporter

Une vacherie ne saurait fonctionner sans moyens de transport[57] bien que 16 inventaires (4%) n'en contiennent aucun, dont 11 après 1800 (mais parmi celles-ci 2 élèvent des ânesses). Le minimum est un âne avec son bât comme cela est le cas dans 20 inventaires (5%). Ou un petit cheval comme dans 19 inventaires. Mais 19 inventaires n'ont ni âne, ni cheval mais parmi ceux-ci 3 ont des charrettes à bras. De même 44 inventaires ne présentent aucune charrette, petite charrette ou tombereau. Ces vacheries sans moyen de transport ou avec des moyens réduits sont des vacheries de petite taille, de moins de 10 vaches. En passant relevons que la « petite charrette à chien » pour la distribution du lait n'est pas anecdotique et folklorique car on en trouve six dans l'échantillon.

Ceux qui ne possèdent que des chevaux représentent 71% de l'échantillon et ceux qui leur associent un âne ou un petit cheval 15%. La majorité des nourrisseurs ont un ou deux chevaux ; ceux qui ont en ont en plus grand nombre se livrent le plus souvent à d'autres activités comme le voiturage ou la culture. Les vacheries les plus importantes, celles de plus de 20 vaches, ont au moins deux chevaux dans la plupart des cas. Soulignons que ces chevaux sont presque tous dits « hors d'âge » ou « vieux » et que nombreux sont les borgnes ou les aveugles, sans parler des boiteux. Quelques chevaux plus fringants se trouvent chez ceux qui ont aussi une activité de voiturier ou de cultivateur. Le nourrisseur n'investit pas dans la cavalerie.

Alimenter le bétail

L'alimentation du bétail[58] ne peut être abordée qu'indirectement par le biais de la prisée des terre, des réserves et des dettes passives des inventaires. En outre, avant 1780, nous avons des actes notariaux de marchés entre nourrisseurs et brasseurs ou amidonniers pour la fourniture de drèches ou de noir d'amidon. Les vaches sont nourries à l'étable et le nourrisseur doit se procurer les aliments auprès de fournisseurs ou utiliser les récoltes des terres qu'il possède ou qu'il loue et qu'il travaille lui-même ou qu'il fait travailler à façon. En fait cet auto-approvisionnement est très minoritaire, comme nous l'avons vu plus haut, et souvent réduit dans les faits. Ceci conduit à une alimentation « sèche » principalement à base de sous-produits végétaux et à un défaut d'aliments verts, car les espaces citadins enherbés pour la pâture ou la distribution en vert sont réduits.

Le son, la recoupette et le remoulage sont présents partout et en tout temps, en stock ou dans les dettes. Les fournisseurs sont des boulangers, des meuniers et des marchands de son ou des marchands grainiers. Ce son est

---

57. Annexe B résultats tableaux 39 à 42.
58. A ce sujet voir FANICA, 2008, p. 207-224, pour des informations plus tardives.

stocké dans des tonneaux ou des coffres, ainsi que l'avoine. En revanche on ne trouve des drèches que dans moins de la moitié des vacheries avec ou sans marchés enregistrés chez le notaire. Les dites drèches sont stockées en tas en un endroit non signalé, dans des fosses ou dans des caves ; avec parfois des accidents qui ont fait l'objet de rapports au Conseil de Salubrité. Le noir d'amidon n'apparaît pas en tant que tel dans les inventaires mais on en connaît l'utilisation par le biais des marchés passés devant notaire.

Les fourrages se trouvent sous forme de foin ou de regain en stock. On trouve souvent de la luzerne et parfois des bottes de trèfle. Certains ont des champs de luzerne qu'ils récoltent eux-mêmes ou qu'ils font récolter à façon. Par exemple, en 1775 un nourrisseur et voiturier du Faubourg Saint Jacques hors barrière a près de 5 ha semés en luzerne plaine du Petit Montrouge ; de même en 1740 un nourrisseur de la rue de Charenton loue une parcelle en luzerne. Sans parler des nourrisseurs et cultivateurs « extra-muros » de la banlieue proche. Les cultivateurs des environs ou même de l'Oise ou de la Seine et Marne leur vendent de la paille et de la luzerne. La paille est présente partout et en tout temps. Deux frères savoyards louent les fossés de la Bastille dans les années 1750, mais on ne sait pas s'il s'agissait de production de foin ou de pâture ou les deux. Car rien ne révèle les possibilités de pâture et les contemporains ne parlent que d'élevage à l'étable même si les nourrisseurs, ainsi que les bouchers, avaient le privilège de l'exclusivité des pacages de la région parisienne sous l'Ancien Régime. Les jardiniers qui les environnent leur vendent des herbes que l'on retrouve dans les dettes surtout dans les années 1770 et 1780 ; plus tard ceux-ci leur fourniront des racines comme des navets et des betteraves, et au début des années 1830 un jardinier du boulevard du Montparnasse fournissait du gazon à un nourrisseur.

La première mention de betteraves date de 1804. On trouve 36 mentions de betteraves jusque dans les inventaires des années 1830 pour 226 inventaires (16%), tant dans les réserves que dans les cultures et les dettes. Nous avons 11 mentions de betteraves sur 113 inventaires (10%), dont 3 « intra-muros » entre 1800 et 1819, et un doublement avec 25 mentions sur 113 inventaires (22%), dont 4 « intra-muros », entre 1820 et 1839. Il y a donc un développement de l'utilisation de la betterave, surtout « extra-muros ». Ajoutons pour les mêmes périodes quelques mentions explicites de stock de pommes de terre pour la nourriture des vaches, deux stocks de navets, une mention de 3 ha de chicorée sans doute de la variété dite sauvage.

La distribution de l'eau aux vaches se fait grâce à des seaux et des baquets en bois cerclés de fer, toujours cités dans les inventaires. Une vraie corvée. Ce qui demande un effort certain que quelques-uns ont amélioré par l'intermédiaire de tonneaux montés sur roues ou de voitures à eau (5 cas relevés, tous après 1800). Mais des tonneaux peuvent être placés sur les charrettes ou petites charrettes, le temps du transport de l'eau. Ce qui est le cas d'un tuteur désigné comme « porteur d'eau » et qui possède le cheval et la charrette présent dans un inventaire. A travers les baux et les actes de vente de maisons, on note parfois la présence d'un puits dans l'immeuble.

Bilan de l'activité de nourrisseur

Il convient maintenant de tenter un bilan de l'activité de nourrisseur sur la base de la valorisation des inventaires. Sauf circonstances particulières, on considère que les prisées traduisent bien la qualité et la valeur des biens. Les biens vieux et usés des nourrisseurs blanchis sous le harnais sont moins valorisés que ceux des plus jeunes. Sur la base des valeurs moyennes des prisées, il semble par ailleurs qu'il y ait une différence de qualité entre les vaches des petits ateliers et celles des vacheries les plus grandes ; pendant une même période la valeur moyenne des vaches croît avec la taille de la vacherie.

Pour faire ce bilan, outre la taille des vacheries, il faut prendre en compte la présence des autres activités, la présence de locataires dans la maison, le poids du foncier avec les différences entre nourrisseurs propriétaires et nourrisseurs locataires des locaux qu'ils occupent. Ainsi que la place de l'inventaire dans le cycle de vie.

Un point important pour évaluer cette activité de nourrisseur est qu'elle suppose la disposition d'un capital d'exploitation relativement important, à l'instar des exploitants agricoles et à l'inverse de la plupart des artisans. Et que ce capital d'exploitation est fragile car il est principalement constitué d'animaux qui peuvent être affectés par des maladies, sinon les épizooties, et les conditions d'élevage.

Evolution et répartition de la valeur de la prisée des inventaires

Ce qui est appelé ici « prisée » comprend les animaux et les « ustensiles » professionnels, le mobilier, les vêtements et l'argenterie et les bijoux mais ne comprend pas les deniers comptants et la prisée des terres (cas peu nombreux et très divers) ; elle inclut les réserves (ferrailles, bois, coupons de tissus, viande, vin, grains, fourrages) et divers biens, peu présents. Et l'étude ne concerne que les inventaires retenus dans l'échantillon, c'est-à-dire ceux qui présentaient une activité minimale.

La moyenne de la valeur globale des prisées a augmenté au cours du temps. Ceci est net entre la période « avant 1760 » et la période 1760-79, puis entre les périodes 1800-19 et 1820-39. La faible augmentation entre 1780-99 et 1800-19 semble être très liée à la répartition des vacheries selon leur taille et l'importance prise par les vacheries « extra-muros ». L'évolution des moyennes pondérées à structure par tailles constante montre au contraire une augmentation entre les périodes 1780-99 et 1800-19 et une stabilisation entre 1800 et 1839[59].

Figure 7 Répartition (%) des nourrisseurs selon la valeur de la prisée

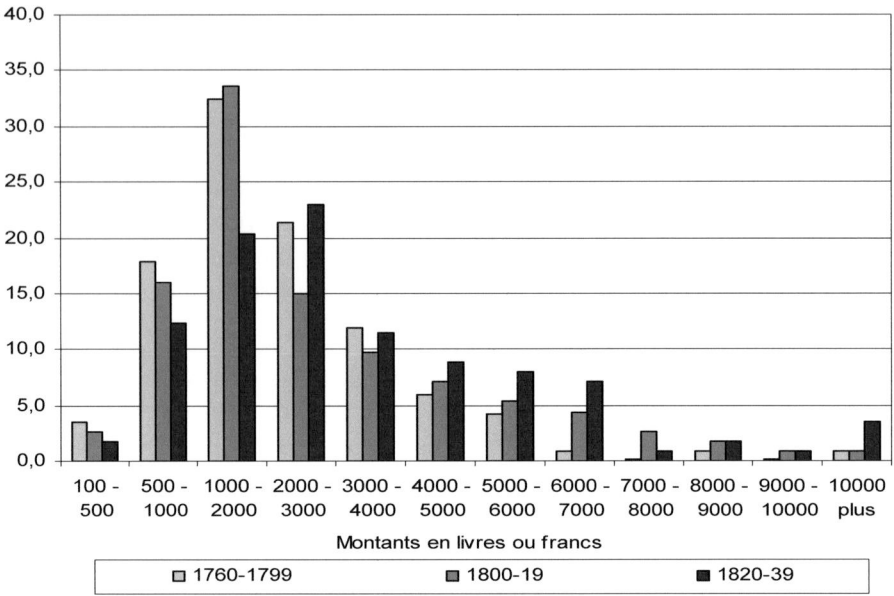

Si l'on distingue les nourrisseurs simples des nourrisseurs pluriactifs qui ont des animaux et des matériels supplémentaires par rapport aux premiers, on trouve bien évidemment que la valeur de la prisée augmente régulièrement avec la taille de la vacherie[60]. Il en est de même avec la valeur des meubles, et donc indirectement du niveau de vie. Ce dernier point a été abordé auparavant. En revanche, au fil du temps, la valeur des animaux et ustensiles a pris une part plus importante dans la valeur des prisées d'une même classe de taille.

Influence des conditions de la première installation

Y-a-t-il une taille minimale pour que la vacherie soit une réussite ? Les couples n'ayant pas d'attaches avec le milieu des nourrisseurs ou de la production agricole au sens large réussissent-ils moins bien que les autres ?

La réussite semble dépendre de la taille initiale de la vacherie. Les mariages entre garçon et fille se font sans contrat dans un tiers ou un quart des cas. Dans cette configuration nous ne savons pas sur quelle base ils ont commencé leur vie commune. En revanche les autres couples ont contracté

---

59. Annexe B résultats tableaux 46 à 49.
60. Annexe B résultats tableau 55.

chez le notaire et les contrats de mariage[61] vont nous permettre d'avoir une idée de ce qui a permis leur installation. Un premier écueil est constitué par les droits sur la succession d'un des parents défunt ; ces droits ne sont pas toujours chiffrés. Notons que le plus souvent les parts d'héritage se situent le plus souvent entre un quart à un septième et ne représentent avant les années 1810 que quelques centaines de livres ou de francs dans beaucoup de cas. Bien entendu tous apportent « hardes, linges et bijoux à leur usage » et des deniers comptants. Mais d'autres apportent en plus des bestiaux et du matériel, qui ne sont pas détaillés, ou leurs parents leur donnent quelques vaches en dot.

Nonobstant ces remarques, près de trois cents contrats de mariage garçons-filles sont suffisamment complets pour nous permettre une évaluation. Les apports connus en animaux sont de 5 à 6 vaches ; deux garçons arrivent avec leur propre équipement, dans deux contrats les parents des deux côtés font don de six vaches au total ; une fille se présente avec deux vaches qui compléteront l'apport non chiffré du garçon. Dans l'ensemble un contrat entre garçon et une fille sur cinq comporte un apport d'animaux (vaches et chevaux) et parfois de matériel (voiture). Les apports en immeubles sont le plus souvent des parts indivises ou des parcelles héritées à la campagne qui seront le plus souvent vendues si cela s'avère nécessaire. Si l'on compare la somme des apports des contrats aux valeurs des prisées des biens dans les inventaires de la même époque on constate que l'ordre de grandeur de ces deux apports correspond à celui des prisées des vacheries comprenant environ une quinzaine de vaches. Mais comme il faut tenir compte de la valeur des vaches à l'achat bien plus élevée que celle des prisées, d'un fonds de roulement pour couvrir le loyer et l'achat des aliments des vaches, on s'orientera plutôt vers une étable de cinq à sept vaches. Il semble bien que le minimum pour débuter une activité de nourrisseur se situe autour de six vaches. A moins que le futur mari ait en outre une autre activité comme voiturier, cultivateur ou jardinier. Une évaluation de la taille des vacheries des couples de garçon et fille ayant connu un décès avec un inventaire après au plus cinq ans de mariage, montre que près de la moitié ont entre 5 et 8 vaches dans leur étable et plus des deux tiers au maximum 10[62].

Les apports au contrat de mariage peuvent prendre d'autres aspects. Le futur mari achète un fonds de nourrisseur qu'il apporte ensuite au contrat. Ce fonds est parfois celui de ses parents ou celui de ses futurs beaux-parents ou celui d'un oncle de la future épouse. Et avec le fonds vient souvent le bail de la maison. Un exemple unique d'une autre configuration nous est

---

61. Annexe B résultats tableau 12.
62. Annexe B résultats tableau 33.

proposé. Après le décès de leur père, deux frères et une sœur, tous célibataires, créent par devant notaire une société d'exploitation d'un fonds de nourrisseur et de voiturier. Deux ans plus tard le frère aîné et sa sœur trouvent à se marier. La société est dissoute et la fille récupère le fonds de nourrisseur, le garçon l'activité de voiturier et le frère cadet des obligations portant intérêt.

Les couples sans attache initiale directe ou indirecte avec le milieu des nourrisseurs ou l'activité agricole, y compris les couples de migrants, sont au nombre de 45 dans l'échantillon, dont 30 après 1800. Cela fait peu de monde. On ne note pas de bilan négatif avant les années 1800, et après 1800 ils ne présentent que 31% de cas « négatifs » au lieu de 36% pour ensemble de l'échantillon ; en moyenne le rapport des dettes à l'actif mobilier est plus bas que pour les autres nourrisseurs. La taille de ces vacheries est en moyenne plus petite que celle des autres et elles sont plus nombreuses en-dessous de dix vaches. Dans toutes les classes de taille les moyennes des prisées et des meubles sont légèrement inférieures aux moyennes de l'ensemble de l'échantillon. Bref il ne semble pas qu'en moyenne leur qualité initiale de « bizut » les pénalise trop, sauf accidents. Et en outre quelques uns montrent de vraies réussites.

Influence de la pluriactivité et de la propriété

Quelle que soit la taille de la vacherie et la période, les nourrisseurs ayant aussi une autre activité[63] présentent une valeur de la prisée et une valeur des meubles largement supérieures à celles des nourrisseurs simples de la même classe de taille. Le classement par classes de taille de la vacherie n'est donc pas pertinent si l'on ne tient pas compte des autres activités, qui sont difficilement évaluables.

Quelle que soit la taille de la vacherie et la période, les nourrisseurs propriétaires présentent une valeur de la prisée et une valeur des meubles largement supérieures à celles des nourrisseurs locataires de la même classe de taille[64]. Une interférence existe avec les nourrisseurs ayant une autre activité car ceux-ci sont pour les deux tiers propriétaires alors que les nourrisseurs simples sont aux deux tiers locataires. Malheureusement le croisement des critères propriétaire ou non et pluriactif ou non avec les critères de taille et de période aboutit à de faibles effectifs statistiquement non représentatifs dans certains cas.

Néanmoins l'analyse sur l'ensemble de l'échantillon, sans tenir compte de la taille et de la période confirme que le pluriactif propriétaire présente de

---

63. Annexe B résultats tableaux 32 et 55.
64. Annexe B résultats tableaux 32 et 56.

meilleurs résultats que le nourrisseur simple et locataire[65]. La prisée du premier s'élève à 1,6 fois celle du second et les meubles à 1,5 fois avec en moyenne 3 vaches en plus. Au prix d'un endettement plus important pour le premier. Mais cette observation me fait la même impression que l'adage « qu'il vaut mieux être riche et bien portant que pauvre et malade ».

La propriété est en général inexistante au moment du mariage. Celle-ci intervient plusieurs années après, très souvent par achat d'un immeuble existant ou par construction sur un terrain acheté. Le plus souvent elle permet d'obtenir un revenu supplémentaire en louant des parties du bâtiment et d'amortir ainsi le coût de l'acquisition tout en se constituant une rente pour se retirer l'âge venu. Même dans le cas d'un héritage, devenir propriétaire implique un endettement important. Le poids du foncier sur les activités est important à Paris, autrefois comme aujourd'hui.

Carrières de nourrisseur

Les remarques sur les apports au contrat de mariage et sur les décès après cinq ans ou moins de mariage introduisent la notion de « carrière » ou de cycle de vie. On peut essayer d'évaluer la situation en fin de carrière à travers les inventaires des nourrisseurs de 55 ans et plus. Les nourrisseurs de la période « entre-deux » sont donc âgés de 30 ans à 55 ans[66].

Il y a un contraste entre « avant 1800 » et « après 1800 ». Avant 1800, les inventaires de « début de carrière » représentent 15% et ceux de « fin de carrière » 9% des 203 cas recensés. Après 1800 respectivement 8% et 25% des 271 cas de la période. Le nombre des 442 inventaires et ventes de fonds des vacheries entre 2 et 40 vaches a été augmenté de 32 inventaires non retenus dans l'analyse pour cause de doublons dans la même période ou d'absence d'activité réelle (fin de carrière). La comparaison de la valeur des prisées entre les trois groupes repose sur 412 cas de nourrisseurs en activité. Les effectifs sont faibles dans certaines configurations et il convient de ne prendre en compte que de grandes tendances d'autant qu'interfèrent les influences de la pluriactivité et de la propriété. Parmi ces 412 cas, avant 1800, chez les 28 « débutants » nous avons 2 pluriactifs et 3 propriétaires et chez les 12 « fins de carrière » 1 pluriactif et 7 propriétaires ; après 1800 ces nombres sont 1 et 0 chez les 21 « débutants » et 17 et 33 chez les 47 « fins de carrière » ; la totalité des pluriactifs sont aussi propriétaires dans ce dernier cas.

---

65. Annexe B résultats tableau 57. Le critère de taille est apparu mal adapté dans ce cas mais les périodes sont inégalement représentées puisque les inventaires sont plus nombreux après 1800 qu'avant 1800.
66. Annexe B résultats tableaux 33 et 58.

Si pour toutes les périodes, les « débutants » présentent des vacheries plus petites que la moyenne, le cas des « fins de carrière » dénote ce qui semble être un changement de régime démographique. Avant 1800, les cas de « fin de carrière » sont moins fréquents et plus dispersés en ce qui concerne la taille des vacheries. Après 1800 on meurt sans doute à un âge plus avancé et on réduit son activité plus tôt qu'avant 1800 quand les enfants, plus rares, quittent le bercail ; la taille moyenne des vacheries est dès lors inférieure à la moyenne. Les ventes de fonds, parfois à un fils ou à un gendre, sont une caractéristique de la période 1800-1840. Elles étaient plutôt rares avant 1800 ; il est possible que l'on ait alors continué l'activité en présence de fils non mariés. Parallèlement il semble que le risque féminin de mourir des suites de couches soit moins important ; ce que semble indiquer la moindre proportion d'inventaires avant cinq ans de mariage des couples garçon-fille après 1800.

En tenant compte de la remarque précédente, on trouve une configuration qui correspond au sens commun. Les jeunes ont une activité moins développée que les nourrisseurs plus âgés, ont moins de biens mais sont en général moins endettés car ils n'ont pas encore investi dans la pierre. Sur ce dernier point, il y a un net changement après 1800 par rapport au siècle précédent comme dans le cas général. Les plus âgés ont amassé plus de biens que la moyenne et sont relativement moins endettés car pour la plupart ils ont fini de payer la maison dont ils sont propriétaires et que viennent de quitter leurs enfants mariés. Les nourrisseurs présentent donc un cycle de vie classique. L'on commence avec cinq à neuf vaches et un local loué. Le développement normal de l'activité consiste à augmenter le cheptel sous la contrainte de la taille des locaux ; celle-ci incite à l'achat ou la construction de locaux adaptés avec un endettement important mais avec la perspective d'un revenu locatif après la fin d'activité. Cette fin d'activité prend des aspects divers, très influencés par la configuration de la famille ; à moins que l'histoire ne s'interrompe avant par un décès.

Notons en passant quelques cas de reconversion, comme celui de ce migrant originaire de la Haute Saône, frotteur paroisse Saint Paul à son mariage en 1785 avec une fille de nourrisseur de la rue de Picpus demeurant alors paroisse Saint Paul, nourrisseur lui-même rue Saint Germain d'après les cartes de sûreté de 1793, mais fabricant de colle rue Saint Germain sous l'Empire et rentier rue de Picpus à son décès en 1836 dans la maison héritée de sa belle-famille. Dans d'autres cas on observe dans les études de cas une orientation plus forte qu'initialement vers les activités de voiturage ou de location de véhicules.

Il faut maintenant examiner le rôle des femmes, tel que les actes notariaux nous le font percevoir. Il semble bien qu'elles sont souvent le pivot de l'activité de nourrisseur, rôle dont les actes nous offrent des traces. Parmi les couples, il y a plus de filles de nourrisseur que de fils de nourrisseur. Après un mariage entre un homme non nourrisseur et une femme veuve de nourrisseur, le nouveau couple devient le plus souvent nourrisseur. Dans plusieurs cas, après le décès du mari et avant l'inventaire, la femme gère la production et la vente du lait et en rend compte devant les témoins et le notaire. Et souvent une veuve continue l'activité laitière tout en réduisant l'ampleur ; de même on rencontre des filles « nourrisseuses » alors que les parents « nourrisseurs » sont décédés. Dans les cas de pluriactivité des hommes, surtout s'ils sont voituriers, il semble bien que ce soit la femme qui prenne en charge la gestion du lait. Lors de la maladie de la femme, avant et après son décès, le mari engage souvent une femme pour gérer le lait et celle-ci en rend compte lors de l'inventaire. Dans deux cas de mariage avec séparation de biens, au décès de la femme on prise tout ou partie des vaches, les chevaux et charrettes n'étant cités que pour mémoire car ils sont la propriété du mari.

L'endettement et les dettes passives

En laissant de côté les « ardoises » classiques chez le boulanger, le boucher, le maréchal ferrant, le charron ou le bourrelier, parfois les gages des domestiques ainsi que les frais de dernière maladie et les frais funéraires, j'ai privilégié les dettes d'achat de vaches et d'achat d'aliments pour le bétail (son, drèches, paille, foin, herbes). Parfois les montants n'ont pas pu être déterminés avec précision (comptes à faire, quittances non détaillées) ; cette lacune concerne 3% des inventaires de l'échantillon.

On assiste à la montée des dettes au fil du temps[67]. Avant 1780, 8% ne déclarent pas de dettes, puis 13% entre 1780 et 1800. Après 1800, ceux qui ne déclarent pas la moindre dette sont marginaux en particulier dans les années 1820 et 1830. Se développe l'achat à crédit des vaches et des aliments du bétail. Serait-ce une forme archaïque du crédit inter-entreprise ? Notons au passage que, dans une petite dizaine de cas, les nourrisseurs se sont fait crédit entre eux ; deux fois pour des vaches, deux fois pour du lait et d'autres fois « pour marchandises ». Avant 1800 moins de la moitié des nourrisseurs présentaient ce type de dettes pour des montants qui correspondaient à environ quatre vaches ; après 1800 le taux de présence de ces dettes augmente ainsi que leurs valeurs moyennes, surtout après 1815. Il semble qu'alors nombre de nourrisseurs ne disposent pas d'un fonds de roulement suffisant. En l'absence de données fiables sur l'évolution des prix des produits et fournitures on ne peut pas poser un diagnostic. Les seuls cas

---

67. Annexe B résultats tableau 54.

dont on est sûr sont que les prix des animaux ont connu une hausse non négligeable, ainsi que les loyers et les prix de l'immobilier. Dans les dettes passives des inventaires d'une période apparaissent souvent les mêmes trois ou quatre marchands de vaches et les mêmes quatre ou cinq marchands grainetiers pour des montants élevés. Sous la forme de comptes à solder, de billets à ordre ou d'obligations. Si l'on considère le total probable des créances que chacun de ces fournisseurs possède sur les nourrisseurs, la question se pose du financement par les marchands de ces sommes importantes et de la disposition d'un fonds de roulement important. On peut douter que ces papiers aient été éligibles à l'escompte. Comment ces marchands se procurent-ils ces ressources ? Les documents consultés ne permettent pas de répondre à cette question. Néanmoins cet empilement de dettes a sans doute subi les effets collatéraux des crises financières du premier XIXe siècle. Celles-ci n'ont sûrement pas été sans conséquences sur l'activité de nourrisseur.

Restent les achats fonciers dont les montants sont élevés et ne sont pas toujours acquittés au moment du décès ou ont laissé des obligations pendantes chez certains. En général les propriétaires sont en moyenne plus endettés que les locataires. Le poids de ces dettes, visible dans les moyennes du ratio des dettes rapportées à l'actif mobilier, a fait un bond à partir de l'Empire. Dans les années 1820 et 1830 les dettes ont dépassé en moyenne l'actif mobilier sans que nous sachions si la valeur des immeubles en propriété pourrait couvrir ce dépassement.

Le bilan final quant aux « fortunes »

Si l'on fait le bilan des écarts entre les dettes et l'actif mobilier[68] on trouve que moins de 10% des locataires avaient un bilan négatif avant 1800 ; puis cette proportion est passée à 30% puis à 41%. Chez les propriétaires ce taux a fluctué entre 15% et 25% pour atteindre 44% après 1820 comme chez les locataires. Le taux de présence de bilans « négatifs » diminue à mesure que la taille de la vacherie augmente, du moins de manière claire après 1800.

Si l'on prend comme critère le ratio dettes/actif mobilier et que l'on fixe le surendettement à partir d'un ratio de 1,5 pour les locataires et à partir d'un ratio de 3 pour les propriétaires, on trouve que les inventaires ne révélaient aucun surendetté avant les années 1770, puis 5% jusqu'en 1800, puis 10% entre 1800 et 1810, et enfin 24% entre 1820 et 1839. La proportion de locataires surendettés est supérieure à celle des propriétaires ; soit respectivement 27% et 20% dans la dernière période. Après 1800 on trouve 5 cas désespérés, 1 locataire et 4 propriétaires avec des ratios supérieurs à 5. En examinant leur cas on ne voit pas comment ils pourraient faire face,

---

68. Annexe B résultats tableau 59.

même en vendant les immeubles. A moins que notre information ne soit biaisée et que leur inventaire ne reflète pas leur situation réelle (sous-estimation ou possible dissimulation des biens) ; ce que l'on peut soupçonner dans trois des cas cités mais cela n'expliquerait pas pour autant l'ampleur du problème.

Figure 8 Répartition (%) des nourrisseurs selon le ratio dettes/actif mobilier

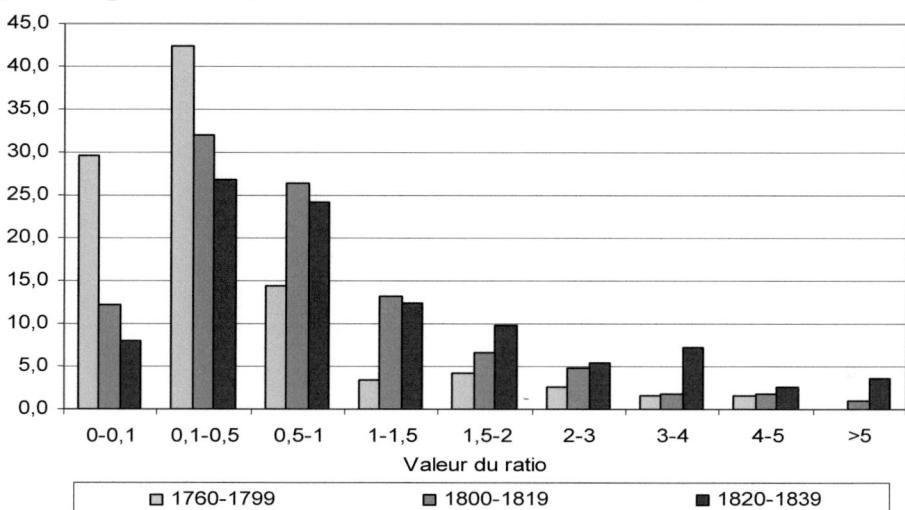

Dans la seconde partie de ce texte, quelques cas de faillite liée à la maladie ou aux épizooties ou aux pertes d'animaux sont exposés ; ces cas n'ont pas été inclus dans l'échantillon. Par ailleurs, deux cas de vente judicaire après un jugement de faillite ont été relevés, l'un en 1831 inclus dans l'échantillon, l'autre en 1834 non inclus du fait de l'incertitude sur sa pertinence. Un autre cas est révélé dans un inventaire en 1782 sans que l'on en connaisse les éléments.

Comparaison des « fortunes » avec celles des Parisiens et des ruraux

Dans cette comparaison[69] il faut tenir compte une nouvelle fois de la part prépondérante du capital d'exploitation dans les inventaires des nourrisseurs, part qui est beaucoup plus faible ou quasiment inexistante chez les artisans ou les salariés parisiens ou campagnards mais trouve sa correspondance chez les laboureurs ou cultivateurs.

Pour le XVIIIe siècle, en ce qui concerne la valeur totale des seuls biens prisés, les nourrisseurs sont en moyenne moins riches que les maîtres de métiers parisiens mais plus riches que les « gens de métier » parisiens et les laboureurs du Vexin. Les « gens de métiers » parisiens sont deux fois plus

---

69. Annexe B résultats tableaux 62 et 63.

riches que les manouvriers et artisans du Vexin. Mais la répartition par classes de montants montre que les nourrisseurs sont comparativement peu présents dans les basses classes (effet du capital d'exploitation). Ils sont moins présents dans les classes les plus élevées que les maîtres de métier parisiens, dont la répartition est par ailleurs moins concentrée sur les classes centrales.

Dans le dernier quart du XVIIIe siècle, sur la base des « fortunes » mobilières[70] le propos est le même en ce qui concerne la comparaison entre les nourrisseurs et les « salariés », semblables aux « gens de métier » déjà évoqués. En revanche durant les années 1760 les nourrisseurs parisiens sont un peu plus riches que la moyenne des bordagers et laboureurs du Nord de la Sarthe, mais ces derniers présentent une distribution par classes plus étalée et les nourrisseurs sont très concentrés dans la classe centrale. Dans les années 1800 on note un contraste important avec la période précédente. Les nourrisseurs présentent une « fortune » d'un montant qui a peu évolué en moyenne alors que celle des Sarthois a fait plus que doubler. La répartition des Sarthois s'est développée vers le haut tandis que celle des nourrisseurs a régressé vers le bas. Ceci est à rapprocher de la diminution de la taille moyenne des vacheries parisiennes dans l'échantillon alors que les tailles des exploitations sarthoises des échantillons sont peu différentes entre les deux périodes.

Grâce à une étude assez récente[71] sur l'évolution des « fortunes » à Paris et en France à partir des déclarations de succession, nous allons pouvoir situer les nourrisseurs parmi leurs contemporains du début du XIXe siècle sur la base des enregistrements concernant les années 1807 à 1837. Avec quelques incertitudes car les auteurs ne se sont intéressés qu'au sommet de la distribution ; nous positionnerons donc les nourrisseurs par rapport aux derniers « fractiles »[72] de la distribution pour la France entière et pour Paris. Tout d'abord il faut souligner que nous ne connaissons pas les nourrisseurs ayant un montant de succession nul ; mais ceux-ci doivent être rarissimes ou ne plus exercer la profession (les déclarations de succession ne portent que sur l'actif brut et ignorent le passif à cette époque). Pour la comparaison nous ne disposons que de la valeur de l'actif mobilier des nourrisseurs ; ce

---

70. La « fortune » mobilière comprend la valeur de la prisée, la prisée des terres, les deniers comptants et les dettes actives.
71. PIKETTY, POSTEL VINAY, ROSENTHAL, 2004, 2006. Annexe B résultats tableaux 64-65.
72. Fractile est une notion de statistique descriptive qui définit le découpage en parts définies de la distribution d'une population selon une variable. Le fractile P90 représente les 10% de la population qui ont les scores les plus élevés selon la variable observée ; P95 les 5% les plus élevés et P99 les 1% les plus élevés.

qui demande une estimation de l'ordre de grandeur de l'actif immobilier pour les nourrisseurs propriétaires.

Dans le tableau 61 de l'annexe B, j'ai reproduit les éléments retrouvés dans certaines Tables des Successions et Absences (TSA) des bureaux de l'Enregistrement pour les nourrisseurs décédés parisiens (Paris d'avant 1860). Mais pour la comparaison avec l'ensemble des Parisiens ou des Français on retiendra tous les inventaires après décès de nourrisseurs de l'époque. Les nourrisseurs locataires avec une vacherie de moins de 20 vaches sont absents des 10% les plus riches (P90) des Parisiens et ont un actif inférieur à la moyenne parisienne ; en revanche, ils se trouvent parmi les 10% des Français les plus riches. Mais dans tous les cas on ne retrouve pas ces nourrisseurs locataires parmi les 5% des Parisiens les plus riches et, sauf exception, parmi les 5% des Français les plus riches à cette époque. Quant aux nourrisseurs propriétaires ils ont tous un actif supérieur à la moyenne et se trouvent tous dans les 10% les plus riches tant parisiens que français. Ceux qui ont plus de 15 vaches se trouvent même assez souvent parmi les 5% les plus riches, sinon même les 1% des Français les plus riches dans quelques cas, sans doute grâce à la valeur de leur immobilier parisien.

En guise de conclusion

De la Régence à la Restauration, les nourrisseurs de bestiaux à Paris sont donc très liés aux milieux des voituriers, des jardiniers et des cultivateurs. Leur activité s'est développée au cours du temps et s'est progressivement étendue à la banlieue proche, celle qui sera incorporée à Paris à partir de 1860, puis à tout le département de la Seine, après avoir été essentiellement localisée dans les faubourgs de la Ville et leurs abords. Mais, comme les jardiniers, ils subissent les conséquences du développement de la Ville, qui les rejette vers les marges.

C'est une activité qui demande au départ une mise de fonds relativement importante mais qui, au vu des sommes dégagées pour les achats immobiliers ou parfois les placements financiers, s'avère plutôt rentable pour ceux qui ne rencontrent pas « d'accidents de la vie » ou ne subissent pas de pertes importantes du fait des maladies animales. C'est une activité qui comporte des risques liés au fait qu'elle implique le vivant, qui demande un espace important en milieu citadin dans des bâtiments adaptés et qui doit gérer des atteintes spécifiques au milieu ambiant. C'est une activité qui repose essentiellement sur la production des vaches, les ânesses laitières et les chèvres apparaissant de façon plutôt anecdotique. C'est le plus souvent une activité d'élevage « hors sol » qui provoque des nuisances ; celles-ci ont incité les autorités à l'encadrer, à lui imposer des normes et à essayer de la déplacer vers les communes extérieures à la Ville. Ce que la pression foncière parisienne, les problèmes et les coûts d'approvisionnement feront d'eux-mêmes. Poids croissant des normes, poids croissant des investissements, poids croissant du foncier, poids croissant de l'endettement, ces mots n'entrent-ils pas en résonance avec notre actualité ?

C'est aussi une activité qui se développe au sein d'une famille où la femme a un rôle important et où les enfants sont un appoint non négligeable à partir d'un certain âge. Par défaut il emploie un garçon nourrisseur et une servante quand son étable a une certaine importance. En cela cette activité est proche de l'activité agricole rurale. C'est aussi une profession qui améliore ses résultats par le biais d'autres activités comme le voiturage ou l'agriculture ou la location de locaux.

Mais c'est une activité qui permet à certains de sortir de leur situation initiale de manouvrier ou de gagne-denier. En étudiant la situation des faubourgs vers 1793, Raymonde Monnier classait les nourrisseurs dans les

« petits bourgeois » et Alain Blum et Jacques Houdaille dans les « petits métiers ». A la lumière de ce qui vient d'être exposé dans ce texte, il semblerait que ce soit la première définition qui convienne le mieux pour la plupart des nourrisseurs même si certains, en bas de la distribution statistique des niveaux de vie, sont proches des journaliers et des gagne-deniers. L'appartenance à la Garde Nationale d'un nombre notable de nourrisseurs, indiquée par les uniformes inventoriés, conforte cette impression. En utilisant un concept en vogue dans les décennies 1960-70, avec tout ce qui en découle économiquement et socialement en arrière-plan, un nourrisseur aurait été un « petit producteur marchand ». Les aperçus sur leur niveau de vie, que les inventaires nous révèlent, font d'eux des Parisiens et non des campagnards à la Ville. Leur cadre de vie les situe en moyenne parmi les maîtres de métiers ou les gens de métiers bien placés. Les résultats économiques de leur activité ont été en moyenne meilleurs au XVIIIe siècle que sous l'Empire et la Restauration, périodes marquées par un développement important des dettes et du crédit. Rien ne permet de conclure qu'ils formaient une communauté ayant un genre de vie particulier en dehors des contraintes liées à leur profession. Même si la formation des couples de nourrisseurs au début du XIXe siècle semble exprimer une tendance à un resserrement du milieu sur lui-même.

La proportion des migrants primaires parmi les nourrisseurs est moindre que celle de l'ensemble de la population parisienne. Cette proportion les rapproche plutôt des patrons jardiniers, des maîtres artisans ou des boutiquiers et les éloigne nettement des journaliers et gagne-deniers, très souvent migrants primaires. Et les Auvergnats et les Bretons sont tout à fait minoritaires, ou même absents, à ces époques contrairement à ce qui sera observé à la fin du XIXe siècle[73]. Ces nourrisseurs sont très marqués par une origine bas-normande, picarde ou champenoise au sens large, soit en tant que migrants primaires, soit en tant qu'enfants de migrants. Et pour rejoindre une critique récente[74] faite à Louis Chevalier (1958), s'ils font partie des « classes laborieuses », on peut difficilement les associer aux « classes dangereuses » déracinées.

Si leurs vaches n'étaient pas parisiennes, les nourrisseurs de bestiaux étaient donc tout à fait des Parisiens et leur disparition semble avoir éveillé quelques nostalgies citadines. L'exposé des cas détaillés, qui suit, devrait permettre d'avoir un aperçu sur la diversité de leurs situations.

---

73. GIRARD, 1979, FANICA, 2008 p.151-153.
74. RATCLIFFE et PIETTE, 2007, p.53-86.

CONCLUSION

Dans la lumière tombante du couchant par dessus les toits, François dételait le vieux cheval fourbu tout en parlant du pays avec le locataire du second, un compagnon boulanger originaire des environs de Carrouges. Jean-Marie, le garçon, déchargeait des sacs de recoupette de la charrette. Par la porte de la cuisine, ouverte sur la cour, on devinait Marie Geneviève, sa femme, et Marie Jeanne, la servante, s'activant autour du fourneau. A l'étage, l'horloge venait de sonner l'heure et le faubourg retrouvait progressivement sa tranquillité nocturne. Une journée s'achevait.

Paris, le 30 septembre 2016

Figure 9 Enseigne de vacherie

Photo de l'auteur 20/09/2016.

Cette enseigne en forme de tête de vache est le pendant, sur le porche de la deuxième cour, de l'enseigne sculptée du porche de la rue (page de couverture). Il est possible que durant le dernier tiers du XIXe siècle cette ancienne vacherie du quartier de la Folie Méricourt (Paris 11e) ait regroupé plusieurs nourrisseurs. Comme cela était le cas de celle de la rue du Faubourg Saint Martin sous l'Empire, dont le plan est exposé sous la figure 5. Et la disposition des bâtiments sur ce dernier plan est presque le symétrique en miroir, de la disposition des bâtiments que l'on peut observer dans cette ancienne vacherie. Deux cours, deux passages avec de grandes portes cochères (charretières), petites boutiques sur la rue, appartements en étages sur le corps principal autour de la première cour, deuxième cour plus vaste que la première (avec sans doute autrefois des étables sur le pourtour) ; mais la première cour se développe à droite alors que le plan du Faubourg Saint Martin l'indique à gauche et le passage est en biais par rapport à la rue alors que l'autre est droit.

Historiettes - etudes de cas

Ces quelques études de cas succinctes, parmi plusieurs centaines, ont pour but d'apporter un éclairage plus précis sur la diversité des situations de nourrisseurs que l'exploitation statistique de l'enquête ne faisait qu'effleurer. Ces cas ont été choisis de façon à couvrir au mieux l'ensemble de la période étudiée ainsi que les différentes zones géographiques parisiennes. Sans entrer dans une démarche généalogique, j'ai aussi reconstitué quinze familles en ne retenant que les aspects principaux et significatifs en lien avec les résultats de l'enquête. Dans chaque cas j'ai indiqué les divers éléments de leur activité de nourrisseurs à partir des inventaires après décès. De même ai-je exposé les principaux éléments du cadre de vie qui ont été retenus en tant que marqueurs sociaux ainsi que les principales valeurs des prisées, créances et dettes. Dans certains cas un renvoi à une autre fiche peut être indiqué (« voir xxxx »).

Cas particuliers

Amavet, les ânesses du Bois de Boulogne

Jean Blaise Amavet est né en 1753 à Marseille. Capitaine d'infanterie il a pris sa retraite à Paris en 1797 et s'est installé impasse des Carrières à Passy vers 1798. Il a été maire de Passy sous l'Empire et y est décédé en 1825. Mais surtout il s'est marié en 1794 avec Marie Cytaron Fournier, née à Londres (Angleterre) en 1770. Au décès de celle-ci en 1832, à 62 ans, un inventaire a été dressé. Elle élevait des ânesses, 9 pour le lait et 11 vieilles pour la promenade, en compagnie de 2 chèvres (et 2 boucs), 18 poules et 4 juments hors d'âge pour la promenade. Et aucune vache. Outre les locaux de l'impasse, elle louait des écuries au Bois de Boulogne et disposait de 30 selles pour la monte. Une manière de recycler les ânesses atteintes par la limite d'âge. Les animaux et les ustensiles sont prisés 574 francs sur un total de 970 francs. Tout cela ne traduit pas un brillant résultat économique, la succession apparaît déficitaire ; les meubles et vêtements sont prisés 364 francs sans argenterie et bijoux et on trouve 247 francs en deniers comptants, pas de dettes actives et 3068 francs de dettes passives (dont aliments du bétail 790 francs). Sa fille et seule héritière est décédée laissant trois enfants mineurs qui héritent donc.

Arfeuil, le vieil Auvergnat célibataire en déshérence

L'étude XV semble être la référence de l'Administration de la Restauration pour le traitement des successions parisiennes en déshérence. On y trouve en 1823 l'inventaire de Pierre Arfeuil, 72 ans, nourrisseur de vaches à Paris rue des Fourneaux, décédé chez son frère le 20 décembre 1822 à Tauves (Puy de Dôme) dont il était originaire. Il a fait un testament en faveur de sa domestique. Celle-ci a géré la vacherie en son absence. Une chambre et une écurie. On y trouve 6 vaches, 1 âne et 1 charrette à âne. Les animaux et les ustensiles sont prisés 438 francs. La prisée des meubles est indigente avec 40 francs, y compris les vêtements présents ; sont dénombrés un miroir, une horloge et cinq gravures. Il a des actions de la Caisse d'Epargne et de Bienfaisance et des créances très anciennes, sans doute irrécupérables, et pas de deniers comptants. Ses dettes passives s'élèvent à 1771 francs, dont 831 francs pour l'achat de vaches. L'exploitation des six derniers mois, depuis son décès, est déficitaire laissant ainsi quelques dettes passives supplémentaires : recettes 941 francs, entretien des vaches et du personnel 1075 francs.

Bauvé, vigneron nourrisseur en déroute post-mortem

Nicolas Bauvé, vigneron et nourrisseur locataire à Picpus hors la barrière sur le chemin de Charenton, est décédé en décembre 1773. Né vers 1723, fils d'un maçon et vigneron à Picpus, il s'est marié en 1746 avec Nicole Bigant, née vers 1720 fille d'un laboureur de Bethancourt au diocèse d'Amiens. Michel Beranger nourrisseur Faubourg Saint Antoine est son beau-frère (voir Beranger). Deux ans après le décès, en décembre 1775, sa veuve fait faire un inventaire. Ils ont une fille mariée à un vigneron rue de Reuilly Faubourg Saint Antoine et un fils mineur qui était en prison et a rejoint son régiment. Le subrogé tuteur de celui-ci est un cousin serrurier rue du Faubourg Saint Antoine. C'est une déroute. Elle a vendu six vaches deux mois auparavant pour se nourrir et payer des dettes, le cheval est en pension chez un nourrisseur de la rue des Boulets Faubourg Saint Antoine. Il ne reste pas grand-chose des meubles prisés 175 livres, l'armoire et la commode sont vides ; linge et vêtements ont été pris et enlevés avec quelques objets mobiliers (vol ?). Les vêtements du défunt ont été vendus pour soulager le fils en prison et lui permettre de rejoindre son régiment et les seuls vêtements de la veuve sont ceux qu'elle porte sur elle. Elle n'a pas de deniers comptants et de dettes actives mais 897 livres de dettes passives (dont 300 livres pour achat de vaches).

Betourné, nourrisseur ou pas ?

Jean Claude Betourné est décédé en 1762 rue de Vaugirard près de la barrière, paroisse Saint Sulpice. Son oncle Pierre Bétourné, prêtre, est tuteur de sa fille de 12 ans. Décrit comme nourrisseur, il a vendu avant sont décès, pour 324 livres, 6 vaches, 1 cheval et 1 charrette. La prisée des meubles, vêtements et bijoux s'élève à 147 livres et il doit 2312 livres à son oncle. Dans un autre acte de 1761, il est dénommé compagnon carreleur. D'autant plus bizarre qu'en 1760 lors du décès de sa femme, Marie Catherine Garnier, dénommé nourrisseur, il avait fait dresser un procès-verbal de carence par un greffier du Châtelet avec pour témoins les maris des filles de sa femme issues d'un précédent mariage, et qu'il n'était pas question de vaches. Ces gendres sont dénommés nourrisseur et compagnon carreleur-nourrisseur. D'autant plus bizarre que 5 vaches étaient présentes dans l'inventaire fait en 1749, un an après le décès à l'Hôpital de la Charité du premier mari de ladite Garnier, Louis Chatard/Chotard, dénommé voiturier rue de Vaugirard, sans cheval ni charrette. Cet inventaire devait sans doute précéder le remariage de sa veuve avec Betourné. Il semble bien que dans cas, ce soit la femme qui soit nourrisseuse de bestiaux à titre principal. Ce cas n'est pas unique, on en rencontre d'autres.

Blaizot/Blézeau, une faillite

Louis Blaisot, majeur, voiturier rue de Charonne Faubourg Saint Antoine, fils d'un laboureur de la région de Coutances (Manche), s'est marié en 1774 avec Marie Jeanne Mérigot, mineure, fille de défunt Gaspard Mérigot, nourrisseur et fils de nourrisseur, et de Marie Geneviève Savart. A l'automne 1775, un peu plus d'an après son mariage, elle meurt rue de Charenton en laissant une fille. Un inventaire est dressé. Son contenu dénote une petite aisance. Avec 14 vaches, 1 cheval hors d'âge, 1 charrette, 4 porcs et 50 volailles, cet inventaire traduit un niveau d'activité « classique » ; mais en fait le marchand de vaches n'a pas encore été payé, seul un acompte a été versé. Louis Blaisot se remarie deux mois après avec Marie Françoise Homo, fille de Thomas Homo, nourrisseur plaine des Sablons paroisse de Villiers La Garenne. La sœur de celle-ci est mariée à Jacques Louis, lui aussi nourrisseur (voir Louis). En 1782 Louis Blézeau meurt journalier à Montmartre. Une vente judiciaire des meubles a eu lieu trois mois avant son décès, sa femme a porté plainte et a demandé la séparation de biens et s'est réfugiée avec ses enfants chez ses père et mère. Apparemment il avait fait de mauvaises affaires. Il devait avoir un peu moins de 35 ans.

En annexe, précisons que Marie Jeanne Mérigot était la sœur de Nicolas Gaspard Mérigot lui aussi nourrisseur. Les autres frères de celle-ci étaient l'un maître fondeur, un autre orfèvre et ciseleur et le dernier metteur en œuvre mais sa sœur Anne Geneviève était mariée à Thomas Buriaux, lui aussi nourrisseur. Ces deux nourrisseurs montrent dans leurs inventaires un niveau d'activité similaire à celui de leur beau-frère Blaizot, niveau qui était aussi celui de leur père et beau-père décédé en 1764 (soit 14 vaches). Et autre précision, Marie Geneviève Savart, mère, était la fille d'un ajusteur de la Monnaie de Paris, qui était lui-même issu du milieu des jardiniers et vignerons des faubourgs et des paroisses de la banlieue à l'est de Paris.

Bourges, nourrisseuse de bestiaux contre vents et marées

Marie Nicole Bourges est décédée à 42 ans en novembre 1837 rue de La Pépinière Faubourg du Roule. Un inventaire a été fait en janvier 1838. Femme séparée de Joseph Augustin Cuqu depuis 1826, par testament une semaine avant sa mort, elle a désigné comme légataire universel de ses immeubles François Duperrier, nourrisseur de bestiaux, sous la condition d'assurer l'entretien et l'éducation de ses deux jeunes enfants naturels dont il est tuteur. Son mari est absent et représenté. Ledit Duperrier semble partager sa vie depuis quelques années. Fille de Jacques Marie Bourges nourrisseur de bestiaux de la rue de La Pépinière Faubourg du Roule, elle s'était mariée avec contrat en 1817 avec ledit Cuqu, garçon grainetier majeur, fils de Joseph Cuqu marchand grainetier rue du Rocher Faubourg du Roule. Ce marchand grainetier se trouve souvent créancier de nourrisseurs dans les dettes passives des inventaires après décès. Elle est propriétaire d'une maison aux Batignolles qu'elle a promis de vendre en 1837 à la barrière de Courcelles et elle loue à son frère Sébastien, charcutier, la maison parentale de la rue de La Pépinière. Son autre frère Nicolas Marie est nourrisseur aux

Ternes, Le partage des biens de leurs parents a eu lieu en 1833. L'inventaire a eu lieu aux deux endroits qu'elle occupait et traduit un niveau important d'activité laitière. Soit :
18 plus 13 vaches, 1 taureau, 2 petites voitures à lait, 1 laiterie ;
2 chevaux (dont 1 boiteux), 2 charrettes, 36 plus 31 volailles, 2 porcs.
Il faut ajouter les animaux appartenant à Duperrier : 1 âne étalon, 1 ânesse boiteuse, 10 ânesses et 5 ânons.
Eléments marquants : 3 glaces, 1 tableau et 4 gravures, 1 crucifix, 1 pendule, commodes, pas de poêle.
Prisée des animaux et ustensiles 6862 francs (dont 605 francs pour les ânesses de Duperrier), des meubles meublants 665 francs, des bijoux 6 francs (et argenterie mise en gage 157 francs), vêtements 136 francs. Deniers comptants 70 francs, dettes actives compliquées et non évaluées (dont locataires), dettes passives elles aussi nombreuses et compliquées (dont achat de vaches 1300 francs, aliments du bétail 1613 francs).

Bruneau, le petit bourgeois

Jacques Bruneau, né en 1715 à Vincennes, s'est marié sans contrat à Vincennes en 1741 avec Geneviève Henault, née en 1720 à Vincennes d'un père vigneron. Au décès de celle-ci en 1755 à Vincennes, Bruneau est dit officier du guet à cheval. Un inventaire est dressé par le notaire de Vincennes. Il se remarie avec contrat en 1757 avec Marie Louise Noisement, fille d'un vigneron de Vincennes ; il est toujours officier du guet à cheval. Le partage des biens de ses parents a eu lieu en 1756 ; ceux-ci consistaient en une maison et un jardin à Vincennes et des petites pièces de terre et vigne à Fontenay et Montreuil. On le retrouve, bourgeois de Paris, à sa mort en 1777 rue de Charenton. Il laisse quatre enfants mineurs. Nous ne savons pas ce qu'il a fait entretemps mais il a procédé à des achats et échanges de terres à Saint Mandé, Fontenay et Montreuil et sa deuxième femme a bénéficié en 1764 de pièces de terres lors du partage des biens de ses parents. Mais son inventaire est éloquent. Il a tout l'équipement d'un nourrisseur avec seulement quatre vaches mais il détient un stock de vin rouge d'Orléans qu'il doit débiter dans sa boutique de cabaretier bien équipée. Il doit aussi offrir le service de repas. Il occupe cinq pièces bien meublées, a une écurie et une laiterie. Outre les vaches il possède 1 jument, 1 âne, une charrette et 28 volailles. Il donne en location maisons et terres. Une partie des terres ne sont pas affermées. Animaux et ustensiles de nourrisseur sont prisés 804 livres ; à 63 ans il semble en position de semi-retraite. Ses meubles meublants sont prisés 1040 livres, son argenterie et ses bijoux 795 livres et les vêtements du couple 740 livres ; avec les réserves et l'équipement de la boutique le total de la prisée s'élève à 4031 livres. La veuve déclare 161 livres de deniers comptant, 1210 livres de dettes actives (loyers et lait) mais 11852 livres de dettes passives (dont 10700 livres empruntées). Les immeubles ne sont pas évalués. La maison de la rue de Charenton a été acquise par licitation en 1774 et celle de Vincennes est héritée.

Cagny, une reconversion

Marie Joséphine Cagny est décédée en 1835, nourrisseuse et loueuse de cabriolets rue Saint Maur Faubourg Saint Germain. Elle est veuve de Louis Julien Honoré Ducrocq, décédé voiturier à Vaugirard en 1801, un mois et demi après leur divorce. Tous les deux mineurs, ils s'étaient mariés en 1791, peu de mois après le décès de sa sœur jumelle, première femme dudit Ducrocq, décédée après à peine deux mois de mariage. Les deux sœurs étaient filles d'un défunt gravatier, vidangeur et nourrisseur avec 6 vaches rue des Fourneaux ; leur frère aîné était voiturier et une autre sœur était mariée à un maître paveur dont elle divorcera. Ducrocq était le fils d'un nourrisseur de Vaugirard. En 1791, rue des Fourneaux où le couple demeurait dans la maison de la Veuve Cagny, un inventaire avait été dressé présentant 8 vaches et 1 cheval hors d'âge ; la prisée s'élevait à 2270 francs, dont 606 francs de mobilier, vêtements et bijoux. En 1802 lors d'un inventaire rue des Fourneaux lié au décès de Ducrocq après leur divorce, elle semble être en ménage avec un porteur d'eau dont elle aura deux enfants naturels, un garçon en 1802 (5 jours après ledit inventaire) et une fille en 1813. Elle avait déjà un fils apparemment issu de Ducrocq en 1800. Elle a conservé l'activité de nourrisseur qu'elle a remontée à partir de 1802 mais à son décès elle est surtout loueuse de cabriolets et demeure dans une maison qu'elle a achetée en 1816. Son fils Jean Louis Marie Ducrocq est lui aussi loueur de cabriolet rue des Fourneaux dans la maison dont sa mère a hérité de ses parents. Sa fille naturelle est mariée à un loueur de voiture rue du Cherche Midi Faubourg Saint Germain où son frère habite aussi et est cocher. Son inventaire révèle 5 vaches et 1 génisse, mais surtout 12 chevaux et juments et 7 cabriolets équipés et une charrette. La prisée s'élève à 6827 francs, dont 4786 francs pour les animaux et les équipements, 1214 francs de mobilier et 837 francs de bijoux et argenterie. Elle a 6531 francs de deniers comptants et de dépôt à la Caisse d'Amortissement, 1436 francs de dettes actives et 16586 francs de dettes passives (dont 2219 francs d'aliments pour le bétail). Parmi les objets marquants on note 4 matelas, 5 glaces et miroirs, 6 gravures, 2 pendules et 1 montre, la présence du café. Donc une honnête aisance bien que les vêtements ne soient prisés que 80 francs. L'activité de nourrisseur est donc résiduelle et cet inventaire n'a pas été inclus dans l'échantillon étudié. Mais il y a un mystère Ducrocq.

Ducrocq, entrepreneur des boues de Paris et affaires de famille

Honoré Ducrocq, fils majeur d'un défunt laboureur de Vesly (Manche) et domestique à l'Ecole Militaire, se marie avec contrat en 1771 à Paris mais selon la coutume de Normandie avec Barbe Jeanne Françoise Picot, fille mineure d'un laboureur de Surville (Manche) et demeurant à Vaugirard avec son oncle pourvoyeur de l'Ecole Militaire et des Invalides. En floréal An 8 ils se sont faits un don mutuel. Il est décédé à Vaugirard en novembre 1802, désigné comme sous-entrepreneur des boues de Paris et un inventaire a eu lieu ; sa veuve a continué l'activité et est décédée en 1813 à Etiolles (Essonne) chez sa fille Jeanne Pierrette ; un inventaire a été fait à Vaugirard. En 1775 ils ont acheté un terrain à Vaugirard sur lequel ils ont construit des bâtiments, puis un terrain contigu avec une maison en 1788 le tout par l'intermédiaire de deux baux à rente, dont l'un sera remboursé en l'An 3 et l'autre en 1812. Ils ont aussi acheté des pièces de terre. En 1789, 1791 et 1794, lors des mariages de leurs trois enfants ils sont désignés comme nourrisseurs de bestiaux. Après un jugement de 1818 et différents appels, le partage de leurs biens aura lieu en 1821. Avant d'exposer où réside le mystère il convient de préciser la situation des trois enfants.

Nous avons abordé succinctement le cas du fils Louis Julien Honoré (voir Cagny). Ajoutons que celui-ci semble être né en 1772 selon les mentions figurant sur ses cartes de sûreté en 1793-95 ; il est alors nourrisseur ou laitier rue (Sainte) Marie Section de la Fontaine de Grenelle.

Sa sœur Jeanne Pierrette s'est mariée avec contrat en 1789 avec Bonaventure Jacquet, charretier à Vaugirard et originaire de Perriers (Manche). Celui est nourrisseur né vers 1760 d'après sa carte de sûreté de 1793. Mais ils ont divorcé et Jeanne Pierrette est remariée à un dénommé Jean Ribaut lors de l'inventaire de son père en 1803. En 1813 elle est à nouveau remariée à Germain Chauvet, garde forestier à la Faisanderie de Sénart. En 1821 elle est toujours mariée à Chauvet qui est désormais employé au parc de Vincennes et est membre de la Légion d'Honneur.

L'autre sœur, Françoise Catherine, est mariée depuis 1794 à Julien Bazin, marchand de bois à Vaugirard. Elle est veuve en 1810 et a une fille unique, mariée à un docteur en médecine, présente en tant que partie en 1821.

Les inventaires des parents révèlent un véritable micmac, une succession très embrouillée. Et on a des difficultés pour savoir s'ils sont encore nourrisseurs sous le Consulat. On a l'impression qu'en l'An 9, ils ont pratiquement déshérité deux de leurs enfants au profit de leur dernière fille ou qu'ils ont organisé leur insolvabilité.

Tout tient en une vente faite le 23 ventôse An9 par les parents Ducrocq à Bazin et sa femme de la nue-propriété de la totalité de leurs biens meubles et immeubles avec réserve d'usufruit leur vie durant. Une liste précise des objets vendus est annexée à l'acte et celle-ci va servir de référence pour la suite. Il est convenu dans l'acte que tous les objets de cette liste, ou leurs équivalents, devront être présents lors du décès du dernier vivant du couple. Dans l'inventaire de 1803 apparaissent quelques meubles, des vêtements d'homme et deux chevaux qui ne figuraient pas sur la liste de l'An 9, les objets de ladite liste ne sont pas prisés. Dans l'inventaire de 1813, beaucoup d'objets de la liste ne sont pas présents et en 1821, lors de la procédure de recollement, la Veuve Bazin indiquera qu'elle a vendu les objets qui sont « en déficit ». Cet acte de vente est annulé par les différents jugements et les arrêts de 1818 et 1819, du fait en particulier de l'inexactitude de l'estimation des biens. Il faut dire que les époux Bazin n'avaient versé que 6000 francs (1500 francs pour les immeubles et 4500 francs pour les meubles) pour un ensemble qui devait bien valoir plus deux fois plus en nue-propriété. Mais cette somme devait sans doute tenir compte de la dot non versée ; ce qui ne suffit quand même pas à atteindre un niveau plausible.

Les dates des différents actes sont pleines d'enseignement, en supposant qu'il n'y ait pas d'erreur dans les actes consultés. Je ne connais pas la date du divorce Jacquet/Ducrocq mais il semble logique qu'il ait été prononcé avant l'An 9. Le 1er jour complémentaire de l'An 7 (septembre 1799) les époux Ducrocq/Cagny font valider par le juge de paix la liste des biens qu'ils se partagent. Ils sont donc séparés, lui va apparemment chez son père et elle chez sa mère. Au début de thermidor An 8 (23 juillet 1800) naît Jean Louis Marie Ducrocq ; on ne sait où et s'il est réellement le fils de Louis Julien Honoré Ducrocq. Le 7 pluviôse An 9 (fin janvier 1801) le divorce Ducrocq/Cagny est acté par le maire de Vaugirard. Le 20 ventôse An 9 Louis Julien Ducrocq meurt voiturier à Vaugirard. Trois jours après, le 23 ventôse, a lieu le fameux acte de vente. Le 22 germinal An 10 (avril 1802), a donc lieu rue des Fourneaux un inventaire des biens de ladite Cagny ; elle a vendu la plus grande partie de sa part de la liste de l'An 7 pour survivre, et il ne reste que deux vaches et une poule outre quelques meubles et vêtements ; les autres biens présents, dont un cheval et une petite charrette, appartiennent à Jean Clément porteur d'eau. On ne sait pas ce qu'est devenue la part de Louis Julien Ducrocq. Le 15 nivôse An 11 (janvier 1803), lors de l'inventaire d'Honoré Ducrocq, les deux filles sont déclarées héritières pour la moitié ; Marie Joséphine Cagny est présente mais tout le monde semble ignorer l'existence de son fils Jean Louis Ducrocq ; la Dame Ribaut passe un accord avec sa mère moyennant un versement complémentaire à sa dot. En novembre 1813, lors de l'inventaire de Barbe Jeanne Picot, la situation est encore plus difficilement compréhensible ; la Dame Bazin renonce à la succession de sa mère. Mais, à part les dettes qui sont de l'ordre de 16000 francs aux deux dates, qu'y-a-t-il à partager du fait de la vente de l'An 9 ?

Bref, de tout cela il ressort que l'on a bien du mal à cerner la fortune et l'importance des différentes activités du couple Ducrocq/Picot. Selon les différents actes et les dires de différents témoins en 1821, sous le Consulat l'activité principale aurait été l'entreprise d'enlèvement des boues, combinée à une certaine production laitière, à des cultures et à des transports pour le compte de carriers. Soit 30 ou 31 chevaux, 8 ou 9 tombereaux à boues, 1 tombereau à fumier, 2 charrettes de « culture », 1 petite voiture à lait, 2 ou 3 charrettes à moellons, 2 charrues et 2 herses, 56 ou 80 volailles, 3 porcs, les ustensiles de laiterie, et une incertitude sur le nombre de vaches (2 ou 10 ?). Et parmi les objets « marqueurs », 3 miroirs 2 pendules, 1 baromètre, quelques gravures, 2 commodes, 2 secrétaires, 5 matelas de laine. L'ensemble des biens mobiliers, sans les vêtements et les bijoux, est évalué d'un côté par la Veuve Bazin, en fonction de l'inventaire de 1813 et des ventes qu'elle a faites, à 13430 francs (dont 1050 francs de meubles et 120 francs pour les meules de grains non battus) et contradictoirement par un témoin à 22560 francs (dont 1500 francs de meubles et 1800 francs pour les meules de grains). Quelques semaines avant son décès, la Veuve Ducrocq avait demandé à l'un des témoins une évaluation des animaux et des équipements liés à l'enlèvement des boues et à la culture afin de les vendre ; sans les vaches, les volailles et la laiterie celui-ci pensait que l'on pouvait en tirer 21000 francs et qu'il estimait la clientèle à 12000 francs. Presque du simple au double. Mais tout cela avec des dettes passives importantes. En 1803, le montant des dettes passives s'élevait à 16820 francs, dont 2530 francs en achats d'animaux et 10545 francs en achats d'aliments pour le bétail (foin, son, avoine, paille) ; à l'occasion on voit que Ducrocq père employait huit hommes ou garçons et que le chiffre d'affaire annuel de l'enlèvement des boues devait se situer à un peu plus de 20000 francs. En 1813, la Veuve Bazin avait payé un total de 16250 francs pour couvrir les dettes certaines de sa mère. Les témoins de 1821 insistaient tous pour dire que la Veuve Ducrocq, avait du mal à gérer son activité, que ses équipements étaient en mauvais état, qu'elle était gênée et qu'elle n'avait d'autre crédit que celui que son gendre Bazin pouvait cautionner.

Le conte fut un peu long mais il a mis en évidence quelques caractéristiques de la pluriactivité des nourrisseurs. Ce cas n'a pas été retenu dans l'échantillon des inventaires.

Froment, de la mer au lait

En 1814 se marient avec contrat Joseph Louis Froment, un ancien matelot du « Majestueux » demeurant rue de Chaillot à Paris et Marie Geneviève Tison, fille d'un nourrisseur de Passy. Et, circonstance étonnante, il apporte un prêt de 8700 francs à Talleyrand Périgord. Il meurt rue des Bonshommes à Passy en 1831 après un an de maladie en laissant cinq enfants mineurs et un inventaire. Durant sa maladie la livraison du lait a été confiée à une femme de confiance. On prise 5 vaches et 10 poules pour 713 francs. Dans les quatre pièces de la maison louée on trouve parmi les objets deux miroirs, trois commodes et un poêle. Les meubles meublants sont prisés 537 francs et les vêtements 90 francs. On ne trouve pas de bijoux. Il y a 300 francs en deniers comptants et 10000 francs placés en billets à ordre auprès de deux personnes ; les dettes passives payées s'élèvent à 632 francs (frais funéraires et de maladie et livraison du lait).

Jamart, maladie et précarité

Louis Jamard, majeur, perruquier au Pont au Change paroisse Saint Germain l'Auxerrois, s'est marié avec contrat en 1766 avec Marie Françoise Bazile, orpheline née en 1746 à Condé-Folie (Somme) d'un père soldat invalide. Lui est né en 1735 à Villers-Bocage (Calvados), fils d'un laboureur. En 1792 est dressé un procès-verbal de carence dans un cabinet de la rue de la Savonnerie paroisse Saint Jacques le Majeur. Il fait suite au décès en 1783 à l'Hôpital du Dépôt de Saint Denis, de la femme Jamard. Les effets de la défunte sont restés à l'hôpital. Jamard est alors journalier et a trois enfants mineurs. En 1800 il se remarie avec contrat avec Jeanne Rigolot ; les minutes du notaire sont absentes du Minutier Central. Il meurt à l'hôpital en 1804, nourrisseur rue de Sèvres à Vaugirard. Ses vêtements sont restés à l'hôpital. On prise deux vaches et un âne pour 186 livres. Mobilier et vêtements de la femme sont prisés 166 livres. Le total de la prisée s'élève à 393 livres. Il n'y a ni deniers comptants, ni dettes actives mais 202 livres de dettes passives. Il est locataire de deux pièces et d'une écurie. Le fils aîné est capitaine d'infanterie, l'autre est garde-champêtre à Boulogne (Seine) et sa fille est mariée à un employé des charrois militaires.

Lathuille, le bien nommé, épizootie et arnaque

Jean François Lathuille est né en 1729 à Saint Jean de Sixt près de Thônes (Haute Savoie) d'un père laboureur. Il se marie en 1756 avec Anne Madeleine Belleville originaire de Bry s/Marne d'un père vigneron. Il est alors nourrisseur de bestiaux rue Saint Lazare, barrière Blanche. Il meurt à Montmartre en 1791, nourrisseur aux Batignolles, et sa femme décède aux Batignolles en 1802 et un inventaire a lieu ; un inventaire a peut-être eu lieu en 1791 mais je ne l'ai pas trouvé et à cette époque ils n'avaient apparemment pas récupéré leurs locaux. Un de ses fils est marchand de vin et semble donc avoir repris le cabaret. Son autre fils a pris sa suite en tant que nourrisseur ainsi qu'une de ses filles mariée en 1797 à Michel Gontier, nourrisseur originaire de Doucy en Bauges (Savoie) (voir Gontier). Avant 1773 leurs affaires semblent avoir été bonnes. Le couple s'était installé en 1769 aux Batignolles et avait ouvert un cabaret en annexe à leur exploitation laitière bien développée. Mais l'épizootie du début des années 1770 les a menés à la ruine. En 1773, après la perte de tous leurs bestiaux, pour remonter leur exploitation ils empruntent une forte somme d'argent puis en 1774 vendent leurs bâtiments. En fait, ils se font escroquer. L'escroc ne leur verse pas la totalité de la somme convenue, leur interdit l'accès à leur exploitation et fait même emprisonner Lathuille grâce à de faux témoignages après les évènements parisiens de la « guerre des farines » en 1775. Sa femme et ses héritiers ne recouvreront leur bien qu'en 1793, sous le nouveau régime juridique, après un jugement en leur faveur et une condamnation de l'escroc (jugement disponible dans geneanet.org/ dlaborde3).

Lebosset, surendetté

Mathurin Lebossé est né en février 1797 à Chevaigné (Mayenne) d'un père cultivateur. Il s'est marié sans contrat en octobre 1822 à Clichy, nourrisseur rue de Sèvres à Paris, avec Marie Louise Infray, laitière aux Batignolles, née en novembre 1803 à Saint Denis d'un père cordier. Un frère de celle-ci, âgé de 34 ans, est nourrisseur aux Batignolles. Lebossé meurt en avril 1832, rue de Vaugirard à Paris 10e, après avoir fait intervenir cinq médecins qui restent à payer. Sans enfant vivant, ses héritiers sont son frère et ses deux sœurs. Etait-ce le choléra ? Des scellés sont apposés et un inventaire a lieu au long du mois d'avril. Les bestiaux présents dans les écuries sont vendus par l'entremise d'un commissaire priseur 821 francs, 3 vaches, 4 ânesses et 4 ânons, 1 bouc. Mais il est possible que ce cheptel ne reflète pas l'activité réelle de Lebosset et que pendant la maladie du mari sa femme ait réduit l'activité ; en effet il emploie un garçon, qu'il loge, ensuite le reliquat de compte d'achat de vaches de 1500 francs dépasse la valeur de trois vaches et enfin on se demande où sont passées les chèvres. La prisée du mobilier et des vêtements trouvés dans quatre pièces se monte à 105 francs ; pas de vêtements de femme, pas de vaisselle en dehors de la fontaine, pas d'ustensiles de cuisine et de laiterie hormis deux pots à lait en fer blanc. Parmi les biens « marqueurs », il y avait 1 glace, 3 gravures, 1 matelas, 1 commode et 1 secrétaire. Cela paraît plutôt sous-évalué. Pas de deniers comptants et pas de dettes actives, les cinq locataires ayant payé leur terme. Mais on cite pour au moins 26831 francs de dettes passives en 34 items, dont les 1500 francs de reliquat de compte d'achat de vaches et 1856 francs d'achats d'aliments pour le bétail. Mais surtout il y a deux obligations à relativement court terme non encore échues (5 ans avec une hypothèque et 2 ans, les deux au taux d'intérêt de 5%) pour un montant de 16000 francs résultant du financement de l'achat en 1828 de 760 m^2 de terrain rue Vaugirard ainsi que la construction de la maison et de divers bâtiments sur ledit terrain. On a l'impression que les résultats de leur activité ne permettaient pas de financer un tel investissement en l'absence d'un système de crédit adéquat. La valeur de la maison ne couvrira pas le total du montant des dettes. En outre les dépenses courantes de la maison sont fondées sur un « crédit fournisseur » plutôt important. L'on a aussi quelques traces du crédit commercial par endossement de billets à ordre. Mais certains points restent obscurs. Le couple vit donc à crédit, comme beaucoup de Parisiens à cette époque, semble-t-il.

Matuchet, de Langres à Langres via Paris

Etienne Matuchet est né à Langres en 1760 d'un père manouvrier. Il se marie à Langres en 1786 avec Catherine Rougeot âgée de 34 ans, née en 1752 à Rosoy sur Amance (Haute Marne) d'un père boucher et ancien vigneron, ledit père demeure à Paris et la mère est décédée. Il meurt à Langres en 1814, manouvrier. Dans l'intervalle il apparaît à Paris en tant que nourrisseur de bestiaux. Il est absent de la base des cartes de sûreté 1793, mais rue Popincourt il y a un Jean Rougeot nourrisseur originaire dudit Rosoy né vers 1753[75]. En 1800 il est expert lors d'un inventaire après décès. En 1807 il est subrogé tuteur des trois mineurs Millot en tant qu'oncle maternel. Il est le beau-frère de Jean Millot, marchand de bois et nourrisseur de bestiaux rue de la Roquette. Il est alors nourrisseur rue Popincourt. En 1812, veuf, sa femme étant décédée en 1811, il renonce à exercer l'état de nourrisseur, vend son fonds et sa maison de la rue Popincourt et retourne à Langres, sa tâche de subrogé tuteur terminée. Cette maison avait été achetée en 1804. Son fonds et son mobilier, vendu 3000 francs, était composé principalement de 8 vaches, 1 cheval hors d'âge, 2 voitures, 50 volailles. Un fils apparaît en 1811, qui a fait transport à son père de ses droits à la succession de sa mère, mais il n'est plus là pour donner quittance à l'acheteur après la mort de son père ; il a peut-être disparu dans les guerres de la fin de l'Empire. En revanche une nièce, née à Paris en 1785, apparaît alors qui demeure toujours à Paris ; les autres neveux et nièces des deux cotés habitent la Haute Marne et sont représentés par Pierre Millot, fils aîné de Jean Millot, cité ci-dessous.

Millot, du lait et du bois

Jean ou Jean Baptiste Millot est né en 1751 d'un père manouvrier à Rosoy sur Amance (Haute Marne). Il est marié à Catherine Rougeot, première du nom, sœur de la femme Matuchet, née en 1750 à Rosoy sur Amance (Haute Marne). Ils se sont peut-être mariés à la fin des années 1770 à Paris ; il n'y a pas de mariage les concernant en Haute Marne. Son fils aîné a été baptisé à Paris église Sainte Marguerite en 1780 et une de ses sœurs s'est mariée avec

---

75. Les années de naissance de la base des cartes de sûreté sont calculées à partir de l'âge déclaré, qui est soumis à l'attraction des nombres ronds comme cela a été observé maintes fois. Rougeot a donc déclaré 40 ans.

contrat à l'église Sainte Marguerite en 1784. Une carte de sûreté est établie à son nom en 1793, nourrisseur rue de la Roquette ; il est dit né en 1750 à Rosoy. Notons que parmi ces cartes de sûreté, dans la même rue, figure François Têtevuide, nourrisseur, lui aussi originaire de Rosoy mais plus âgé de 10 ans. La maison a été achetée en 1790. Sa femme meurt en 1804 sans inventaire et lui meurt à son tour en mars 1807, marchand de bois et nourrisseur rue de la Roquette ; un inventaire a lieu. A cette date son fils aîné Pierre Antoine est marchand de bois rue de la Roquette et est tuteur de ses trois frères mineurs outre deux autres frères majeurs, et Etienne Matuchet, cité plus haut, oncle maternel est subrogé tuteur. L'activité traduite par son inventaire n'a rien à voir avec celui de son beau-frère. La prisée de son fonds s'élève à 4590 francs avec 22 vaches, 3 chevaux, deux charrettes, 1 petite charrette, 1 tombereau, 1 porc et 70 volailles ; et surtout son stock de bois situé sur un chantier à part est évalué à 37545 francs. Ce seront les bases de départ de la vente aux enchères qui suivra l'inventaire. Il tient un registre des ventes de bois. La maison en indivision sera de même vendue par adjudication en 1815. Son intérieur traduit une bonne aisance et la prisée de ses biens meubles s'élève à 2390 francs ; à ce titre il est parmi les trois premiers inventaires de l'époque. La déclaration de sa succession à l'Enregistrment se monte à 32715 francs uniquement en valeur mobilière (pas d'immeubles déclarés). Trois de ses fils seront nourrisseurs et deux laisseront des inventaires au début des années 1830 avec des étables bien garnies (28 et 37 vaches), deux autres seront marchands de bois, et le dernier boucher. Quelle est l'activité la plus intéressante, le lait ou le bois ? Mon inclination irait plutôt vers le bois, à condition d'avoir au départ un capital suffisant.

Paulhac, la misère ?

Au mois de janvier 1801 on dresse l'inventaire rue Montgallet de défunte Jacqueline Hebert ou Hubert décédée à l'Hospice du Nord en juin 1800. Claude Paulhac, le mari, est alors lui aussi à l'Hospice du Nord. Il est le tuteur des trois enfants du premier mariage de sa femme. Il est désigné comme nourrisseur mais l'inventaire ne contient ni animaux, ni ustensiles de son état et la prisée ne s'élève qu'à 65 francs. Etait-ce le fait d'une épizootie et de la maladie ? Ils s'étaient mariés avec contrat en novembre 1798 ; lui, veuf sans enfant et nourrisseur rue de Montreuil, et elle, veuve avec trois enfants de François Poudot, nourrisseur rue Montgallet. La première femme de Paulhac était décédée en 1787 sans inventaire et sans contrat de mariage. Le premier mari de la femme était décédé en février 1796 mais l'inventaire n'avait eu lieu qu'en juillet 1798 en vue du remariage. Pendant deux ans et demi elle avait donc continué l'activité de nourrisseur mais sans doute à un niveau plus réduit. Deux pièces, une écurie et trois vaches ; au total une prisée de 239 francs et 203 francs de dettes passives une fois payés les frais funéraires et de maladie ; tout était vieux. La maison rue Montgallet avait été achetée en 1790. Le mariage Poudot-Hebert avait eu lieu sans contrat vers 1780.

Invasion et épizootie de 1814 (traces)

Il s'agit ici de retrouver les traces des conséquences de l'arrivée des alliés à Paris et de l'épizootie qui s'est développée au printemps 1814. A la demande du préfet de la Seine, cette épizootie a fait l'objet d'enquêtes de terrain par des vétérinaires connus ; des rapports ponctuels des visites ont été rédigés dans le cadre du tout jeune Conseil de Salubrité et une communication a été faite par Jean-Baptiste Huzard à la Société de la Faculté de Médecine de Paris. De ce rapport ont été extraits les chiffres figurant dans l'annexe statistique. Ces évènements ont laissé des traces dans les inventaires après décès.

Charbonnet

Catherine Mulot est décédée à La Villette en avril 1814 ; son mari Barthelemy Charbonnet, couvreur de chaume, fait faire un inventaire car il y a un enfant de la défunte avec son premier mari, Jacques Lemontier, nourrisseur de bestiaux décédé en 1799. Sa femme avait continué l'activité de nourrisseur et n'avait fait faire un inventaire qu'en 1805, avant son remariage. L'équipement est le même en mai 1814 et en novembre 1805 ; ce qui laisse supposer que l'épizootie ne les a pas touchés. Lors de l'entrée des troupes alliées ils s'étaient réfugiés à Paris avec leurs cinq vaches et leur cheval et avaient payé un droit d'entrée et les frais d'entretien des bestiaux.

Quintaine

Jean François Quintaine, nourrisseur de bestiaux, est décédé en février 1814 rue du Faubourg Saint Martin. Il a une cinquantaine d'années et a réduit son activité laitière de moitié depuis son troisième mariage en 1811, tout en passant de La Villette à Paris. Un inventaire a lieu en avril 1814 puis un complément en juin 1814. Entre les deux moments, un cheval et une vache sont morts, avant la vente du mobilier, et les cinq autres vaches ont été vendues aussitôt. Notons que les six vaches avaient été prisées ensemble 290 francs et que les cinq vaches ont été vendues 435 francs ; tout n'est donc pas perdu (voir Quintaine).

Saint Ellier

René François Saint Ellier, né en Haute-Normandie, ancien jardinier et nourrisseur, est décédé en avril 1814 chez son gendre Cottin, cultivateur à La

Chapelle. A leur mariage avec contrat en 1792 lui et sa future femme Marie Elisabeth Polbauth habitaient Faubourg Saint Martin ; lui était nourrisseur et elle fille de jardinier et sœur de nourrisseur. Avant le pillage par les troupes alliées, ils résidaient rue Marcadet à Clignancourt. Il ne reste rien de leur activité.

Serroint

Jean Nicolas Lambert Serroint, né en Beauce, est décédé en avril 1814 à Monceau, sans enfant. En juillet 1814, Agnès Ledoux, sa veuve, fait établir un inventaire. Deux vaches sont prisées 200 francs. Celles-ci ont été rachetées après la vente en urgence de 13 vaches pour 812 francs, en temps d'épizootie, « de façon à éviter une plus grosse perte ».

Nourrisseur et cultivateur et voiturier

Voici quelques exemples d'association d'activités multiples entre nourrisseur, cultivateur et voiturier à partir des inventaires après décès. Le repérage parmi les inventaires des nourrisseurs de bestiaux se fait sur les éléments qui suivent.
Voiturier : voitures à moellons ou à pierres, tombereaux à gravats ou à pavés, carrioles à boues et parfois dettes actives sur un maçon ou un carrier, ou registre de gravatier ;
Cultivateur : charrue et herses (et parfois rouleau), prisée des travaux de préparation des terres ou des récoltes sur pied, récoltes dans les greniers.

En général les étables ne sont pas très fournies chez ces nourrisseurs. L'activité agricole est d'une ampleur très variable et est sans doute le fait de la production d'une partie des aliments de leur bétail. Celle de voiturier est en relation avec les carrières et l'enlèvement des boues de Paris. Notons que ces individus se trouvent souvent « hors les murs » de Paris.

On rencontre aussi des personnages qui sont à la fois voiturier et laboureur-cultivateur et qui n'ont pas été retenus dans l'échantillon malgré la présence de quelques vaches.

Par ordre chronologique.

David Louis
Février 1746, voiturier propriétaire rue des Vieilles Thuileries hors barrière, paroisse Saint Sulpice. Marié sans contrat à une date indéterminée.
6 vaches ; 4 chevaux (dont 1 aveugle), 3 chevaux de limon, 2 petits chevaux, 2 voitures, 1 tombereau ;
2 voitures à pavés ;
1 charrue, 1 herse, terres propres et louées non détaillées.
Prisée des animaux et ustensiles 1383 livres, des meubles 485 livres, de la préparation des terres 194 livres. Deniers comptants et dettes actives 200 livres, dettes passives 1102 livres.

Thierry Pierre
Décembre 1749, nourrisseur de bestiaux rue du Petit Vaugirard hors barrière, paroisse Saint Sulpice. Inventaire de régularisation plus de 30 ans après le décès de sa première femme (pas de vêtements, bijoux et argenterie).
4 vaches, 1 âne et un bât ;
2 chevaux, 3 juments, 1 charrette ;
1 charrette à moellons ;
1 charrue, 1 herse, 11 arpents semés en seigle terroir de Grenelle ;

13 volailles, 1 porc.
Prisée des animaux et ustensiles 572 livres, des meubles 117 livres, de la préparation des terres 120 livres. Pas de deniers comptants et dettes actives, dettes passives 1120 livres (plus comptes à faire).

Breuilly Jean Antoine
Juin 1759, voiturier propriétaire rue de Vaugirard paroisse Saint Sulpice. Il était charretier à son mariage sans contrat en 1743. Son frère François est voiturier rue de Sèvres paroisse Saint Sulpice. Plusieurs de ses fils seront voituriers et nourrisseurs (voir Breuilly).
13 vaches, 1 « bidette » avec un bât, 1 petite charrette, 1 porc ;
15 juments, chevaux, pouliches et poulains, 1 charrette ;
2 tombereaux à pavés, 3 carrioles à boues ;
2 charrues, 2 herses, 52 arpents en 43 pièces semées en seigle, orge, avoine, pois, luzerne ;
Prisée des animaux et ustensiles 2116 livres, des meubles 670 livres, des terres 894 livres. Deniers comptant et dettes actives partielles (comptes à faire) 350 livres, dettes passives 2574 livres (dont achats de vaches et aliments du bétail 248 livres).

Bonamy François
Ce cas n'a pas été retenu dans l'échantillon car il est situé à Clichy hors champ géographique et est trop typé « laboureur ». Mais il est dans la droite ligne des autres car à son décès ses deux fils et son défunt gendre sont désignés comme voituriers (un autre fils est soldat en Corse ; ultérieurement ils seront tous trois laboureurs) et il possède certains équipements dédiés. En fait ce gendre, qui était en fait le fils d'un premier mariage de sa seconde épouse, était décédé avec quatre enfants mineurs dix mois auparavant en tant que nourrisseur de bestiaux. Sa fille et son beau-fils Etienne Dumur s'étaient mariés en 1768 et louaient une partie de la maison. Lui, veuf avec cinq enfants en 1749, s'était remarié avec une veuve ayant un enfant en 1750. Décembre 1774, laboureur rue Maillet à Clichy.
10 vaches (une est morte entre le jour des scellés et le jour de l'inventaire – effet de l'épizootie ?), 1 âne, 1 bidet, avec bâts, 1 petite guimbarde, 40 volailles, pas de laiterie.
7 chevaux, 5 charrettes (et 2 vieilles non montées), 1 tombereau, 1 guimbarde ;
1 charrette à pierres, 2 carrioles à boues (plus une autre carriole non montée) ;
3 charrues, 5 herses, 1 rouleau, des milliers de gerbes de seigle, avoine et orge et de bottes de foin, 0,5 arpent en asperges, 22 arpents en luzerne, 25 arpents semés en seigle et 3 arpents semés en escourgeon.

Prisée des animaux et ustensiles 3025 livres, des meubles 327 livres, des terres semées 1892 livres, des stocks de la récolte 3485 livres. Pas de deniers comptants, dettes actives 444 livres (dettes familiales), dettes passives 160 livres (reste d'impôts).

Son gendre Dumur avait 5 vaches, 1 cheval hors d'âge avec des bâts, 10 poules et équipement de laiterie dans la cuisine.

Isabille Jacques

Mars 1775, nourrisseur locataire rue Saint Jacques hors barrière, paroisse saint Jacques du Haut Pas. Marié sans contrat à une date indéterminée.

2 vaches, 1 petite voiture couverte, 1 petit cheval (il y a peut-être ici les conséquences de l'épizootie des années précédentes) ;

9 chevaux (dont 1 aveugle), 1 charrette, 1 petite charrette, 1 petite voiture à eau, 1 guimbarde ;

3 tombereaux à boues (pour les boues de Paris), 2 charrettes à pierres ;

1 charrue, 1 herse, 10 arpents de luzerne et 2,5 arpents de seigle dans la plaine de Montrouge et Tombe-Issoire ;

24 poules, 12 pigeons, 1 porc, 2 moutons.

Prisée des animaux et ustensiles 2686 livres, des meubles 527 livres, des terres louées 153 livres. Deniers comptants et dettes actives 746 livres, dettes passives 2102 livres (dont aliments du bétail 909 livres). Un mois d'enlèvement des boues avec deux carrioles a rapporté 500 livres.

Delalande Michel

Juillet 1777, voiturier et sous-entrepreneur des boues de Paris rue du Petit Vaugirard paroisse Saint Sulpice. Cet inventaire a été fait après le décès de Michelle Godard, veuve en premières noces de Jean Antoine Breuilly (voir plus haut) avec laquelle il s'était marié, charretier rue de Sèvres, en 1759. Cet inventaire n'a pas été retenu dans l'échantillon.

4 vieilles vaches, 1 petite charrette, 12 volailles, 1 laiterie ;

13 chevaux, 5 tombereaux numérotés dits carrioles ;

1 charrue, 1 herse, 1 charrette à grain, terres louées.

Prisée des animaux et ustensiles 1545 livres, des meubles 509 livres, des terres 898 livres. Deniers comptant et dettes actives partielles (comptes à faire) 852 livres, dettes passives non calculées (comptes à faire). L'enlèvement des boues de Paris a produit 1273 livres pour le mois de juillet 1777 et un contrat secondaire avec le fermier du Marché Saint Germain porte sur 800 livres par an.

Venant Laurent

Août 1811, cultivateur propriétaire chaussée du Maine à Vaugirard près de la barrière. Fils d'un voiturier de Monceau, marié avec contrat en 1787 à la fille d'un nourrisseur (voir Toquet et Auvry).

9 vaches, 1 petite voiture à lait, 1 laiterie ;
7 chevaux, 2 charrettes, 1 tombereau ;
1 voiture à pierres, une dette active sur un carrier ;
1 charrue, 1 herse, terres non évaluées, gerbes d'avoine, de seigle, orge, froment, bottes de luzerne et regain dans la cour, la grange et les greniers ;
60 volailles.
Prisée des animaux et ustensiles 4310 francs, des meubles 789 francs, des terres propres et louées non évaluées (stock prisé 1140 francs). Deniers comptants et dettes actives 1087 francs (830 francs par locataires), dettes passives 1885 francs (858 francs de fermages sur 6,3 ha plaine de Montrouge et Vanves, achat de vaches 264 francs).

Crochet Michel

Avril 1812, nourrisseur propriétaire rue de la Bourbe (quartier de l'Observatoire). En 1787 il était laboureur au Petit Montrouge lors de son mariage avec contrat avec une fille de Louis Auvry laboureur au Petit Montrouge (voir Auvry).
10 vaches, 1 voiture à lait, 1 laiterie ;
6 chevaux, 2 juments ;
3 voitures, 1 tombereau, 1 voiture à moellons ;
2 charrues, 4 herses, 1 rouleau, 25 ha de terres semées en céréales et luzerne ;
30 volailles.
Prisée des animaux et ustensiles 6378 francs, des meubles 1317 francs, des terres 2418 francs. Deniers comptants et dettes actives 1302 francs, dettes passives non calculées.

Jumantier Honoré François

Ce cas nous permettra d'examiner une évolution de l'activité d'un nourrisseur propriétaire à un intervalle de sept ans sur la base d'un inventaire après le décès de sa première épouse en 1813 et d'un inventaire après son décès à l'Hospice Saint Maurice de Charenton en 1820. Né en 1777, il était le fils d'un nourrisseur de bestiaux et il était marié à la fille d'un nourrisseur puis à la fille d'un cultivateur.

Juin 1813 à Monceau
10 vaches, 1 laiterie ;
2 chevaux hors d'âge ;
2 vieilles charrettes ;
3,5 ha en seigle, avoine et luzerne ; pas de mention de charrue et herse ;
21 volailles diverses, 1 porc.
Prisée des animaux et ustensiles 1818 francs, des meubles 653 francs, de la préparation des terres 329 francs. Deniers comptants et dettes actives 170 francs, dettes passives 2208 livres (dont aliments du bétail 597 franc).

Septembre 1820 à Monceau
11 vaches, 1 laiterie ;
5 chevaux hors d'âge ;
3 charrettes (dont 2 en mauvais état), deux tombereaux, 1 registre de gravatier ;
1 charrue, 1 herse, prisée de 0,65 ha de betteraves et des gerbes de seigle dans la grange ;
14 volailles.
Prisée des animaux et ustensiles 2637 francs, des meubles 263 francs, des betteraves à récolter 280 francs. Deniers comptants et dettes passives 793 francs (dont 452 francs par locataires), dettes passives 14011 francs (dont achats de vaches 1050 francs, aliments du bétail 1377 francs).

Cottin Jean Jacques

Avril 1832, nourrisseur propriétaire route de Meaux à la Petite Villette. Son père est cultivateur et le père de sa femme est Jean-Baptiste Quintaine nourrisseur et cultivateur (voir Quintaine). Marié avec contrat en 1820.
6 vaches, 1 voiture à lait, 1 laiterie ;
7 chevaux ;
1 tombereau à charbon, 1 voiture à pierres ;
1 guimbarde, 2 voitures, 2 petites voitures ;
1 charrue, 3 herses, 6,6 ha en 20 pièces de terres semées en céréales, luzerne, pommes de terre, betteraves ;
34 volailles.
Prisée des animaux et ustensiles 4726 francs, des meubles 905 francs, des terres 935 francs. Deniers comptants et dettes actives 1109 francs (plus loyers payés), dettes passives 10179 francs (dont achat de vaches 1600 francs, aliments du bétail 2959 francs).

Familles de nourrisseurs

Suivent maintenant les fiches simplifiées de quinze familles ayant eu des nourrisseurs en leur sein. On y trouvera des familles de nourrisseurs, des familles de nourrisseurs et voituriers et des familles de nourrisseurs et cultivateurs ; des familles issues de migrants et des familles issues de Parisiens ou de banlieusards, sans doute descendants de migrants.

AUBRY

Une, deux ou trois familles ? Nourrisseurs, voituriers, cultivateurs.

Tout d'abord

1- Aubry Michel
Marié vers 1763 sans contrat avec Marie Maxime Cavois. Celle-ci est décédée en 1792 à Monceau avec inventaire ; lui est décédé vers 1804 rentier à Monceau. Trois enfants connus.

> **1a- Aubry Jean Louis**
> Marié avec contrat en 1792, nourrisseur à Monceau, né vers 1764, fils de nourrisseur, avec Catherine Thérèse Dupré née vers 1770, domestique à Monceau, fille d'un jardinier près de Senlis (Oise). Lui est décédé nourrisseur sans enfant avec inventaire en 1807 à Monceau. Elle s'est remariée avec contrat en 1808 avec Jean Vassal, veuf cultivateur propriétaire boulevard de Longchamp à Passy.
>
> **1b- Aubry Michel Denis,** né vers 1769, nourrisseur rue de la Voierie à La Pologne en 1807.
>
> **1c- Aubry Jean Pierre,** soldat à Arras en 1792.

Ensuite

2- Aubry Jean
Voiturier et cultivateur marié avec Marie Michelle Capron. Lui est décédé en 1799 à La Villette, et elle en 1807, tous les deux sans inventaire. Sept enfants mariés.

> **2a- Aubry Jean**
> Voiturier à La Villette, marié à Marie Antoinette Delevacque. Inventaire en janvier 1816, tous deux défunts avec 3 enfants mineurs.
>
> **2b- Aubry Michelle Rosalie**
> Mariée à **Nicolas Raquinot**, nourrisseur rue des Récollets en 1810 ; rue Fontaine au Roi Faubourg du Temple en 1818.

2c- Aubry Ouen Nicolas

Marié avec contrat en 1791, voiturier majeur, à Marie Françoise Boileaux fille mineure d'**Alexandre Boileaux** nourrisseur rue du Faubourg Saint Martin Il est décédé en 1817 nourrisseur rue du Faubourg Saint Martin sans enfant avec un inventaire. Sa veuve s'est remariée à **Claude Edme Chevalier** nourrisseur veuf avec un enfant rue de Reuilly.

2d- Aubry Marie Geneviève

Mariée en 1776 avec contrat à **Pierre Mahieux** fils de voiturier. Elle est veuve de nourrisseur rue de la Voirie à la Petite Pologne en 1818.

2e- Aubry Jacques

Marié à Marie Catherine Gautier. Nourrisseur rue Château Landon en 1810 et rue Marcadet à La Chapelle en 1821.

2f- Aubry François

Marié avec contrat en 1797, nourrisseur majeur La Villette, à Marie Jeanne Manière, mineure rue de Faubourg Montmartre ; nourrisseur à La Villette en 1810 et 1818.

2g- Aubry Jean Pierre

Marié avec contrat en 1794 (acte non consultable) avec Marie Madeleine Lhotellier. Sa femme est décédée en 1826, Grande rue à La Villette, lui ancien nourrisseur après avoir cédé fonds six mois avant à son fils Benoît François. Quatre enfants mariés.

2ga- Aubry Marie Louise

Troisième mariage de Jean Clair Nugues avec contrat en 1814, nourrisseur à la chapelle ; elle est la fille mineure d'un nourrisseur à La Villette ; nourrisseur en 1831 et 1851 à Pantin (voir Leclancher).

2gb- Aubry Jacques Louis

Marié avec contrat 1818, né en 1798 fils d'un nourrisseur à La Villette Grande rue, avec Marie Joséphine Quintaine, née en 1798 fille d'un nourrisseur à La Villette ; nourrisseur La Villette rue Notre-Dame (voir Quintaine).

2gc- Aubry Jean

Marié avec contrat en 1816, né en 1795 fils d'un nourrisseur à La Villette, avec Marie Madeleine Dubillon, née en 1788 fille d'un nourrisseur La Villette. Elle est décédée sans enfant à une date indéterminée sans inventaire connu. Il est nourrisseur en 1826 route de Pantin à la Petite Villette. Il s'est remarié avec contrat en 1831, nourrisseur route d'Allemagne à la Petite Villette, avec Marguerite Anthoine, orpheline née en 1808 en Moselle.

2gd- Aubry Benoist François

Marié avec Alexis Josèphe Daillet. Il a acheté le fonds de nourrisseur de ses parents en 1825, sans doute à l'occasion de son mariage. Nourrisseur à Pantin route du Bourget en 1831.

Et enfin

3- Aubry Jean

Marié à Geneviève Lecuit. Nourrisseur rue Saint Lazare Faubourg Saint Honoré paroisse La Madeleine La Ville l'Evêque. Il est décédé en 1785 avec un inventaire non consultable. Quatre enfants mariés.

3a- Aubry Geneviève

Mariée avec contrat en 1758 fille mineure d'un nourrisseur rue Saint Lazare, avec **Ouen Lebouteux**, né en 1738, fils mineur d'un maître jardinier décédé rue Saint Lazare Faubourg Saint Honoré. Pas d'inventaire connu ; nourrisseur veuf en 1790.

3b- Aubry Pierre

Marié à Marie Madeleine Roblin. Ancien nourrisseur et voiturier rue Saint Lazare en 1797.

3c- Aubry Marie Anne

Mariée avec contrat en 1770, rue Saint Lazare paroisse La Madeleine La Ville l'Evêque, avec **Guillaume Louis Guillet**, voiturier rue Cadet Faubourg Montmartre paroisse Saint Eustache fils d'un laboureur du diocèse de Bayeux. Lui est décédé en 1788 nourrisseur et voiturier propriétaire rue Cadet laissant quatre enfants et un inventaire. Sa veuve est décédée peu après sans inventaire (avis tutelle au Châtelet en juillet 1790). Son fils Jean Guillet, âgé de 18 ans, se propose de reprendre la profession (adjudication des bestiaux et ustensiles).

3d- Aubry Jean Jacques

Marié avec contrat en 1781, voiturier majeur rue Saint Lazare paroisse La Madeleine La Ville l'Evêque, avec Marie Madeleine Boucault, fille mineure de Nicolas Boucault laboureur à La Villette paroisse Saint Laurent. Il est décédé nourrisseur en 1813 laissant cinq enfants mineurs et un inventaire rue Saint Lazare (Roule). Sa veuve est décédée en 1832, rentière avec un inventaire. Dix enfants connus.

3da- Aubry Marie Rosalie

Mariée à **Antoine Petron**. Nourrisseur Batignolles Monceau en 1832.

3db- Aubry Geneviève Nicole

Mariée à **Jean Aubry**. Nourrisseur rue de la Voierie en 1815 ; veuve d'un nourrisseur en 1832 à Clichy.

3dc- Aubry Jean Jacques

Marié avec contrat en 1815, garçon nourrisseur rue Saint Lazare (Roule), avec Marie Aufroy/Onfray fille d'un fruitier du Faubourg

Saint Honoré. Nourrisseur barrière d'Ivry près Paris en 1832.

3dd-Aubry Jean Louis nourrisseur rue Cardinet aux Batignolles Monceau en 1832.

3de-Aubry Jacques François menuisier Chaussée d'Antin en 1832.

3df- Aubry Antoine Jacques menuisier rue Saint Lazare en 1832.

3dg- Aubry Adrien serrurier rue Faubourg Poissonnière en 1832.

3dh-Aubry Marie Madeleine mariée à Jean Charles Lamy marchand fruitier rue du Bouloi (tous deux défunts en 1832).

3di-Aubry Elisabeth Mélanie femme séparée de Jean Claude Besnier peintre en 1832.

3dj- Aubry Marie Julie femme de chambre à Naples (Italie) en 1832.

Situation économique des nourrisseurs

Inventaire de Michel Aubry en janvier 1792
Nourrisseur propriétaire à Monceau.
12 vaches, 1 cheval hors d'âge, 1 guimbarde, 1 petite voiture à lait, 37 volailles, 1 laiterie ;
2 glaces, 8 tableaux, crucifix, 20 volumes, 1 pendule, 1 montre, commode, pas de poêle ;
Prisée des animaux et ustensiles 2791 livres, des meubles meublants 648 livres, bijoux et argenterie 406 livres, vêtements 567 livres. Deniers comptants et dettes actives 653 livres, dettes passives 159 livres.

Inventaire de Jean Louis Aubry en janvier 1807
Nourrisseur propriétaire à Monceau.
10 vaches, 1 génisse, 1 jument, 1 petit cheval, 1 guimbarde, 1 petite voiture à lait, 39 volailles, 1 porc ;
1 charrue ; terres en luzerne ;
3 glaces, 3 tableaux, 2 pendules, commode, pas de poêle.
Prisée des animaux et ustensiles 2932 francs, des meubles meublants 882 francs, bijoux 9 francs, vêtements 381 francs, des terres 182 francs. Deniers comptants et dettes actives 58 francs, dettes passives 3011 francs (dont achats de vaches 576 francs, aliments du bétail 2223 francs).

Inventaire de Jean Jacques Aubry en mars 1815
Nourrisseur propriétaire rue Saint Lazare au Roule.
6 vaches, 1 jument hors d'âge, 1 âne et un bât, 1 charrette, 38 volailles, 1 porc, 1 laiterie (une possible influence de l'épizootie de 1814) ;
2 glaces, 5 gravures, commodes, secrétaire, pas de poêle.
Prisée des animaux et ustensiles 1571 francs, des meubles meublants 790 francs, bijoux et argenterie 176 francs, vêtements 162 francs. Deniers

comptants et dettes actives 25 francs (plus locataires), dettes passives 1611 francs (dont achats de vaches 300 francs, aliments du bétail 150 francs).

Inventaire d'Ouen Nicolas Aubry en février 1818
Nourrisseur propriétaire rue du Faubourg Saint Martin.
6 vaches, 1 cheval hors d'âge, 1 charrette, 1 laiterie ;
4 miroirs ou glaces, commodes, poêle.
Prisée des animaux et ustensiles 1107 francs, des meubles meublants 526 francs, pas de bijoux et argenterie, vêtements 435 francs. Deniers comptants et dettes actives 1901 francs, dettes passives 3087 francs (dont aliments du bétail 1095 francs).

Inventaire de Jean Pierre Aubry en mai 1826
Vente de son fonds de nourrisseur à son fils Benoist François en novembre 1825. Ancien nourrisseur propriétaire à La Villette.
16 vaches ;
2 miroirs, 6 gravures, 1 montre, commodes, pas de poêle.
Vente des animaux et ustensiles 3400 francs ; prisée des meubles meublants 519 francs, bijoux et argenterie 90 francs, vêtements 445 francs. Pas de deniers comptants et dettes actives non connues (comptes à faire locataires), dettes passives 3996 francs (dont achats de vaches 700 francs, aliments du bétail 800 francs).

Inventaire de Guillaume Louis Guillet en février 1788
Nourrisseur et voiturier propriétaire rue Cadet, Faubourg Montmartre paroisse Saint Eustache.
10 vaches, 10 chevaux, 2 voitures moyennes, 78 volailles, 1 laiterie ;
2 voitures à moellons, 4 tombereaux, 1 carriole à boues ;
3 glaces, 1 crucifix, 1 montre, commodes, poêle.
Prisée des animaux et ustensiles 9716 livres, des meubles meublants 1121 livres, bijoux et argenterie 560 livres, vêtements 688 livres. Deniers comptants et dettes actives 6069 livres (dont des locataires), dettes passives 420 livres (plus comptes à faire).

Inventaire de Claude Edme Chevalier en mars 1818 (décès Marie J. Jay)
Nourrisseur propriétaire rue de Reuilly Faubourg Saint Antoine.
14 vaches, 1 cheval, 1 charrette, 1 petite charrette lait, 28 volailles, 1 laiterie ;
3 glaces, 6 gravures, 1 livre, commodes, poêle.
Prisée des animaux et ustensiles 4955 francs, des meubles meublants 786 francs, bijoux et argenterie 93 francs, vêtements 270 francs. Deniers comptants et dettes actives 424 francs (dont locataires), dettes passives 7692 francs. La maison rue de Reuilly a été achetée en 1815 sur adjudication demandée par Denis Leclancher (voir Leclancher).

Auvry

Les Louis Auvry, côté nord, rive droite et côté sud, rive gauche. Nourrisseurs et cultivateurs.

Côté Nord, rive droite

1- Auvry Louis

Marié avec contrat en 1788, fils mineur de Louis Auvry laboureur et aubergiste de La Villette paroisse La Chapelle Saint Denis, à Marie Denise Convert fille mineure de **Louis Convert** nourrisseur rue du Faubourg Saint Martin paroisse Saint Laurent ; sa femme est décédée avec inventaire en 1815 propriétaire cultivateur à La Villette laissant deux enfants mineurs et quatre majeurs. Il s'est remarié avec contrat en 1817 avec Marie Convert veuve avec trois enfants et un inventaire de **Sébastien François Aumont** nourrisseur de bestiaux à la Petite villette. Il est décédé en 1819 cultivateur et nourrisseur Grande rue à La Villette avec inventaire. Cinq enfants mariés connus.

1a- Auvry Denis Louis

Marié avec contrat en 1816, cultivateur majeur à La Villette, avec Marguerite Meunier, fille majeure de Jean Meunier cultivateur à La Villette. Nourrisseur rue de Belleville à la Petite Villette en 1819.

1b- Auvry Marguerite Ambroise

Mariée avec contrat en 1818, née en 1789, fille d'un propriétaire cultivateur La Villette, avec **Louis François Isidore Papin**, né en 1785, fils d'un journalier du Ménil Scelleur (Orne). Elle est décédée en 1826 nourrisseur Grande rue à La Chapelle laissant deux enfants et un inventaire. Son veuf s'est remarié avec contrat peu de temps après avec Marguerite Jubert originaire de Moselle.

1c- Auvry Nicolas Hubert

Né en 1788 à La Villette, cultivateur marié avec contrat 1813 avec Sophie Nicole Cottin, fille d'un cultivateur. Elle est décédée en 1816 laissant deux enfants et un inventaire rue de l'Eglise à La Villette. Il s'est remarié avec contrat en 1816 cultivateur à La Villette avec Marie Emelie Caillet, née en 1796, fille d'un cultivateur défunt à La Villette ; celle-ci est décédée peu de temps après sans enfant rue de l'Eglise La Villette. Il s'est à nouveau remarié avec contrat en 1818 avec Marie Chicard journalière née en 1787 fille d'un vigneron de l'Yonne.

1d- Auvry Rosalie Denise

Née en 1795 à La Villette, mariée avec contrat en 1820 avec **Gabriel Théodore Lecoq**, garçon nourrisseur chez sa future épouse, né en 1786 à Carrouges (Orne).

1e-Louis Pierre Auvry

Nourrisseur La Villette en 1819, tuteur des mineurs Papin à La Chapelle en 1826. Décédé à La Chapelle en 1832 (pas de mariage et inventaire connus).

Côté Sud, rive gauche

2- Auvry Louis

Marié avec contrat en 1759, gagne denier majeur rue du Faubourg Saint Jacques, fils de défunt Louis Auvry gagne denier, avec Marie Devy, fille mineure de Jean Devy nourrisseur rue de la Bourbe Faubourg Saint Jacques. Laboureur au Petit Montrouge paroisse Saint Jacques du Haut Pas. Il est décédé en 1802 avec un inventaire chez un notaire de Sceaux (Seine). Ils possèdent des terres au Petit Montrouge, Montsouris et Petit Gentilly. Six enfants connus.

2a- Auvry Dorothée

Mariée avec contrat en 1787 avec **Michel Crochet**, laboureur majeur au Petit Montrouge, fils d'un laboureur de Villedieu diocèse d'Avranches. Nourrisseur rue de la Bourbe en 1793. Cultivateur rue de la Bourbe en 1803. Lui est décédé en 1812 nourrisseur et cultivateur rue de la Bourbe laissant trois enfants et un inventaire. Elle s'est remariée avec contrat en 1813 à Saint Jacques du Haut Pas avec Laurent Venant cultivateur chaussée du Maine à Vaugirard veuf Marie Louise Toquet (voir Toquet). Elle est décédée rentière avec un inventaire en 1847 à Vaugirard chaussée du Maine et Venant est décédé rentier à Vaugirard chaussée du Maine en 1832 avec un inventaire.

2b- Auvry Etienne Blaise

Marié avec contrat en 1788, laboureur mineur au Petit Montrouge paroisse Saint Jacques du Haut Pas, avec Marie Jeanne Chartier, fille mineure Pierre Chartier laboureur barrière Saint Michel paroisse Saint Jacques du Haut Pas. Nourrisseur barrière d'Enfer en 1803. Elle est décédée en 1809 propriétaire cultivateur rue d'Enfer laissant cinq enfants mineurs et un inventaire. Il s'est remarié avec contrat en 1809 avec Marie Louise Beguin fille d'un défunt cultivateur de Marcilly s/Eure (sœur de Marie Geneviève Beguin seconde épouse de Jean Charles Bonnefille cité ci-dessous). Il est décédé rentier en 1839 rue d'Enfer (pas d'inventaire connu).

Il est le tuteur de quatre neveux et nièces issus de son beau-frère **Jean Pierre Chartier** et Louise Victoire Baudet fille d'un nourrisseur rue Montgallet. Ceux-ci se sont mariés en 1784, lui fils de Pierre Chartier résidait rue d'Enfer barrière Saint Michel. Chartier est décédé en 1802 cultivateur rue Montgallet avec un inventaire. Sa veuve s'est remariée en 1803 à **Jean Charles Bonnefille** fils d'un marchand de vaches du Vexin et nourrisseur rue Montgallet ; elle est décédée rue de Reuilly en 1807 avec un inventaire. Bonnefille s'est remarié avec Marie Geneviève Beguin en 1808 et est décédé nourrisseur en 1811 avec un inventaire. Pierre Chartier père, fils d'un meunier hors barrière Saint Jacques, s'était marié en 1760 avec Marguerite Louise Baudet fille d'un appareilleur de bâtiments ; celle-ci est décédée en 1797 propriétaire nourrisseur rue d'Enfer (Observatoire) avec un inventaire contenant 6 vaches et des chevaux et du matériel chez leur gendre Auvry ; lui est décédé rentier en 1808.

2c- Auvry Jean Louis
Marié majeur au Petit Montrouge en 1797, avec Marie Anne Haraux, veuve avec deux enfants de François Legrand rue Mouffetard. Veuve à nouveau elle s'est remariée en 1803 à Charles François Bail nourrisseur rue Mouffetard. L'inventaire Auvry n'est pas connu.

2d- Auvry Marguerite
Mariée avec contrat en 1792 avec Claude Petit, fils d'un laboureur de Valmy (Marne). Nourrisseur rue de Sèvres à Paris en 1803.

2e- Auvry Hubert Louis
Marié avec contrat en 1792 avec une demoiselle Ourselle. Journalier rue de Sèvres à Vaugirard en 1803.

2f- Auvry Jean Louis premier du nom mort au combat en 1794.

Situation économique des nourrisseurs

Inventaires de Louis Auvry
Propriétaire cultivateur et nourrisseur à La Villette.

En décembre 1815
14 vaches, 1 petite voiture à lait, 36 volailles, 1 porc, 1 laiterie ;
4 vieux chevaux, 1 poulain, 2 voitures, 1 guimbarde, 1 tombereau ;
1 charrue, 3 herses ; terres propres et louées à La Villette, Drancy, Bobigny, gerbes de céréales, vesces, bottes de luzerne et trèfle, betteraves ;
3 glaces, 1 pendule, commodes, pas de poêle.
Prisée des animaux et ustensiles 3385 francs, des meubles meublants 666 francs, pas de bijoux et argenterie, vêtements 181 francs, de la préparation des terres 1428 francs. Deniers comptants et dettes actives 617 francs, dettes passives 16670 francs (dont achat de vaches 1026 francs).

En décembre 1819
12 vaches, 1 chèvre, 1 âne, 1 petite voiture à lait, 69 volailles, 1 laiterie ;
5 chevaux, 2 voitures, 1 tombereau, 1 voiture à moellons ;

1 charrue, 2 herses ; terres (voir plus haut)
4 glaces, 6 tableaux, 2 horloges, commodes, poêle.
Prisée des animaux et ustensiles 3663 francs, des meubles meublants 675 francs, bijoux 6 francs, vêtements 63 francs, de la préparation des terres 1517 francs. Deniers comptants et dettes actives 200 francs (plus comptes à faire), dettes passives 17110 francs (dont achat de vaches 284 francs, aliments du bétail 117 francs).

Inventaire de Sébastien François Aumont (Omont) en mai 1816
Nourrisseur propriétaire route de Pantin à la Petite Villette.
10 vaches, 1 âne et un bât, 26 volailles, 1 laiterie ;
2 chevaux hors d'âge, 2 voitures, 1 tombereau ;
1 charrue, 2 herses ; terres louées semées en céréales et luzerne ;
1 miroir, 2 montres, commodes, poêle.
Prisée des animaux et ustensiles 2844 francs, des meubles meublants 656 francs, bijoux et argenterie 479 francs, vêtements 344 francs, de la préparation des terres 799 francs. Pas de deniers comptants et de dettes actives (comptes à faire, locataires), dettes passives 4542 francs (dont achat de vaches 430 francs).

Inventaire de Louis François Isidore Papin en août 1826
Nourrisseur locataire à La Chapelle.
21 vaches, 2 chevaux, 1 charrette, 1 voiture, 15 poules, 3 porcs, 1 laiterie ;
1 glace, 6 gravures, 1 horloge, 1 montre, commodes, poêle ;
Prisée des animaux et ustensiles 3068 francs, des meubles meublants 568 francs, bijoux et argenterie 72 francs, vêtements 181 francs. Deniers comptants et dettes actives 125 francs, dettes passives 6310 francs (dont achat de vaches 1894 francs, aliments du bétail 3076 francs).

Inventaire d'Etienne Blaise Auvry en mars 1809
Propriétaire cultivateur rue d'Enfer (Observatoire).
18 vaches, 1 petite voiture à lait, 53 poules, laiterie dans la cuisine ;
4 chevaux, 2 charrette, 1 tombereau ;
2 charrues, 4 herses, 1 rouleau, 25 ha de terres semées céréales, luzerne (7,2 ha) ;
3 glaces, 1 tableau, 1 horloge, 1 montre, commodes, poêle.
Prisée des animaux et ustensiles 4472 francs, des meubles meublants 876 francs, bijoux et argenterie 191 francs, vêtements 425 francs, de la préparation des terres 1211 francs. Pas de deniers comptants et de dettes actives, dettes passives 3688 francs (dont fermages 2452 francs).

Inventaire de Michel Crochet en avril 1812
Nourrisseur et cultivateur propriétaire rue de La Bourbe (Observatoire).
« Voir nourrisseur cultivateur voiturier » – compléments

3 glaces, 13 gravures, 1 horloge, commodes, poêle.

Prisée des meubles meublants 1154 francs, des bijoux et argenterie 54 francs, des vêtements 109 francs.

Inventaire de Jean Pierre Chartier en novembre 1802

Propriétaire cultivateur rue Montgallet Faubourg Saint Antoine.

27 vaches, 1 petite voiture à lait, 1 voiture à eau, 73 volailles, 3 porcs ;

3 chevaux hors d'âge, 1 grande voiture, 2 tombereaux ;

Charrues et herses ;

2 glaces, 1 tableau, 1 horloge, 1 montre, commode, poêle.

Prisée des animaux et ustensiles 3031 francs, des meubles meublants 548 francs, bijoux et argenterie 88 francs, vêtements 134 francs. Pas de deniers comptants et de dettes actives, dettes passives 982 francs.

Inventaire de Jean Charles Bonnefille en septembre 1807

Nourrisseur propriétaire rue Montgallet Faubourg Saint Antoine.

22 vaches, 1 carriole, 1 tonneau sur roues, 50 volailles, 1 laiterie ;

3 chevaux, 2 charrettes, 2 tombereaux ;

1 charrue, 1 herse ; terres louées dont 6 arpents de chicorée ;

3 glaces, 1 horloge, 1 montre, commodes, poêle.

Prisée des animaux et ustensiles 2373 francs, des meubles meublants 625 francs, bijoux et argenterie 413 francs, vêtements 156 francs. Deniers comptants et dettes actives 741 francs, dettes passives 765 francs.

Beranger

Voituriers et nourrisseurs.

Beranger Jacques
Marié à Françoise Savart. Il est décédé en 1726 bourgeois de Paris veuf avec inventaire. Il semble être d'une famille de vigneron à Charonne. Trois enfants. Les deux mineurs ont des jardiniers pour tuteurs et le fils aîné est décédé un mois avant lui.

1- Beranger Robert
Né vers 1704. Marié à Madeleine Marcelly. Voiturier et nourrisseur. Elle était veuve et mariée en secondes noces ; elle est décédée avant 1761. Il a acheté un office de garde de l'Hôtel de Ville vers 1761. Quatre enfants connus.

1a- Beranger Madeleine Louise
Mariée avec contrat en 1761 à Alexis Toulouze charron fils de charron rue de Charonne

1b- Beranger Simon Toussaint garçon épicier en 1761 et 1764 puis marchand épicier

1c- Beranger Marie Madeleine
Mariée mineure avec contrat en 1763 à **Sébastien Beaufils**, fils majeur d'un voiturier défunt rue de Charonne ; il a un frère Guillaume voiturier et nourrisseur rue de la Muette et un frère Nicolas jardinier rue de Charonne. Elle est décédée en 1764 voiturier et nourrisseur rue de Charonne laissant une fille mineure et un inventaire.

1d- Beranger Nicolas Robert
Marié mineur avec contrat en 1761, fils de nourrisseur rue de la Muette, avec Marie Marguerite Ferré, née en 1739, fille de défunt Claude Ferré (voir ci-dessous). Il est décédé en 1764 voiturier et nourrisseur cul de sac de la rue de Charonne avec un inventaire.

2- Beranger Marie Agnès
Mariée en 1729, née vers 1708, fille d'un défunt bourgeois de Paris (en fait voiturier) rue de La Muette Faubourg Saint Antoine avec **Claude Ferré**, bourgeois de Paris fils de bourgeois de Paris (en fait vigneron) à la Croix Faubin rue de Charonne Faubourg Saint Antoine. Elle est décédée en 1739 Cul de Sac de Charonne laissant une fille mineure et un inventaire avec des vaches. Lui s'est remarié en 1739 avec Marie Madeleine Savard, née vers 1720, fille de Germain Savard ajusteur de la Monnaie de Paris et nièce de Robert Beranger son beau-frère. Claude Ferré est décédé en 1743 laissant deux autres enfants mineurs et un inventaire avec des vaches.

2a- Marie Marguerite Ferré, fille du premier lit, mariée à son cousin Beranger.

2b- Charles Claude Ferré, fils du deuxième lit, nourrisseur rue de Charonne.

3- Beranger Michel

Marié avec contrat en 1717, laboureur fils de laboureur à la Croix Faubin Faubourg Saint Antoine, avec Anne Aymond, fille d'un marchand de Ravenel (Oise). Il est décédé en 1726 un mois avant son père, voiturier rue de la Muette, avec six enfants mineurs et un inventaire tardif. Sa veuve s'est remariée avec contrat en 1730 avec Claude Berry jardinier (puis jardinier et nourrisseur), fils d'un jardinier rue de la Muette. Quatre enfants connus.

3a- Beranger Jacques Michel

Marié avec contrat 1746 né vers 1720, fils d'un défunt père voiturier rue la Muette, avec Louise Elisabeth Doucet, née vers 1729, fille de défunt **Philippe Doucet** nourrisseur rue de la Muette (sa mère remariée à un nourrisseur). Il est décédé en 1753 nourrisseur rue de Charonne laissant deux enfants mineurs et un inventaire.

3b- Beranger Michel

Marié avec contrat en 1743, voiturier né vers 1723 rue de la Muette avec Marguerite Bauvé, veuve d'un vigneron et fille d'un vigneron à Picpus. Un enfant connu.

3ba- Beranger Jacques

Marié avec contrat en 1780, né vers 1751, nourrisseur fils d'un nourrisseur rue Picpus Faubourg Saint Antoine, avec Anne Louise Baudet, née vers 1760, fille de Jean Joseph Baudet nourrisseur rue Montgallet Faubourg Saint Antoine.

3c- Beranger Marie Anne

Née vers 1722, mariée vers 1742 à Edme Chevalier. Voiturier en 1743 et 1750, nourrisseur rue de Charenton en 1780. Un fils nourrisseur et des petits-fils nourrisseurs.

3d- Beranger Jacques

Né posthume en 1727. Nourrisseur puis soldat des gardes françaises. Mariage d'une fille orpheline née vers 1758 avec un émailleur fils de boulanger en 1780.

Situation économique des nourrisseurs

Inventaire de Jacques Beranger en janvier 1727

Propriétaire rue de La Muette Faubourg Saint Antoine et Grande rue du Grand Charonne.

6 vaches (dont une pleine), 1 âne et un bât, 48 volailles, pas de laiterie ;
1 cheval hors d'âge, 1 charrette ;
1 charrue, 1 herse à Charonne
Futailles et stock de vin à Charonne (fils de vigneron ?)
3 miroirs, pas de commode, pas de poêle.
Prisée des animaux et ustensiles 583 livres, des meubles meublants 407 livres, bijoux et argenterie et deniers 783 livres, vêtements 50 livres. Dettes actives non calculées (comptes à faire, locataires), dettes passives 18 livres.

Inventaire de Michel Beranger en novembre 1729
Voiturier propriétaire rue de La Muette Faubourg Saint Antoine. Inventaire trois ans après le décès ; la veuve a continué l'activité de nourrisseur avant de se remarier.
5 vaches, 1 âne et un bât, pas de laiterie ;
Pas de chevaux, pas de charrettes ;
1 miroir, pas de commode, pas de poêle.
Vin stocké dans une petite masure rue de Charonne (voir Claude Ferré).
Prisée des animaux et ustensiles 257 livres, meubles meublants 592 livres, bijoux et argenterie 519 livres, vêtements 203 livres. Deniers comptants 719 livres. Pas de dettes actives, ni de dettes passives.

Inventaire de Jacques Michel Beranger en novembre 1754
Nourrisseur locataire rue de Charonne Faubourg Saint Antoine.
11 vaches, 1 âne, 1 cheval hors d'âge, 1 charrette, pas de laiterie ;
2 glaces, pas de commode, pas de poêle.
Terres affermées à Charonne.
Prisée des animaux et ustensiles 791 livres, meubles meublants 261 livres, bijoux et argenterie 46 livres, vêtements 72 livres. Deniers comptants 120 livres. Pas de dettes actives, dettes passives 228 livres.

Inventaire de Nicolas Robert Beranger en mai 1764
Voiturier et nourrisseur locataire rue de Charonne près de la barrière Faubourg Saint Antoine.
6 vaches, 1 âne et un bât, 10 volailles, pas de laiterie ;
3 chevaux hors d'âge, 1 charrette, 2 tombereaux ;
2 glaces, 1 horloge, 1 montre, commode, pas de poêle.
Loue la maison et une terre à Bagnolet.
Prisée des animaux et ustensiles 674 livres, meubles meublants 582 livres, bijoux et argenterie 309 livres, vêtements 320 livres. Pas de deniers comptants, dettes actives 135 livres (livraison de sable, plus comptes à faire locataires), dettes passives 165 livres.

Inventaire de Sébastien Beaufils en mai 1764

Voiturier et nourrisseur locataire rue de Charonne entre deux barrières Faubourg Saint Antoine.
5 vaches, 1 bidet et un bât, 6 poules, pas de laiterie ;
5 chevaux hors d'âge, 2 charrettes, 2 tombereaux ;
1 glace, 1 pendule, commode, pas de poêle.
Prisée des animaux et ustensiles 1199 livres, meubles meublants 476 livres, bijoux et argenterie 231 livres, vêtements 315 livres. Pas de deniers comptants, dettes actives 344 livres (dont livraisons de moellons), dettes passives 663 livres (dont achat de vaches 159 livres).

Inventaire de Claude Ferré en mars 1739

Bourgeois de Paris propriétaire rue de Charonne Faubourg Saint Antoine
11 vaches, 1 petit cheval et un bât, 1 cheval hors d'âge, 1 petite charrette, 15 volailles, pas de laiterie ;
1 glace, 1 crucifix, 1 horloge, pas de commode, pas de poêle.
Une petite maison à Charonne avec des réserves (de vin en particulier).
Prisée des animaux et ustensiles 891 livres, meubles meublants 656 livres, bijoux et argenterie 364 livres, vêtements 261 livres. Deniers comptants 75 livres, dettes actives et passives non exposées.
A sa mort en 1743 son inventaire ne contient plus que 7 vaches.

BREUILLY

Voituriers et nourrisseurs du Sud au Nord en venant de Basse-Normandie

Au départ, deux fils du couple Cyr Breuilly et Anne Rondin, laboureur à Laulne (Manche), mariés en 1705. Elle est décédée en 1716 et lui s'est remarié deux fois. On se marie parfois entre cousins.

Tout d'abord

1- Breuilly François
Marié sans contrat à Marie Jeanne Jamet/Gent. Voiturier. Elle est décédée en 1768 avec un inventaire ; lui s'est remarié avec contrat en 1768 avec Geneviève Mandonet. Il est décédé voiturier rue de Sèvres hors barrière en 1774 avec trois enfants et un inventaire (sans vaches). Marie Jeanne à un frère Pierre voiturier rue Traverse paroisse Saint Sulpice. Trois enfants connus

1a- Breuilly Pierre François
Marié avec contrat en 1780, gagne-denier majeur à La Chapelle, fils d'un défunt voiturier, avec Marie Josèphe Beaurains, née vers 1760, fille d'un nourrisseur du Faubourg de Gloire paroisse Saint Laurent. Il est décédé en 1810 nourrisseur Grande rue à La Chapelle avec un inventaire. Ils ont construit une maison sur un terrain acquis. Quatre enfants connus.

1aa- Breuilly Pierrette Adélaïde
Née en 1789 à La Chapelle, mariée avec contrat à **Jacques Breuilly** en 1811 (voir ci après).

1ab- Breuilly Marie Marguerite
Née en 1782 à La Chapelle, mariée avec contrat à **Jean Marie Breuilly**, son cousin, en 1812 (voir ci après).

1ac- Breuilly Adélaïde Marie
Mariée avec contrat en 1822, majeure à La Chapelle, avec **Benoist Carré** nourrisseur à La Chapelle, fils d'un propriétaire cultivateur en Savoie, qui a acheté le fonds de nourrisseur de César Quintaine peu de temps avant le mariage (voir Quintaine).

1ad- Breuilly Françoise Louise
Mariée avec contrat en 1820, majeure à La Chapelle, avec **Louis Nicolas Neveu**, garçon nourrisseur à La Chapelle, né en 1800 à Civry la Forêt près de Houdan (Seine et Oise)

1b- Breuilly Marie Marguerite
Née en 1763 paroisse Saint Sulpice, mariée en 1781 avec Louis Lebeau maréchal-ferrant puis serrurier rue Traverse à Paris (1810).

1c- Breuilly Jean François

Marié avec contrat en 1783, voiturier à La Chapelle, avec Marie Anne Herlin rue du Faubourg de Gloire paroisse Saint Laurent veuve avec un enfant de Jean Boucault, laboureur La Villette. Il est décédé avant 1805. Trois enfants connus.

1ca- Breuilly Anne Geneviève

Mariée avec contrat en 1805 fille majeure d'un défunt père nourrisseur à La Villette, avec **Michel Julien Martin**, nourrisseur majeur à La Villette, né à Juvigny (Orne). Nourrisseur rue de Paris à La Chapelle en 1825.

1cb- Breuilly Geneviève Agnès

Mariée sans contrat avec **Pierre Mathurin Cheron**. Lui est décédé en 1818 nourrisseur à La Chapelle laissant un enfant posthume et un inventaire. Elle s'est remariée avec contrat en 1821 avec **Nicolas Jacques Lemontier**, veuf avec deux enfants et un inventaire, cultivateur rue de l'Eglise à La Villette, né en 1795 à La Villette, fils d'un nourrisseur à La Villette originaire de Vires (Calvados). Elle est décédée en 1825 nourrisseur La Villette avec un inventaire. Lemontier s'est remarié une nouvelle fois.

1cc- Breuilly Jean Marie

Marié avec contrat en 1812 nourrisseur à La Chapelle, avec Marie Marguerite Breuilly, sa cousine, née en 1782 à La Chapelle fille d'un défunt père nourrisseur.

Et enfin

2- Breuilly Jean Antoine

Marié sans contrat en 1743 paroisse Saint Sulpice, charretier né en 1714, fils d'un laboureur à Laulne (Manche), avec Michelle Godard, née en 1719, fille d'un défunt laboureur d'Hébécrevon (Manche) et demeurant à Chatillon (Seine). Il est décédé en 1759 voiturier rue de Vaugirard paroisse Saint Sulpice laissant cinq enfants et un inventaire ; apparemment il devait s'occuper de l'enlèvement des boues. Il a un frère François Breuilly voiturier rue de Sèvres. Sa veuve se remarie rue du Petit Vaugirard en 1759 avec **Michel Delalande,** 33 ans, charretier rue de Sèvres paroisse Saint Sulpice, fils d'un manouvrier de Saint Martin diocèse de Bayeux. Ils poursuivent l'activité de voiturier et de nourrisseur et deviennent entrepreneur des boues de Paris. Elle est décédée en 1777 laissant un enfant né en 1761, qui se mariera en 1786 avec une fille de nourrisseur, et un inventaire. Cinq enfants connus.

2a- Breuilly Jacques Cyr

Né en 1747 et baptisé Saint Sulpice d'un père gagne-denier. Marié avec contrat en 1777 voiturier barrière du Petit Vaugirard avec Marie Geneviève Vigant, fille mineure d'un journalier et d'une nourrisseuse au Petit Montrouge. En 1780 il est nourrisseur au Petit Montrouge. Il est décédé en 1785 voiturier rue Plumet paroisse Saint Sulpice laissant trois enfants et un inventaire. Sa veuve se remarie avec contrat en 1786 avec **Pierre Jacques Moulin**, charretier rue de Sèvres, fils majeur d'un laboureur de Millières (Manche). Elle est décédée en 1801 nourrisseur rue Neuve Blomet à Vaugirard laissant trois enfants et un inventaire.

2b- Breuilly Marie Jeanne

Baptisée en 1753 à Saint Sulpice. Marié avec contrat en 1778 fille mineure d'un défunt voiturier, avec **François Truffaut**, nourrisseur barrière Petit Vaugirard, originaire de Normandie ; il a un frère voiturier et nourrisseur. Lui est décédé fin 1779 rue du Petit Vaugirard paroisse Saint Sulpice laissant deux enfants et un inventaire. Elle s'est remariée en 1780 à **Nicolas Guillaume Levé** laboureur au Petit Montrouge, fils d'un meunier du Petit Montrouge ; celui-ci est décédé en 1803 nourrisseur avec un inventaire. Elle est décédée en 1831 à Montrouge (Petit Montrouge).

2c- Breuilly Cyr François

Marié avec contrat en 1782 voiturier majeur, fils voiturier, demeurant rue de l'Enfant Jésus près de l'avenue de Breteuil, avec Marguerite Colson, fille mineure d'un manouvrier près de Verdun, demeurant rue du Gros Caillou Faubourg Saint Marcel. Il est nourrisseur en 1785 rue de Sèvres paroisse Saint Christophe du Gros Caillou. Il est décédé en 1801 nourrisseur au Moulin de la Charité au Petit Montrouge laissant trois enfants mineurs et inventaire. Un enfant connu.

2ca- Breuilly Jacques

Né vers 1789. Marié avec contrat en 1811, demeurant au Petit Montrouge, avec Pierrette Adélaïde Breuilly, née en 1789, fille d'un défunt nourrisseur à La Chapelle, sa lointaine cousine.

2d- Breuilly Jean François

Né en 1746 rue de Sèvres, baptisé à Saint Sulpice d'un père nourrisseur. Il s'est marié avec contrat en 1774, voiturier rue du Petit Vaugirard paroisse Saint Sulpice, avec Marie Catherine Samson, fille mineure d'un défunt nourrisseur de la paroisse Saint Jacques du Haut Pas. Il est nourrisseur rue de Sèvres hors barrière en 1780 et en 1786 au mariage de Michel Delalande son demi-frère.

2e- Breuilly Geneviève Françoise

Mariée avec contrat en 1761 avec Jean Lebarrier, charretier originaire de Laulne (Manche) d'un père journalier et d'une mère qui est une Breuilly. Elle s'est remariée avant 1777 à Pierre Forestier, voiturier rue du Petit Vaugirard mais elle est décédée avant 1780 en laissant 3 enfants.

Situation économique des nourrisseurs

Inventaire de Jean Antoine Breuilly en juin 1759

Voiturier propriétaire rue de Vaugirard paroisse Saint Sulpice.
Voir « nourrisseur et cultivateur et voiturier » - compléments
1 miroir, commode, pas de poêle.
Prisée des meubles meublants 474 livres, bijoux et argenterie 72 livres, vêtements 124 livres.

Inventaire de Michel Delalande en juillet 1777 (décès de Michelle Godard)

Voiturier et sous-entrepreneur des boues de Paris rue du Petit Vaugirard paroisse Saint Sulpice.
Voir « nourrisseur et cultivateur et voiturier » - compléments
2 miroirs, 2 tableaux, 1 crucifix, commode, pas de poêle.
Prisée des meubles meublants 438 livres, pas de bijoux et d'argenterie, vêtements 71 livres.

Inventaire de Jacques Cyr Breuilly en décembre 1785

Voiturier locataire rue Plumet paroisse Saint Sulpice.
6 vaches, 2 chevaux hors d'âge, 1 voiture, 30 poules, 1 porc, pas de laiterie ;
1 miroir, 16 estampes, 1 horloge, 1 montre, commode, pas de poêle.
Prisée des animaux et ustensiles 1126 livres, des meubles meublants 531 livres, bijoux et argenterie 174 livres, vêtements 293 livres. Deniers comptants et dettes actives 51 livres, dettes passives 65 livres.

Inventaire de Cyr François Breuilly en mars 1801

Nourrisseur locataire au Moulin de la Charité au Petit Montrouge.
5 vaches au décès (mais une flamande achetée porteuse de maladie, quatre mortes de maladie, deux vendues malades 60 francs – effet de l'épizootie de l'An 9), 1 âne, 1 jument hors d'âge, 1 charrette, pas de laiterie.
Pas d'objets marquants, pas de commode, pas de poêle
Prisée des animaux et ustensiles 700 francs (vaches estimées), meubles meublants 78 francs, pas de bijoux et argenterie, vêtements 20 francs (vêtements du père donnés aux enfants). Pas de deniers comptants et de dettes actives, dettes passives 1047 francs (dont achat de vaches 400 francs, aliments du bétail 446 francs).

Inventaire de Pierre François Breuilly en juin 1810
Nourrisseur propriétaire à La Chapelle.
10 vaches, 2 chevaux, 2 charrettes, 34 volailles, pas de laiterie ;
2 miroirs, 3 tableaux, 12 volumes, 1 horloge, commode, pas de poêle.
Prisée des animaux et ustensiles 1780 francs, meubles meublants 601 francs, pas de bijoux et d'argenterie, vêtements 198 francs. Deniers comptants et dettes actives 132 francs, dettes passives 2926 francs (dont achat de vaches 300 francs, aliments du bétail 96 francs).

Inventaire de Pierre Jacques Moulin en janvier 1801
Nourrisseur locataire rue neuve Blomet à Vaugirard.
9 vaches, 1 jument, 1 poulain, 1 charrette, 40 volailles, 16 lapins, 1 laiterie ;
1 pendule ; commodes, pas de poêle.
Prisée des animaux et ustensiles 1234 francs, meubles meublants 263 francs, bijoux 4 francs, vêtements 42 francs. Deniers comptants et dettes actives 120 francs, dettes passives 2414 francs (dont achat de vaches 1990 francs, aliments du bétail 216 francs).

Inventaire de Pierre Mathurin Cheron en octobre 1818
Nourrisseur locataire à La Chapelle.
7 vaches, 1 cheval hors d'âge, 1 petite charrette, pas de laiterie ;
1 miroir, 3 gravures, 1 montre, commodes, pas de poêle.
Prisée des animaux et ustensiles 812 francs, meubles meublants 234 francs, bijoux et argenterie 20 francs, vêtements 339 francs. Deniers comptants et dettes actives 18 francs, dettes passives 1102 francs (dont achat de vaches 620 francs, aliments du bétail 211 francs).

Inventaires de Nicolas Jacques Lemontier
En juillet 1821.
Cultivateur locataire rue de l'Eglise à La Villette.
Pas de vaches, 2 chevaux, 2 charrettes, 1 tombereau, 8 volailles ;
1 charrue, 1 herse, terres louées semées blé, avoine, pommes de terre, betteraves, oignons, ciboules.
1 miroir, 1 horloge, 1 montre, commode, pas de poêle.
Prisée des animaux et ustensiles 750 francs, meubles meublants 305 francs, bijoux et argenterie 48 francs, vêtements 211 francs, des terres 1508 francs. Deniers comptants et dettes actives 200 francs, dettes passives 2353 francs.
A son décès à La Villette en 1805 son père avait 5 vaches, 1 petite jument et une petite charrette, des pommes de terre pour les bestiaux et pas grand-chose.

En mai 1825.
Nourrisseur locataire rue de l'Eglise à La Villette.
8 vaches, 3 chevaux hors d'âge, 2 charrettes, pas de laiterie ;

1 charrue, 2 herses, 2,15 ha de terres louées semées en blé, avoine, luzerne, betteraves ;
1 glace, 2 tableaux, 1 horloge, 1 montre, commodes, pas de poêle.
Prisée des animaux et ustensiles 2089 francs, meubles meublants 445 francs, bijoux et argenterie 40 francs, vêtements 220 francs, des terres 632 francs. Pas de deniers comptants et de dettes actives, dettes passives 870 francs.

Inventaire de François Truffaut en mai 1780
Nourrisseur locataire rue du Petit Vaugirard paroisse Saint Sulpice.
9 vaches, 1 cheval, 1 charrette, 16 volailles, pas de laiterie ;
1 glace, commode, pas de poêle.
Prisée des animaux et ustensiles 1520 livres, meubles meublants 386 livres, bijoux 64 livres, vêtements 340 livres. Deniers comptants et dettes actives 87 livres (plus des billets non valorisés), dettes passives 60 livres.

Inventaire de Nicolas Louis Levé en janvier 1804
Nourrisseur propriétaire au Petit Montrouge.
7 vaches, 2 juments, 1 voiture, 72 volailles, pas de laiterie ;
1 charrue, 1 herse ; 8 arpents de terres semées en seigle et orge.
3 glaces, 1 montre, commodes, poêle.
Prisée des animaux et ustensiles 2712 francs, meubles meublants 914 francs, bijoux et argenterie 704 francs, vêtements 550 francs, de la préparation des terres 330 francs. Deniers comptants et dettes actives 79 francs, dettes passives 556 francs.

BROCHET

Au début **Brochet Hubert.**
Marié sans contrat avec Denise Douillard vers 1725, il est décédé nourrisseur cul de sac du Grand Saint Michel Faubourg Saint Martin en 1738 laissant quatre enfants et un inventaire. Sa veuve s'est remariée avec contrat en 1740 avec Pierre Thierry, garçon jardinier rue des Récollets Faubourg Saint Laurent, fils d'un manouvrier de Fleury s/Aire (Meuse). Elle est décédée en 1759 nourrisseur cul de sac du Grand Saint Michel paroisse Saint Laurent laissant deux enfants et un inventaire. La maison a été achetée en 1750. Trois enfants connus.
Il avait un frère, François Brochet, nourrisseur, qui a été subrogé tuteur de ses neveux mineurs en 1738.

1- Brochet Pierre
Né vers 1734. Marié avec contrat en 1761, nourrisseur rue Saint Maur Faubourg Saint Martin, avec Marie Françoise Collet, née vers 1748, fille d'un vigneron à Romainville (Seine). Il est décédé en 1762 nourrisseur rue Saint Maur Faubourg Saint Laurent laissant un enfant et un inventaire.

2- Brochet Jean Baptiste
Né vers 1735. Marié avec contrat en 1762, nourrisseur cul de sac du Grand Saint Michel, avec Marie Marguerite Heurtault, fille de laboureur à Drancy près du Bourget. Elle est décédée en 1763 laissant un enfant et un inventaire.
Il s'est remarié avec contrat en 1763 avec Marie Anne Mérillon, fille mineure d'un nourrisseur chaussée de La Villette paroisse Saint Laurent. Celle-ci est décédée de mort violente rue du Faubourg Saint Laurent en 1778 laissant quatre enfants et un inventaire. Il s'est remarié à nouveau avec Marie Antoinette Cottin et il est décédé nourrisseur en 1798 à 62 ans. Pas d'inventaire connu. Quatre enfants connus dont Louis Brochet, né en 1774, mort soldat en 1795 à l'hôpital de Liège.

2a- Brochet Marie Jeanne
Née en 1763. Mariée avec contrat en 1784 (contrat non consultable) avec **Jean Baptiste Duflos**, journalier né vers 1764. Il était nourrisseur en 1793 et demeurait rue du Faubourg Saint Martin en 1812.

2b- Brochet Jean Pierre
Né vers 1766. Marié à Marie Catherine Polbauth. Ils étaient vivants en 1824 et propriétaires rue de Flandres à La Villette en 1836. Elle est décédée propriétaire rue de Flandres à La Villette en 1847. Trois enfants connus.

2ba- Brochet Jean Baptiste
Né en 1795 à Paris. Marié avec contrat en 1819, nourrisseur à La Villette avec Marguerite Sophie Auvry, née en 1796, fille d'un cultivateur et aubergiste à La Villette. Elle est décédée en 1823 nourrisseur rue Château Landon Faubourg Saint Denis laissant deux enfants et un inventaire. Il s'est remarié avec contrat en 1824 avec Marie Marguerite Collignon, née en 1797 à La Villette, fille d'un cultivateur à La Villette.

2bb- Brochet Marie Catherine Antoinette
Née en 1796. Mariée avec contrat en 1817 avec **Jean Pierre Rondot**, garçon nourrisseur rue du Faubourg Poissonnière, né en 1791 fils d'un nourrisseur. Elle est décédée en 1836 nourrisseur rue de Flandres à La Villette laissant deux enfants et un inventaire.

2bc- Brochet Victoire Emilie
Née à La Villette en 1807. Mariée avec contrat en 1829, Grande rue à La Villette à **François Simon**, nourrisseur rue de l'Eglise à La Villette, né en 1808 à La Villette fils d'un nourrisseur. Celui-ci est décédé en 1833 nourrisseur rue de Mantes à La Villette sans enfant et laissant un inventaire ; son père ancien nourrisseur était encore vivant à cette date.

2c- Brochet Marie Anne
Mariée à **Jean Jacques Polbauth**. Nourrisseur rue du Chaudron en 1805 et 1812.

2d- Brochet André Antoine
Marié avec contrat en 1805, nourrisseur rue Saint Maur, avec Anne Louise Dallot, née vers 1784, fille d'un nourrisseur à La Villette. Il est nourrisseur Faubourg du Temple en 1812. Il est décédé en 1820 nourrisseur rue Saint Maur Faubourg du Temple laissant cinq enfants mineurs et un posthume et un inventaire.

3- Brochet Denise
Née en 1726. Mariée à Simon Langlois maître couvreur.

Situation économique des nourrisseurs

Inventaire d'Hubert Brochet en décembre 1738
Nourrisseur locataire cul de sac du Grand Saint Michel Faubourg Saint Martin paroisse Saint Laurent.
8 vaches, 1 âne avec un bât, 1 cheval, 1 porc, pas de laiterie ;
1 miroir, 4 estampes, 1 crucifix, 6 volumes, pas de commode, pas de poêle.

Prisée des animaux et ustensiles 467 livres, des meubles meublants 190 livres, bijoux et argenterie 134 livres, vêtements 81 livres. Deniers comptants et dettes actives 6 livres, dettes passives 168 livres.

Inventaire de Pierre Thierry en janvier 1760
Nourrisseur propriétaire cul de sac du Grand Saint Michel paroisse Saint Laurent.
38 vaches, 6 chevaux, 5 charrettes, 66 volailles, 8 porcs, pas de laiterie ;
2 glaces, 1 crucifix, 1 horloge, pas de commode, pas de poêle.
Fait sans doute des transports. Il collecte du fumier auprès de cochers ou de palefreniers et le vend aux jardiniers (créances et dettes).
Prisée des animaux et ustensiles 2556 livres, des meubles meublants 480 livres, bijoux et argenterie 68 livres, vêtements 89 livres. Deniers comptants et dettes actives 1348 livres, dettes passives 1340 livres (dont achat de vaches 221 livres).

Inventaire de Pierre Brochet en octobre 1762
Nourrisseur locataire rue Saint Maur Faubourg Saint Laurent.
11 vaches (3 vendues depuis le décès), 3 chevaux, 2 charrettes, 20 volailles, pas de laiterie ;
2 glaces, pas de commode, pas de poêle.
Prisée des animaux et ustensiles 866 livres, des meubles meublants 300 livres, bijoux et argenterie 123 livres, vêtements 469 livres. Deniers comptants et dettes actives 195 livres, dettes passives 417 livres.

Inventaires de Jean Baptiste Brochet
En mars 1763
Nourrisseur locataire Faubourg de Gloire paroisse Saint Laurent.
15 vaches, 1 cheval, 2 voitures, 25 volailles, pas de laiterie ;
1 glace, pas de commode, pas de poêle.
Prisée des animaux et ustensiles 927 livres, des meubles meublants 336 livres, bijoux et argenterie 143 livres, vêtements 456 livres. Deniers comptants et dettes actives 132 livres, pas de dettes passives.

En août 1778
Nourrisseur propriétaire rue du Faubourg Saint Laurent.
13 vaches, 1 taureau, 1 petit cheval, 2 chevaux, 2 voitures, 93 volailles, 8 lapins, 1 porc, pas de laiterie ;
2 glaces, 2 tableaux, 1 horloge, 1 montre, commode, pas de poêle.
Prisée des animaux et ustensiles 927 livres, des meubles meublants 644 livres, bijoux et argenterie 599 livres, vêtements 478 livres. Deniers comptants et dettes actives 318 livres (locataires), dettes passives 84 livres.

Inventaire de Jean Baptiste Brochet fils en septembre 1823
Nourrisseur locataire rue de Château Landon Faubourg Saint Denis.
13 vaches, 1 cheval, 1 voiture, 32 volailles, 4 porc, pas de laiterie ;
Betteraves à récolter ;
1 glace, 2 montres, commodes, pas de poêle.
Prisée des animaux et ustensiles 2387 francs, des meubles meublants 375 francs, pas de bijoux et d'argenterie, vêtements 100 francs. Deniers comptants et dettes actives 6 francs, dettes passives 2823 francs (dont aliments du bétail 422 francs).

Inventaire d'André Antoine Brochet en juin 1820
Nourrisseur locataire rue Saint Maur Faubourg du Temple.
6 vaches, 1 cheval, 1 charrette, 18 volailles, pas de laiterie ;
1 glace, 1 horloge, pas de commode, pas de poêle.
Prisée des animaux et ustensiles 972 francs, des meubles meublants 349 francs, bijoux et argenterie 142 francs, vêtements 320 francs. Deniers comptants et dettes actives 102 francs, dettes passives 2884 francs (dont achat de vaches 576 francs, aliments du bétail 1470 francs).

Inventaire de Jean Pierre Rondot en mars 1836
Nourrisseur locataire rue de Flandres à La Villette ; non retenu dans l'échantillon (que sont devenues les vaches achetées ?).
2 vaches, 1 jument hors d'âge, 1 charrette, pas de laiterie ;
3 glaces, 13 gravures, 1 tableau, commode, pas de poêle.
Prisée des animaux et ustensiles 273 francs, des meubles meublants 181 francs, bijoux et argenterie 35 francs, vêtements 88 francs. Pas de deniers comptants et de dettes actives, dettes passives 6032 francs (dont achat de vaches 1400 francs, aliments du bétail 2100 francs).

Inventaire de François Simon en août 1833
Nourrisseur locataire rue de Mantes à La Villette.
17 vaches, 1 jument hors d'âge, 1 jeune cheval, 1 voiture, 17 poules, 1 laiterie ;
1 glace, 4 gravures, 1 montre, commodes, pas de poêle.
Prisée des animaux et ustensiles 2381 francs, des meubles meublants 275 francs, bijoux et argenterie 37 francs, vêtements 50 francs. Pas de deniers comptants et de dettes actives, dettes passives 3747 francs (dont achat de vaches 370 francs, aliments du bétail 1263 francs).

FAVRE

Une bande de frères, fils de Claude François Favre, laboureur à Saint Jean de Sixt (Haute Savoie). Nourrisseurs.

1- Favre François

Marié avec contrat en 1759, nourrisseur rue Saint Lazare paroisse La Madeleine La Ville l'Evêque, fils d'un laboureur à Saint Jean de Sixt (Haute Savoie), avec Marie Anne Carré, fille d'un menuisier rue des Récollets paroisse Saint Laurent et sœur de Charles Carré nourrisseur. Il est décédé en 1784 nourrisseur propriétaire rue des Récollets paroisse Saint Laurent avec un inventaire et des enfants mariés. En 1761 ils demeurent rue Carême Prenant paroisse Saint Eustache. Ils ont acheté une maison en 1764 et des terres en 1777. Elle est décédée en 1787 après avoir vendu les bestiaux et les ustensiles à son frère Charles.

2- Favre Grégoire

Marié avec contrat en 1750, nourrisseur rue Montmartre paroisse Saint Eustache, fils d'un laboureur à Saint Jean de Sixt (Haute Savoie), avec Marie Madeleine Jacquet, veuve d'un compagnon serrurier rue Montmartre. Il est décédé nourrisseur rue Jacquelet paroisse Saint Eustache en 1751 laissant un enfant et un inventaire. Sa veuve s'est remariée à Pierre Durand nourrisseur. Son frère François Favre, cité plus haut est son domestique à cette date.

3- Favre Joseph

Marié avec contrat en 1752 (contrat non trouvé), nourrisseur, avec Marguerite Prevost, veuve Nicolas Roger, nourrisseur. Il est décédé en 1761 nourrisseur et voiturier rue d'Enfer barrière Sainte Anne paroisse Saint Eustache (devenue rue Bleue) sans enfant avec un inventaire. Il a Claude Gontier comme domestique à cette date.

4- Favre Pierre dit Beurre

Marié avec contrat en 1746, gagne denier rue d'Enfer (rue Bleue) paroisse Saint Eustache, fils d'un laboureur à Saint Jean de Sixt (Haute Savoie), avec Catherine Aubel, veuve d'un gagne denier rue Saint Lazare paroisse La Madeleine La Ville l'Evêque, originaire de Saint Germain du diocèse de Coutances ; elle a un frère Pierre Aubel nourrisseur rue de Charenton (voir Louis). Elle est décédée en 1750 sans enfant avec un inventaire.
Il s'est remarié en 1750 avec Marie Jeanne Raget, née en 1727 à Clignancourt, fille d'un laboureur de Saint Ouen. Il est décédé en 1757 nourrisseur rue Chanterelle Faubourg Montmartre paroisse Saint Eustache laissant quatre enfants et un inventaire. Sa veuve s'est remariée à Claude Chevalier nourrisseur rue Saint Lazare aux Porcherons. Un fils connu.

4a- Favre Jean Pierre

Né vers 1754. Marié à Marie Geneviève Thérèse Carré. Il hérite de François Favre en 1785 avec ses autres cousins. Sa femme, nièce de Marie Anne Carré citée plus haut, renonce à la succession de celle-ci en 1788.

Situation économique des nourrisseurs

Inventaire de Grégoire Favre en août 1751

Nourrisseur « multi-lait » locataire rue Jacquelet paroisse Saint Eustache.
3 vaches, 5 ânesses, 5 chèvres ;
Pas d'objets marquants, pas commode, pas de poêle.
Loue les fossés de la Bastille, emploie son frère François comme garçon nourrisseur.
Prisée des animaux et ustensiles 355 livres, des meubles meublants 207 livres, pas de bijoux et d'argenterie, vêtements 114 livres. Deniers comptants et dettes actives 267 livres, dettes passives 774 livres (dont achat de bestiaux 75 livres).

Inventaires de Pierre Favre

En mai 1750
Nourrisseur locataire rue Saint Lazare paroisse La Madeleine.
8 vaches, 1 cheval hors d'âge, 1 charrette, 14 poules ;
Pas d'objets marquants, pas de commode, pas de poêle.
Prisée des animaux et ustensiles 457 livres, des meubles meublants 147 livres, pas de bijoux et d'argenterie, vêtements 94 livres. Deniers comptants 50 livres. Pas de dettes actives et de dettes passives. Pas de papiers.

En novembre 1757
Nourrisseur locataire rue des Chanterelles Faubourg Montmartre paroisse Saint Eustache
12 vaches, 1 cheval hors d'âge, 2 charrettes (1 à fumier), 40 volailles, pas de laiterie ;
Pas d'objets marquants, pas de commode, poêle.
Loue les fossés de la Bastille, emploie son frère François comme garçon nourrisseur.
Prisée des animaux et ustensiles 826 livres, des meubles meublants 218 livres, bijoux et argenterie 189 livres, vêtements 164 livres. Deniers comptants et dettes actives 186 livres, dettes passives 241 livres.

Inventaire de Joseph Favre en mai 1761

Nourrisseur et voiturier propriétaire rue d'Enfer (rue Bleue) barrière Saint Anne paroisse Saint Eustache.
18 vaches, 2 chevaux, 3 charrettes, 5 volailles, pas de laiterie ;
1 glace, 4 tableaux, 1 horloge, pas de commode, pas de poêle.

Prisée des animaux et ustensiles 2095 livres, des meubles meublants 330 livres, pas de bijoux et d'argenterie, vêtements 117 livres. Deniers comptants et dettes actives 18 livres, dettes passives 318 livres (achat de vaches 30 livres).

Inventaire de François Favre en octobre 1785
Nourrisseur propriétaire rue des Récollets paroisse Saint Laurent
9 vaches, 1 petit cheval, 1 charrette, pas de laiterie ;
2 miroirs, 2 tableaux, 8 estampes, 8 volumes, 1 pendule, 1 montre, commodes, pas de poêle.
Prisée des animaux et ustensiles 1374 livres, des meubles meublants 434 livres, bijoux et argenterie 129 livres, vêtements 109 livres. Deniers comptants et dettes actives 739 livres (dont locataires), dettes passives 5387 livres (dont aliments du bétail 214 livres).

Gontier

Les cousins de Doucy en Bauges (Savoie). Tous nourrisseurs.

1- Gontier Alexis (a)
Marié à Marie Elisabeth Dallot. Nourrisseur rue du Petit Saint Jean au Gros Caillou. Il vend une terre héritée à Doucy en Bauges en 1826 à un neveu Nicolas Gontier, garçon nourrisseur chez Besnard nourrisseur rue de Chabrol à La Chapelle. Besnard est l'oncle de la femme de l'autre Alexis.

2- Gontier Alexis (b)
Marié avec contrat en 1825, garçon nourrisseur à La Villette, né en 1799 fils de Jean Gontier junior cultivateur à Doucy en Bauges (Savoie), avec Marie Jeanne Royer, fille d'un défunt tisserand de la Sarthe et nièce d'un nourrisseur rue de Chabrol à La Chapelle. Joseph Gontier est un cousin et Michel Gontier un oncle. Ils sont décédés à trois jours d'intervalle en 1828 laissant un enfant et un inventaire.

3- Gontier Joseph
Marié avec contrat en 1800, nourrisseur majeur rue Poissonnière, fils de défunt Jean Gontier cultivateur à Doucy en Bauges (Mont Blanc), avec Adélaïde Pierrette Leclancher, fille mineure d'un nourrisseur rue de Reuilly (voir Leclancher). Claude Gontier est son oncle et Michel Gontier son frère.

4- Gontier Claude (Jean Claude)
Marié avec contrat en 1765, nourrisseur rue d'Enfer paroisse Saint Eustache, fils de Claude Gontier laboureur à Doucy en Bauges, avec Marie Jeanne Demantes, fille mineure d'un nourrisseur ruelle des Chanterelles paroisse Saint Eustache. Il a été le garçon de Joseph Favre cité ci-dessus en 1761. Joseph Favre était le grand-père par alliance (par Marguerite Prévost) de son épouse (voir Favre). Il est décédé en 1805 nourrisseur rue Poissonnière à La Chapelle près la barrière laissant une mineure et sept majeurs et un inventaire. Il est adjudicataire d'une maison et de 34 arpents à La Chapelle et Montmartre en 1785. Trois enfants connus.

4a- Gontier François
Plâtrier à La Chapelle en 1805.

4b- Gontier Louis Claude
Nourrisseur rue Vieille du Temple en 1805.

4c- Gontier Marie Joséphine
Mariée en 1805 avec **Jean Perrière**, cultivateur majeur à La Villette, fils de Claude Perrière cultivateur à Doucy en Bauges. Lui est décédé en 1822 à La Chapelle avec un inventaire « hors Paris » et elle après 1831. Un fils, Louis Antoine Perrière, maréchal-ferrant à La Chapelle est leur héritier.

5- Gontier Michel

Né vers 1760 à Doucy en Bauges, fils de Jean Gontier ; nourrisseur rue Faubourg Poissonnière, il s'est marié en 1797 à Clichy (Batignolles) à Marie Madeleine Charlotte Lathuille, née en 1770, fille de Jean François Lathuille (voir « cas particuliers » Lathuille). Il est décédé rentier en 1844 et sa veuve en 1851 aux Batignolles passage Lathuille. Il est l'oncle d'Alexis Gontier et frère de Joseph Gontier. Une fille connue.

5a- Gontier Victoire Charlotte

Mariée en 1821, fille mineure d'un nourrisseur aux Batignolles, avec **Jacques François Motté**, fils majeur d'un nourrisseur rue de Chartres au Roule. Elle est décédée en 1828 laissant un enfant et un inventaire.

Situation économique des nourrisseurs

Inventaire de Jean Claude Gontier en septembre 1805

Nourrisseur et cultivateur propriétaire rue Poissonnière à La Chapelle
13 vaches, 1 petite voiture à lait, 20 volailles, pas de laiterie ;
3 chevaux hors d'âge, 1 guimbarde, 1 vieille voiture ;
1 charrue, 1 herse, 1 rouleau, 1 tarare, environ 10 ha de terres propres et louées à La Chapelle, Montmartre, Saint Denis dont une vigne ;
4 miroirs, 1 baromètre, 1 horloge, 1 montre, commodes, pas de poêle.
Prisée des animaux et ustensiles 4089 francs, des meubles meublants 1026 francs, bijoux et argenterie 86 francs, vêtements 525 francs, des terres 1546 francs. Deniers comptants et dettes actives 3311 francs (plus comptes à faire), dettes passives 242 francs (plus comptes à faire).

Inventaire d'Alexis Gontier en juillet 1828

Nourrisseur locataire à La Villette
8 vaches, 1 cheval, 1 petite charrette, 10 volailles, 1 laiterie ;
1 glace, 1 montre, commodes, poêle.
Prisée des animaux et ustensiles 2004 francs, des meubles meublants 374 francs, bijoux et argenterie 137 francs, vêtements 251 francs. Deniers comptants et dettes actives 218 francs (dont locataires), dettes passives 3395 francs (dont aliments du bétail 546 francs).

Inventaire de Jacques François Motté en décembre 1828

Nourrisseur locataire Grande rue à Monceau
17 vaches, 1 cheval, 1 jument, 1 charrette, 40 volailles, 3 porcs, 1 laiterie ;
3 miroirs, 21 gravures ou estampes, 1 montre, commodes, secrétaire, poêle.
Prisée des animaux et ustensiles 2971 francs, des meubles meublants 798 francs, bijoux et argenterie 102 francs, vêtements 465 francs. Deniers comptants et dettes actives 1620 francs, dettes passives 4304 francs (dont achat de vaches 1050 francs, aliments du bétail 2042 francs).

GRANGER

Même nom pour trois familles, et trois localisations différentes à différentes époques.

Tout d'abord

1- Granger Michel

Marié sans contrat à Saint Pierre de Montmartre vers 1755 avec Françoise Grenon, sans doute originaire de Normandie. Il est originaire de Boucé (Orne). Ils achètent un terrain et construisent une maison en 1769. Il est décédé en 1789 nourrisseur rue Saint Lazare paroisse La Madeleine La Ville l'Evêque laissant un enfant mineur et trois enfants majeurs mariés et un inventaire.

1a- Granger Geneviève

Mariée avec contrat en 1785 avec **Jacques Gallet**, fils d'un jardinier rue Saint Lazare. Il est nourrisseur rue des Grésillons Faubourg du Roule en 1789.

1b- Granger Marie Louise

Mariée avec contrat en 1781 avec **Martin Dupont**, nourrisseur rue Saint Lazare aux Porcherons paroisse Saint Eustache, fils d'un menuisier de Saint Sauveur de Carrouges (Orne). Il est nourrisseur rue des Grésillons Faubourg du Roule en 1789.

1c- Granger Charles Michel

Nourrisseur rue Saint Lazare en 1789 (sans doute chez ses parents).

Ensuite

2- Granger Gilles

Marié à Jeanne Basset. Nourrisseur Faubourg Saint Antoine. Deux enfants connus.

2a- Granger Catherine

Mariée à Louis Lechat, maître jardinier.

2b- Granger Philippe

Marié avec contrat en 1723, jardinier rue de Bercy Faubourg Saint Antoine, fils majeur d'un nourrisseur, avec Marie Madeleine Batu dite Bertault, fille mineure d'un défunt meunier rue du Faubourg Saint Antoine. Il a un frère, Germain Granger, voiturier à Choisy le Roi. Ils ont construit une maison sur un terrain acheté. Il est décédé en 1740 marchand nourrisseur propriétaire cul de sac de la Planchette Faubourg Saint Antoine laissant quatre enfants et un inventaire.

Sa veuve s'est remariée en 1740 à **François Maton**, voiturier, né en Picardie fils d'un garde-chasse, et frère d'un nourrisseur. Lui est décédé nourrisseur en 1743 ruelle de la Planchette avec un inventaire.
Quatre enfants connus.

2ba- Granger Elisabeth

Née vers 1736. Mariée avec contrat en 1758, fille mineure d'un défunt nourrisseur ruelle de la Planchette Faubourg Saint Antoine, avec **François Fléchin**, nourrisseur rue de Charenton Faubourg Saint Antoine, fils d'un marchand de bestiaux de Houdan (Yvelines) ; il a un frère nourrisseur Faubourg Saint Antoine. Il est décédé en 1778 nourrisseur rue de la Planchette hors barrière Faubourg Saint Antoine laissant huit enfants majeurs et mineurs et un inventaire. Elle s'est remariée avec **Germain Bruant**, veuf nourrisseur.

2bb- Granger Marie Catherine

Née vers 1724. Mariée avec contrat en 1746, mineure rue de la Planchette, avec **André Béguin**, voiturier fils majeur d'un voiturier rue de Charenton. Il est décédé à une date indéterminée sans inventaire. Elle s'est remariée sans contrat avec **Pierre Boucher**, veuf nourrisseur. Elle est décédée nourrisseur rue de Charenton en 1776 avec un inventaire.

2bc- Granger (Edme) Philippe

Né vers 1730. Marié à Marie Anne Maton. Il est cité comme voiturier défunt en 1777. Une fille connue.

2bca- Granger Marie Geneviève

Mariée avec contrat en 1777, fille mineure d'un défunt voiturier rue de Charenton, avec **Nicolas Gaspard Mérigot**, nourrisseur fils mineur de défunt Gaspard Mérigot, nourrisseur rue de Montreuil.

2bd- Granger Claude

Né vers 1737. Marié à Antoinette Baudrier. Nourrisseur.

Et enfin

3- Granger François

Marié à Jacqueline Hautant. Nourrisseur. Il est décédé avant 1771 rue de la Vierge au Gros Caillou. Trois filles mariées connues.

3a- Granger Marie

Mariée avec contrat en 1771, fille mineure d'un nourrisseur rue de la Vierge au Gros Caillou, avec **Pierre Richard**, fils mineur d'un défunt nourrisseur rue de l'Eglise au Gros Caillou. Il est décédé en 1814 nourrisseur et voiturier rue de la Vierge au Gros Caillou laissant deux mineurs et trois fils majeurs loueurs de cabriolets et un inventaire. Ils ont acheté la maison en 1804.

3b- Granger Marie Jeanne
Mariée avec contrat en 1777, fille mineure d'un défunt nourrisseur rue de la Vierge au Gros Caillou, avec **Jacques François Butet**, fils mineur d'un défunt jardinier rue de Grenelle au Gros caillou et frère et neveu de jardiniers. Il est le frère de Jean Butet cité ci-dessous. Elle est décédée en 1804 nourrisseur rue de la Vierge au Gros Caillou laissant huit enfants et un inventaire. Ils ont acheté une maison en 1785 et des terres à Issy.

3c- Granger Marguerite
Mariée avec contrat en 1779, fille mineure d'un défunt nourrisseur rue de la Vierge au Gros Caillou, avec **Jean Butet**, fils mineur d'un défunt jardinier rue de Grenelle au Gros Caillou et frère et neveu de jardiniers ; il est le frère de Jacques François Butet cité ci-dessus. Elle est décédée 1789 rue de la Comète au Gros Caillou quartier Saint Germain laissant six enfants et un inventaire. Jean Butet s'est remarié en 1790 nourrisseur rue de la Comète avec Marie Anne Pillon rue de l'Université au Gros Caillou fille majeure d'un manouvrier.

Situation économique des nourrisseurs

Inventaire de Granger Philippe août 1740
Marchand nourrisseur propriétaire, cul de sac de la Planchette Faubourg Saint Antoine.
22 vaches, 2 chevaux, 1 charrette, 1 tombereau, 36 volailles ;
1 miroir, pas de commode, pas de poêle.
Prisée des animaux et ustensiles 1400 livres, des meubles meublants 462 livres, bijoux et argenterie 73 livres, vêtements 257 livres. Deniers comptants et dettes actives 324 livres, dettes passives 904 livres (dont achat de vaches 90 livres, aliments du bétail 555 livres).

Inventaire de François Mathon en août 1743
Nourrisseur ruelle de la Planchette Faubourg Saint Antoine.
28 vaches, 3 vieux chevaux, 1 charrette (plus 1 vieille), 2 tombereaux, 48 volailles, 4 porcs, pas de laiterie.
Confus car recollement avec l'inventaire de Philippe Granger.
Prisée des animaux et ustensiles 2358 livres. Deniers comptants 200 livres, pas de dettes actives, dettes passives 748 livres (dont achat de bétail 308 livres).

Inventaire de Michel Granger en septembre 1789

Nourrisseur propriétaire rue Saint Lazare paroisse La Madeleine.
26 vaches, 2 chevaux hors d'âge, 1 petite voiture, 1 voiture, 100 volailles, 1 laiterie ;
1 glace, 1 horloge, pas de commode, pas de poêle.
Prisée des animaux et ustensiles 4237 livres, des meubles meublants 501 livres, bijoux et argenterie 109 livres, vêtements 220 livres. Deniers comptants et dettes actives 2623 livres (dont locataires), dettes passives 210 livres.

Inventaire de François Fléchin en novembre 1779

Nourrisseur propriétaire rue de la Planchette hors barrière Faubourg Saint Antoine ; sur deux lieux.
52 vaches, 1 âne et un bât, 1 petite voiture, 44 volailles, 7 porcs, pas de laiterie ;
4 vieux chevaux, 1 charrette, 2 tombereaux, 1 carriole ;
1 charrue, 2 herses ;
3 glaces, 11 tableaux et estampes, 1 horloge, 1 montre, commodes, pas de poêle.
Prisée des animaux et ustensiles 6537 livres, des meubles meublants 677 livres, bijoux et argenterie 79 livres, vêtements 30 livres (vêtements donnés aux enfants). Deniers comptants et dettes actives 481 livres (dont locataires), dettes passives 6406 livres (dont achat de vaches 680 livres).

Inventaire de Pierre Boucher en novembre 1776

Nourrisseur locataire rue de Charenton Faubourg Saint Antoine.
10 vaches, 3 juments, 1 charrette, 14 volailles, pas de laiterie ;
2 glaces, 20 estampes, 1 horloge, pas de commode, pas de poêle.
Prisée des animaux et ustensiles 617 livres, des meubles meublants 191 livres, bijoux 32 livres, vêtements 40 livres. Deniers comptants et dettes actives 34 livres, dettes passives 396 livres.

Inventaire de Pierre Richard en août 1814

Nourrisseur, voiturier et loueur de cabriolets propriétaire rue de la Vierge au Gros Caillou.
9 vaches, 1 laiterie ;
11 chevaux (plus 1 jument malade), 3 charrettes, 1 tombereau, 5 cabriolets ;
4 miroirs, 10 gravures, 2 pendules, commodes, secrétaire, pas de poêle.
Prisée des animaux et ustensiles 3522 francs, des meubles meublants 565 francs, pas de bijoux et d'argenterie, vêtements 41 francs. Deniers comptants et dettes actives 747 francs (locataires), dettes passives 12365 francs (dont achat de vaches 886 francs, aliments du bétail 2415 francs).

Inventaire de Jean Butet en février 1790
Nourrisseur locataire rue de la Comète au Gros Caillou.
14 vaches, 1 cheval, 1 jument, 2 charrettes, 20 volailles ;
1 glace, 1 horloge, 1 montre, commodes, poêle.
Prisée des animaux et ustensiles 2683 livres, des meubles meublants 383 livres, bijoux et argenterie 334 livres, vêtements 136 livres. Deniers comptants et dettes actives 652 livres (dont locataires), dettes passives 461 livres (dont aliments du bétail 36 livres).

Inventaire de Jacques François Butet en février 1804
Nourrisseur propriétaire rue de la Vierge au Gros Caillou.
28 vaches, 1 porc, 1 laiterie ;
3 chevaux, 5 voitures, 1 charrue ;
3 glaces, 1 horloge, commodes, pas de poêle.
Prisée des animaux et ustensiles 3114 francs, des meubles meublants 627 francs, bijoux 34 francs, vêtements 106 francs. Deniers comptants et dettes actives 141 francs (plus loyers), dettes passives au moins 26700 francs.

Jonot/Jaunot

Les quatre fils de Jean-Baptiste Jonot, journalier à Civry la Forêt près de Houdan (Yvelines). Nourrisseurs, cultivateurs, voituriers et autres.

Tout d'abord

1- Jonot Jean Louis

Mariée avec contrat en 1786, rue du Pont aux Biches Faubourg Saint Marcel, fils majeur d'un journalier de Civry la Forêt près de Houdan (ledit père logé pour le mariage à Passy chez un autre fils), avec Marguerite Simone Collet, nourrisseuse à La Villette fille majeure d'un plâtrier parisien. Elle est décédée en 1795 nourrisseur rue du Regard à La Villette laissant cinq enfants (plus un décédé le même mois) et un inventaire.

Il s'est remarié en 1795 avec Madeleine Lesieur, fille mineure d'un défunt nourrisseur du Faubourg Saint Honoré ; elle a un frère Pierre Lesieur voiturier Faubourg Saint Martin. Il est décédé en 1817 sans inventaire connu. Il est nourrisseur rue du Faubourg Saint Laurent en 1813. En 1822 sa veuve, laitière rue du Faubourg Saint Jacques passe un accord sur ses reprises avec ses enfants. Trois enfants connus.

1a- Jonot Jean François
Né en 1787 à La Villette. Marié sans contrat en 1816 avec Marie Antoinette Cuvillier. Il est nourrisseur rue des Francs Bourgeois à La Chapelle en 1822 avec un bail se terminant en 1825. Elle est décédée en 1826 nourrisseur à Pantin laissant deux enfants et inventaire.

1b- Jonot Jean Marie Michel
Né en 1788 La Villette. Marié avec contrat en 1822, voiturier majeur rue du Faubourg Saint Martin, avec Marie Marguerite Roussel, fille d'un défunt nourrisseur même rue. **Jacques Roussel**, oncle de l'épouse, leur loue la maison et leur vend son fonds de nourrisseur. Elle est décédée en 1827 nourrisseur rue du Faubourg Saint Martin laissant un enfant et un inventaire. Il s'est remarié en 1828 à Belleville.

1c- Jonot Marguerite
Née vers 1793. Mariée avec Joseph Donnay. Il est marchand de chevaux à La Villette Grande rue en 1822.

Ensuite

2- Jonot Denis Bonaventure

Né en 1761 à Civry la Forêt. Marié sans contrat en 1787 à Passy avec Marguerite Françoise Poulain. Il est nourrisseur à Passy en 1791. Il est décédé en 1812 à Passy Grande rue laissant trois enfants majeurs ou émancipés et un inventaire. Deux enfants connus.

2a- Jonot Etienne Denis

Marié avec contrat en 1813, nourrisseur fils majeur d'un défunt nourrisseur Grande rue à Passy, avec Marie Rose Challot, fille mineure d'un nourrisseur Cour de la Muette à Passy ; elle a un oncle herboriste rue de Rochechouart. Elle est décédée en 1820 rue de la Pompe à Passy laissant un enfant, qui décédera plus tard, et un inventaire.

Il s'est remarié en 1820 à Suzanne Henriette Boyeldieu, sans profession au Point du Jour à Auteuil dont les parents sont défunts. Il est décédé en 1834 cul de sac des Carrières à Passy laissant une fille et un inventaire. Ils ont acheté des immeubles et mis en location des biens hérités par la veuve à Saint Lubin (Seine et Oise).

2b- Jonot Marie Françoise

Mariée avec contrat en 1812, fille majeure à Passy Grande rue d'un père défunt, avec Louis Jacques Vassal, cultivateur majeur chez son frère Jean Vassal, lui-même veuf remarié cultivateur propriétaire près de la barrière de Longchamp à Passy (parents défunts).

Ensuite

3- Jonot Guillaume

Marié avec contrat en 1791 à Passy fils mineur de Jean Baptiste Jonot de La Forêt de Civry, avec Geneviève Françoise Poulain, fille mineure d'Adrien Poulain à Passy ; elle bénéficie d'une dot d'une fondation. Il est décédé en 1812 cultivateur rue du Moulin de la Tour à Passy laissant trois enfants et un inventaire. Elle est décédée elle en 1845 rue des Moulins à Passy avec un inventaire. Elle a continué l'activité de nourrisseur après le décès de son marie. En 1826 elle a fait don à ses deux filles de ses bestiaux et ustensiles contre une rente viagère. Trois enfants connus.

3a- Jonot Jean Charles Alphonse

Né vers 1797. Mariée avec contrat en 1822, nourrisseur à Passy rue de Longchamp, fils majeur d'un défunt nourrisseur, avec Marie Marguerite Jonot, nourrisseuse majeure cul de sac des Carrières à Passy, fille de défunt Jean-Baptiste Jonot. Il est décédé en 1823 nourrisseur rue de Longchamp à Passy laissant un enfant à naître et un inventaire.

3b- Jonot Virginie Honorine

Née en 1803 à Passy. Mariée avec contrat en 1822 à Passy, avec **Jacques Antoine Desgrais**, cultivateur à Villiers la Garenne, fils de cultivateur. Elle est décédée en 1833 nourrisseur route d'Asnières aux Batignolles Monceau laissant deux enfants et un inventaire. En 1851 lors du mariage de sa fille Virginie Aimée, née en 1831, lui est voiturier rue des Moulins à Passy.

3c- Jonot Céleste Caroline
Née vers 1798 à Passy. Mariée à Michel Nicolas Bertaux. Il est cultivateur rue du Moulin à Passy en 1823 et en 1826.

Et enfin

4- Jonot Jean Baptiste
Né en 1754 à Civry la Forêt (Yvelines). Marié en 1788 à Orvilliers (Yvelines), fils majeur d'un journalier de La Forêt de Civry demeurant à Neauphle, avec Marie Jeanne Cheron, fille majeure d'un vigneron à Orvilliers. Il est domestique à Passy en 1791. Ils sont tous les deux décédés avant 1822 et peut-être avant 1810. Une fille connue.

4a- Jonot Marie Marguerite
Mariée à **Jean Charles Jonot**. Des biens indivis à Civry la Forêt ont été vendus en 1810. Voir ci-dessus.

Situation économique des nourrisseurs

Inventaire de Jean Louis Jonot en février 1795
Nourrisseur locataire rue du Regard à La Villette.
8 vaches, 1 petit cheval, 1 cheval, 2 charrettes, 20 volailles, 1 laiterie ;
1 glace, 1 tableau, 1 horloge, commode, pas de poêle.
Prisée des animaux et ustensiles 2742 livres, des meubles meublants 431 livres, pas de bijoux et d'argenterie, vêtements 311 livres. Deniers comptants et dettes actives non établies (comptes à faire), dettes passives 2210 livres.

Inventaire de Denis Bonaventure Jonot en juillet 1812
Nourrisseur locataire à Passy Grande rue.
21 vaches, 3 chevaux hors d'âge, 1 petite charrette, 1 charrette, 50 poules, 1 laiterie ;
Loue des terres à Passy et Auteuil avec son frère Guillaume ;
1 glace, 1 horloge, commodes, poêle.
Prisée des animaux et ustensiles 2819 francs, des meubles meublants 529 francs, pas de bijoux et d'argenterie, vêtements 45 francs, des terres 560 francs. Deniers comptants et dettes actives 554 francs, dettes passives 2091 francs (dont achat de vaches 600 francs, aliments du bétail 1318 francs).

Inventaire de Guillaume Jonot en mars 1813
Cultivateur locataire rue du Moulin de la Tour à Passy.
23 vaches, 1 voiture à lait, 1 tonneau sur roues, 48 volailles, 40 pigeons, 1 laiterie ;
5 chevaux hors d'âge, 1 voiture, 3 vieux tombereaux ;

1 charrue, 3 herses, 6,8 ha de terres semées en céréales ;
1 glace, commodes, pas de poêle.
Prisée des animaux et ustensiles 4230 francs, des meubles meublants 275 francs, pas de bijoux et d'argenterie, vêtements 104 francs, des terres 587 francs. Deniers comptants et dettes actives 280 francs, dettes passives 726 francs (dont achat de vaches 200 francs, aliments du bétail 200 francs).

Inventaires d'Etienne Denis Jonot
En novembre 1820
Nourrisseur locataire rue de la Pompe à Passy.
6 vaches, 1 cheval prêté, 1 voiture, 30 volailles, pas de laiterie ;
2 glaces, 6 gravures, commodes, poêle.
Prisée des animaux et ustensiles 933 francs, des meubles meublants 290 francs, bijoux et argenterie 78 francs, vêtements 399 francs. Deniers comptants et dettes actives 125 francs, dettes passives 1516 francs (dont achat de vaches 300 francs, aliments du bétail 619 francs).

En septembre 1834
Nourrisseur propriétaire cul de sac des carrières à Passy.
14 vaches, 1 cheval, 1 voiture, 15 volailles, pas de laiterie ;
Achat de la récolte de 3,3 arpents de luzerne plaine de Grenelle.
1 glace, 4 tableaux, commodes, poêle.
Prisée des animaux et ustensiles 2265 francs, des meubles meublants 326 francs, bijoux et argenterie 186 francs, vêtements 35 francs. Deniers comptants et dettes actives 400 francs (locataires), dettes passives 1053 francs (dont aliments du bétail 596 francs).

Inventaire de Jean Charles Jonot en mai 1823
Nourrisseur locataire rue de Longchamp à Passy.
7 vaches, pas de laiterie ;
2 montres, pas de commode, pas de poêle.
Prisée des animaux et ustensiles 1451 francs, des meubles meublants 180 francs, bijoux et argenterie 130 francs, vêtements 315 francs. Deniers comptants et dettes actives 60 francs, dettes passives 50 francs.

Inventaire de Jacques Antoine Desgrais en août 1833
Nourrisseur route d'Asnières aux Batignolles Monceau ; la maison appartient à Desgrais père cultivateur.
15 vaches, 1 cheval, 1 charrette, 56 volailles, 2 porcs, 1 laiterie ;
1 miroir, 30 volumes, commodes, pas de poêle.
Prisée des animaux et ustensiles 2375 francs, des meubles meublants 171 francs, bijoux et argenterie 30 francs, vêtements 91 francs. Deniers comptants et dettes actives 79 francs, dettes passives 10215 francs (dont achat de vaches 2500 francs, aliments du bétail 3138 francs).

Inventaire de Jean François Jonot en avril 1827
Nourrisseur locataire à Pantin et auparavant rue des Francs Bourgeois à La Chapelle.
16 vaches, 1 cheval, 1 jument, 2 voitures, 37 volailles, 1 laiterie ;
Perte de 20 vaches du fait de maladie vers septembre 1826. Avait-il plus de 30 vaches et en a-t-il racheté une partie (pas de dette apparente à part deux billets correspondant au prix de 5 ou 6 vaches) ?
1 miroir, 11 gravures, commode, pas de poêle.
Prisée des animaux et ustensiles 3916 francs, des meubles meublants 686 francs, bijoux et argenterie 104 francs, vêtements 328 francs. Pas de deniers comptants et de dettes actives, dettes passives 4387 francs (dont aliments du bétail 2347 francs).

Inventaire de Jean Marie Michel Jonot en mars 1828
Nourrisseur locataire rue du Faubourg Saint Martin.
15 vaches, 3 chevaux (1 en mauvais état), 3 charrettes, 2 porcs, 63 volailles, 12 pigeons, 1 laiterie ;
Travail à façon de terres louées soit 1,3 ha semés en seigle et escourgeon ;
Prisée des animaux et ustensiles 3065 francs, des meubles meublants 361 francs, bijoux et argenterie 104 francs, vêtements 50 francs, de la préparation des terres 291 francs. Deniers comptants et dettes actives 308 francs, dettes passives 650 francs.

Donation de Geneviève Poulain veuve Guillaume Jonot en janvier 1823
Veuve de nourrisseur à Passy.
16 vaches, 4 chevaux, 1 charrette à lait, 1 voiture à moellons, 1 tombereau, 1 charrue, les ustensiles. Le tout évalué 4000 francs.

Vente de son fonds par Jacques Rousselle en septembre 1822
Nourrisseur propriétaire non sujet à patente rue du Faubourg Saint Martin ; sa femme était décédée en avril 1821 avec inventaire ; ils étaient mariés avec contrat depuis 1779.
7 vaches, 1 ânesse et un bât, 1 voiture à lait, 1 voiture, 1 charrue et une herse, 4 oies, 5 dindes, 5 paons, 50 poules, 20 pigeons, 15 lapins, les ustensiles. Le tout pour 1768 francs.

Leclancher

Au départ nous avons trois frères, fils d'un tisserand d'Avoine dans l'Orne. Deux, un tisserand et un journalier, vont rester sur place mais certains de leurs enfants vont migrer vers Paris. L'autre va migrer à Paris où il se mariera et engendrera des nourrisseurs et nourrisseuses de bestiaux. A travers diverses alliances matrimoniales nous allons mettre au jour un complexe bas-normand originaire des cantons de Carrouges et d'Ecouché dans l'Orne.

Tout d'abord

1- Leclancher François Gaspard

Né en 1740 à Avoine (Orne). En 1767, il se marie à Paris avec Marie Julite Hulin, la fille d'un vigneron d'Ezy (Eure), sans doute domestique à Paris. Il est alors jardinier Faubourg Saint Honoré, sans doute sur la ferme des Mathurins. Son patron maître jardinier est témoin au contrat et un autre témoin est un nourrisseur cousin germain de l'épouse dont je n'ai pas retrouvé la trace. On n'a pas de nouvelle de lui avant 1787 et le mariage d'un de ses neveux dont on parlera plus loin. Il est alors nourrisseur rue de Reuilly Faubourg Saint Antoine. Il meurt en 1801 après avoir marié son fils aîné et deux de ses filles. Sa veuve continue l'exploitation avec un de ses deux autres fils. Mais peu de temps après le décès du cadet, marié entretemps, elle vend le fonds de nourrisseur à Denis le benjamin puis meurt en 1807.

On ne sait pas quand le couple a commencé son activité de nourrisseur, ni quand il s'est installé rue de Reuilly, sinon qu'ils ont acheté la maison en 1778. Ils ont aussi acheté une autre maison et un marais rue de Charenton en 1797, qu'ils ont mis en location. François Gaspard a été plusieurs fois sollicité comme expert lors de prisées d'inventaire de nourrisseur.

Les sept enfants mariés de François Gaspard

1a- Leclancher François Bonaventure, l'aîné, né en 1768, s'est marié avec contrat en 1798 avec Louise Geneviève Lagille, fille d'un nourrisseur des Batignolles, petite fille d'un marchand fruitier et d'un vigneron de Paris et des environs. Il est nourrisseur petite rue de Reuilly où il meurt en 1839 après avoir vendu son fonds. Il a marié avec contrat sa fille unique en 1817 avec Alexandre René Brochard nourrisseur, fils d'un nourrisseur de la rue Saint Bernard ; ce dernier, fils d'un tisserand de Vieux Pont (Orne), s'était marié en 1794 à Boucé (Orne) avant de venir s'installer à Paris comme nourrisseur. François Bonaventure a été plusieurs fois sollicité comme expert lors de prisée d'inventaire de nourrisseur.

1b- Leclancher Adélaïde Pierrette s'est mariée avec contrat en 1799 avec **Joseph Gontier**, nourrisseur rue du Faubourg Poissonnière, né à Doucy en Bauges (Savoie) et neveu d'un autre nourrisseur de même origine (voir Gontier).

1c- Leclancher Geneviève Marie (1776-1846) s'est mariée avec contrat en 1799 avec Pierre Antoine Gaudichet, boulanger rue de Reuilly.

1d- Leclancher François Jacques, nourrisseur, s'est marié avec contrat en 1801 après le décès de son père avec Marie Geneviève Parvillé, fille d'un jardinier rue de Charenton. Il est décédé en 1806, nourrisseur rue de Montreuil, sans inventaire et sans enfant. Sa veuve se remariera avec contrat en 1807 avec Pierre Luc Dubois nourrisseur à La Villette, né en 1774 à Saint Martin des Landes (Orne) et frère de Jean Toussaint Dubois que nous rencontrerons plus bas.

1e- Leclancher Marie Barbe (1784-1820) s'est mariée avec contrat en 1803 avec Jean Paul Demières, garçon boulanger rue de Reuilly, dont elle sera séparée de biens par jugement en 1815.

1f- Leclancher Denis s'est marié avec contrat en 1805 avec Marie Madeleine Milcent, fille d'un cultivateur rue Saint Bernard (division de Montreuil), qui apporte des terres à Saint Mandé. Sa mère lui vend son fonds en 1807. Il meurt en 1817 rue Saint Bernard avec seulement un enfant en gestation ; un inventaire est fait.

1g- Leclancher Marie Françoise s'est mariée avec contrat en 1806 à Pierre Nicolas Duquesne, voiturier rue de la Tisseranderie, dont elle divorcera en 1812.

Ensuite
Les enfants parisiens de **Pierre Luc Leclancher**, frère tisserand à Avoine de François Gaspard.

2a- Leclancher Nicolas Pierre, né en 1759 à Avoine, charretier rue Saint Lazare paroisse La Madeleine La Ville l'Evêque, s'est marié avec contrat en 1787 avec Marie Cécile Hyacinthe Parain, née en 1765, fille d'un boulanger rue Neuve Saint Charles au Roule. Celle-ci est décédée en 1802 rue des Grésillons au Roule, femme de nourrisseur, en laissant trois enfants mineurs et un inventaire. L'un des fils, **Jacques Louis Leclancher**, né en 1796, nourrisseur rue de la Pépinière, vendra en 1818 trois parcelles de terre à Avoine.

2b- Leclancher Marie Madeleine, née en 1770 à Avoine, s'est mariée à Paris en 1794 avec **Jean Toussaint Dubois**, né à Sainte Marguerite de Carrouges (Orne), d'un père fermier. Celui-ci est le frère de Pierre Luc Dubois cité plus haut et le beau-frère de **Nicolas Guillaume**, autre nourrisseur à La Villette, né à Avoine (Orne) d'un père journalier ainsi que de Jean-François Quintaine (voir Quintaine). Elle est décédée rentière en 1843 rue du Faubourg Saint Martin. Son mari est décédé en 1837 rue de La Chapelle, nourrisseur, et un inventaire a été fait. Leur fille Marie Geneviève s'est mariée avec contrat en 1818 avec **Pierre Lefrou**, nourrisseur rue de la Fontaine au Roi, né en 1790 à Saint sauveur de Carrouges (Orne). Les trois autres enfants sont boulanger, charcutier ou femme de boucher. Nicolas Guillaume a un frère **Louis Guillaume**, lui aussi nourrisseur rue du Faubourg Saint Martin.

Et enfin

Les enfants parisiens de **Nicolas Alexandre Leclancher**, frère journalier à Avoine de François Gaspard.

3a- Leclancher Jean-Baptiste, né en 1773 à Avoine, s'est marié en 1799, marchand fruitier à Paris, avec Antoinette Bonnot. Il est décédé, marchand fruitier, en 1827 rue du Marché Saint Honoré.

3b- Leclancher Marie Anne Charlotte, née en 1777 à Avoine, s'est mariée sans contrat vers 1808 à Paris avec **Jean Clair Nugues**, nourrisseur, né en 1782 à Boucé (Orne) d'un père journalier. Elle est décédée en 1810 rue du Faubourg Saint Martin laissant deux enfants et un inventaire. Nugues s'est remarié trois mois après avec Louise Françoise Heron, née à Carrouges (Orne), sœur d'un nourrisseur et veuve de **Jean Halouze**, nourrisseur à La Chapelle, né à Saint Martin l'Aiguillon (Orne). Celle-ci est décédée en 1814 à La Chapelle laissant un enfant et un inventaire. Et Nugues s'est à nouveau remarié trois mois après avec Marie Louise Aubry, fille d'un nourrisseur de La Villette (voir Aubry).

3c- Leclancher Charlotte Victoire, née en 1779 à Avoine, s'est mariée sans contrat en 1801 à Paris avec **Jean Sébastien Guiot** nourrisseur et fils de nourrisseur rue du Faubourg Saint Martin. Ils sont décédés tous les deux rentiers en 1832 à Belleville. Ils ont vendu leur fonds en 1818 à leur gendre **Louis Foulboeuf** au moment de son mariage avec leur fille Charlotte Sophie. Un autre de leur gendre, **Jean Nicolas Victor Lecoq**, marié en 1830 avec Marguerite Victoire, est lui aussi nourrisseur. Foulboeuf est originaire de Vieux Pont (Orne) et Lecoq de Carrouges (Orne).

Situation économique des nourrisseurs

Inventaire de François Gaspard Leclancher en mai 1801
Nourrisseur propriétaire rue de Reuilly Faubourg Saint Antoine.
32 vaches, 2 juments, 2 charrettes, 2 tombereaux, 60 poules, 15 canards, 3 oies, 1 laiterie. Pas de cultures.

1 pendule, 2 miroirs, 2 tableaux, commodes, pas de poêle.

Prisée des animaux et ustensiles 5598 francs, des meubles 472 francs, pas de bijoux et d'argenterie, vêtements 52 francs. Deniers comptants et dettes actives 976 francs (dont locataires), dettes passives 997 francs.

Vente du fonds par sa mère à Denis Leclancher en octobre 1807

24 vaches, 2 chevaux, 2 charrettes, 50 volailles et ustensiles d'écurie et de laiterie estimés 6589 francs.

Inventaire de Denis Leclancher en juin 1817

Nourrisseur propriétaire rue Saint Bernard.

17 vaches, 1 jument, 1 voiture à fumier, 1 voiture couverte, 7 volailles, 1 laiterie. Terres travaillées à façon 1,7 ha à Saint-Mandé semées en seigle, avoine et luzerne.

2 glaces, 5 tableaux, 1 horloge, 1 montre, commodes, poêle.

Prisée des animaux et ustensiles 4030 francs, meubles meublants 1116 francs, bijoux 15 francs, vêtements 510 francs, des terres 386 francs. Deniers comptants et dettes actives 715 francs (dont locataires), dettes passives 5870 francs.

Inventaire de François Bonaventure Leclancher en janvier 1839

Ancien nourrisseur propriétaire Petite rue de Reuilly.

Pas d'animaux et d'ustensiles (fonds de nourrisseur vendu) ;

60 livres, 2 lithographies, 6 tableaux, 12 gravures, 1 reliquaire, 1 glace, 1 baromètre, 1 horloge, 2 montres, commodes, secrétaire, poêle.

Prisée des meubles meublants 1002 francs, des bijoux et de l'argenterie 680 francs, des vêtements 188 francs. Deniers comptants et dette actives 100 francs minimum, dettes passives 12782 francs (dont achat de vaches 777 francs).

Inventaire de Nicolas Pierre Leclancher en octobre 1802

Nourrisseur locataire rue des Grésillons au Roule.

9 vaches, 1 cheval hors d'âge, 2 charrettes, 1 petite voiture à chien, 24 poules, 1 porc, pas de laiterie ;

1 miroir, 1 horloge, 1 montre, pas de commode, pas de poêle.

Prisée des animaux et ustensiles 1346 francs, meubles meublants 219 francs, bijoux 12 francs, vêtements 173 francs. Deniers comptants et dettes actives 36 francs, dettes passives 1211 francs (dont achat de vaches 726 francs, aliments du bétail 125 francs).

Inventaire de Jean Toussaint Dubois en janvier 1837

Ancien nourrisseur propriétaire rue de La Chapelle à Paris.

Pas de vaches, 1 cheval, 1 charrette, 1 tombereau, 1 cabriolet, 1 mouton, 13 volailles, 1 perroquet ;

5 estampes, 2 glaces, 1 pendule, 1 montre, commodes, secrétaire, poêle.

Prisée des animaux et ustensiles 402 francs, meubles meublants 1024 francs, bijoux et argenterie 849 francs, vêtements 146 francs. Deniers comptants et dettes actives 33240 francs (Trésor Public et locataires), dette passives 3655 francs (frais funéraires).

Inventaire de Nicolas Guillaume en août 1802 (décès de Françoise Dubois)
Nourrisseur locataire rue du Regard à La Villette.
14 vaches, 1 cheval hors d'âge, 1 charrette, 40 volailles, 1 laiterie ;
1 horloge, 1 montre, commodes, poêle.
Prisée des animaux et ustensiles 1696 francs, meubles meublants 271 francs, bijoux 62 francs, vêtements 127 francs. Deniers comptants et dettes actives 50 francs, dettes passives 1744 francs (achat de vaches 100 francs, aliments du bétail 461 francs).

Inventaires de Jean Clair Nugues en 1810 et en 1814
En avril 1810 (décès de Charlotte Leclancher) rue du Faubourg Saint Martin.
8 vaches, 1 cheval hors d'âge, 1 charrette, pas de laiterie ;
1 montre, pas d'horloge, pas de commode, pas de poêle.
Prisée des animaux et ustensiles 895 francs, meubles meublants 154 francs, bijoux 10 francs, vêtements 66 francs. Deniers comptants et dettes actives 5 francs, dettes passives 791 francs (dont achat de vaches 260 francs, aliments du bétail 500 francs).

En mai 1814 (décès de Louise Heron) Grande rue à La Chapelle
17 vaches, 1 jument hors d'âge, 2 voitures, 24 poules, 1 laiterie.
Pas d'objets marquants.
Prisée des animaux et ustensiles 2465 francs, meubles meublants 153 francs, pas de bijoux, vêtements 110 francs. Pas de deniers comptants et de dettes actives, dettes passives 4697 francs (dont achat de vaches 1022 francs, aliments du bétail 1625 francs).

Inventaire de Jean Halouze en janvier 1808
Nourrisseur locataire à La Chapelle. Ses héritiers sont ses frères et sa sœur nourrisseurs à La Chapelle ou cultivateur à Saint Martin l'Aiguillon (Orne).
8 vaches, 1 jument hors d'âge, 1 charrette, 1 laiterie.
Pas d'objets marquants.
Achats de navets et betteraves.
Prisée des animaux et ustensiles 838 francs, meubles meublants 125 francs, pas de bijoux et d'argenterie, vêtements 79 francs. Deniers comptants et dettes actives 257 francs, dettes passives 959 francs (dont achat de vaches 255 francs, aliments du bétail 273 francs).

LOUIS

Au départ nous avons deux frères et une sœur, enfants de Jacques Louis, serger picard, et de Marie Belhomme qui vont migrer des environs d'Aumale vers Paris où ils vont développer une activité de nourrisseur. Un autre frère, Charles Louis, né en 1715 à Fouilloy (Oise), est plâtrier à Montreuil près de Paris et apparaît comme témoin ou tuteur à de multiples reprises. Presque tous sont nourrisseurs.

Tout d'abord

1- Louis Marie Anne

Née 1707 à Fouilloy (Oise), s'est mariée avec contrat en 1732 avec **Jean Duclos** ou Ducloud, nourrisseur rue de Charenton, né dans les environs de Chartres (Eure et Loir). Mais celui-ci l'a laissé veuve l'année suivante avec une fille et un inventaire fait 17 mois après. Cette fille se mariera dans les années 1750 avec **Vincent Lecuit**, nourrisseur. Marie Anne s'est remariée en 1735 avec **Philippe Amiot**, voiturier rue de la Planchette au Faubourg Saint Antoine, né en 1708 à Francheville (Orne) d'un père laboureur ; celui-ci meurt à son tour en 1738 rue de Charenton en laissant deux enfants et un inventaire. Le frère de Philippe, **Jacques Amiot** est nourrisseur Faubourg Saint Honoré. Marie Anne s'est à nouveau remariée six mois après avec **Pierre Aubel**, gagne-denier Faubourg Saint Honoré, originaire de Saint Germain sur Séves au diocèse de Coutances (Manche). Notons la présence à Paris de frères et sœurs de la mère de Marie Anne, Marie Belhomme, qui sont marchand de vin, boucher ou ouvrier en bas. L'activité de nourrisseur continue. En 1759 Pierre Aubel et sa femme vendent à Joseph Louis leur beau-frère et frère un terrain et le bâtiment qu'ils ont fait construire sur une acquisition de 1751. Ils verseront ensuite un loyer à Joseph. Au décès dudit Joseph en 1766, Marie Anne est à nouveau veuve. Pas d'inventaire connu.

Ensuite

2- Louis Jacques

Né en 1727 à Fouilloy (Oise), marié à Marie Claude Prieur ; cité comme nourrisseur dans les actes dans lesquels il est apparaît. Ils sont décédés, elle en 1777 et lui en 1780. Je n'ai trouvé aucun contrat de mariage et aucun inventaire à leur sujet. En 1764 ils ont acheté par adjudication une maison rue de Charenton avec une obligation pour Joseph Louis, frère. On trouve au Châtelet en 1791 un avis en vue de mariage avec un compagnon fondeur pour une fille, Louise Victoire, baptisée en 1769 à Sainte Marguerite, ouvrière en rubans rue du Faubourg Saint Antoine, dont son frère Nicolas Jacques, tourneur rue de Charenton, est tuteur.

.Et enfin
3- Louis Joseph

Né en 1713 à Fouilloy (Oise), « foinier » ou « botteleur de foin » à Pantin, s'est marié avec contrat de mariage en 1739 avec Angélique (de) Hodan demeurant rue de Charenton, née en Picardie d'un père marchand de chevaux ; celle-ci a une sœur veuve d'un soldat remariée avec contrat en 1740 avec Edme Buisson nourrisseur. Lui est décédé en 1766, nourrisseur Petite rue de Reuilly et elle en 1767 avec trois enfants et deux inventaires. La maison de la petite rue de Reuilly a été achetée par moitié en 1750 et 1759. Ils ont aussi acheté en 1758 une maison rue de Charenton mise en location ainsi qu'en 1759 la maison construite rue de Charenton par son beau-frère Pierre Aubel et sa sœur Marie Anne sous la condition de leur en laisser la jouissance contre un loyer. Il a été plusieurs fois sollicité comme expert lors de prisées d'inventaire de nourrisseur.

Les trois enfants mariés de Joseph

3a- Louis Françoise Angélique, baptisée en 1750 paroisse Sainte Marguerite, s'est mariée avec contrat à 17 ans en 1768 avec Pierre Antoine Canis, marchand de vin quai Saint Paul.

3b- Louis Pierre Vincent, né en 1745 paroisse Sainte Marguerite, marié avec contrat en 1768 avec Anne Gillet, fille d'un nourrisseur rue de Charenton. Celle-ci est décédée moins d'un an après en laissant une fille Petite rue de Reuilly. L'inventaire fait à cette occasion correspond au partage fait en 1768 par lequel Pierre Vincent a repris la quasi-totalité des animaux et ustensiles de ses parents avec une soulte pour son frère et à sa sœur tout en payant un loyer pour la maison de la Petite rue de Reuilly restée indivise. Son frère Jacques travaille avec lui en tant que garçon nourrisseur et il lui doit ses gages. Il se remarie à Limeil Brévannes (Val de Marne) avec contrat six mois après avec Marie Jeanne Nanteau, née à Limeil d'un père laboureur. Celle-ci meurt Petite rue de Reuilly en 1781 en laissant cinq enfants et un inventaire a lieu. Une fois encore, sept mois après, il se remarie avec contrat avec Marie Jeanne Buisson, une cousine au second degré de Marie Jeanne Nanteau, née à Brévannes d'un père vigneron, de 14 ans plus jeune que lui. Une dispense d'affinité de l'Official a été nécessaire. Troisième veuvage ; Marie Jeanne Buisson meurt en 1787 en laissant deux enfants et un inventaire est dressé. Et il se remarie un an après avec Marie Anne Houdard, veuve avec un enfant d'un inspecteur de la Manufacture des Glaces ; le contrat instaure la séparation de biens. Enfin il meurt en 1803, Petite rue de Reuilly, sans doute rentier dit propriétaire ; il n'y a plus de vaches dans l'inventaire. De ses 8 enfants des trois lits, 5 restent vivants dont 3 du deuxième lit et 2 mineurs du troisième lit. Il a été plusieurs fois sollicité comme expert lors de prisées d'inventaire de nourrisseur. C'est un des cas exceptionnels de franche réussite, mais qui se termine, semble-t-il, par une situation en demi-teinte.

Soit maintenant les enfants nourrisseurs de Pierre Vincent

> **3ba- Louis Jean**, soldat à Bayonne en 1803, nourrisseur rue de Reuilly en 1806, garçon nourrisseur rue de la Roquette en 1809, sans suite connue.
>
> **3bb- Louis Charles Vincent** marié avec contrat en 1804 avec Marie Catherine Guiot, née à Avoine (Orne), demeurant tous les deux petite rue de Reuilly. Elle meurt en 1805, rue Saint Nicolas Chaussée d'Antin (division Place Vendôme) en laissant une fille ; un inventaire a été dressé. Il est toujours nourrisseur rue Saint Nicolas en 1809 date à laquelle il vend à son frère Laurent sa part sur la maison de la rue de Charenton. Il est remarié à Marie Françoise Guiot avec laquelle il loue en 1822 un terrain rue Saint Ambroise avec une maison à bâtir.
>
> **3bc- Louis Laurent Claude** s'est marié avec contrat en 1801 avec Geneviève Martin, née à Voisine (Haute Marne), demeurant l'un petite rue de Reuilly et l'autre rue de Charonne. Il est décédé rentier en 1842 rue de Charenton après avoir vendu son fonds de nourrisseur. Trois enfants étaient présents, dont deux étaient installés en Seine et Oise comme marchands de chevaux et la troisième était mariée à un amidonnier. Cette succession est importante car ils possèdent trois maisons (dont la maison paternelle de la rue de Charenton) et deux marais et ont fait pour 47000 francs de dot et donations en « avance d'hoirie » à leurs enfants.
>
> **3bd- Louis Marie Jeanne** s'est mariée avec contrat en 1806, à tout juste 20 ans, avec **Jean Nicolas Chapard**, né en 1782 à Paris, fils d'un nourrisseur rue de Charenton né en Bourgogne ; elle demeurait rue Saint Nicolas à la même adresse que son demi-frère Charles Vincent. Chapard est décédé ancien nourrisseur à Paris en 1819 mais son inventaire n'est pas consultable, de même que le probable contrat de remariage de sa veuve qui a sans doute suivi.

3c- Louis Jacques, né en 1747 paroisse Sainte Marguerite, s'est marié avec contrat en 1771 avec Marie Madeleine Homo, fille d'un nourrisseur plaine des Sablons. Celle-ci est décédée en 1779 rue de Charenton hors barrière en laissant trois enfants ; un inventaire a été dressé. Il s'est remarié avec contrat deux mois après avec Marie Madeleine Dutriaux, née en Picardie d'un père marchand de porcs, demeurant à La Villette. Il est décédé en 1789 rue de Charenton proche la barrière dans la maison qui faisait partie de la succession de son père Joseph en laissant trois autres filles et un enfant à naître ; un inventaire a été dressé. Marie Madeleine Dutriaux s'est remariée, sans doute en 1790, avec Jean-François Aubry, nourrisseur ; elle est déclarée veuve rue de la Roquette (division Popincourt) en 1802 au mariage de sa fille Marie Geneviève Louis.

Soit les deux enfants mariés connus de Jacques

> **3ca- Louis Marie Madeleine**, née en 1772, mariée à **Charles Colas** nourrisseur rue de la Roquette. Ils ont une fille Marie Pierrette mariée avec contrat en 1825 à **Jean Félix Guislain**, nourrisseur rue de Loursine, fils d'un nourrisseur rue Saint Bernard, père qui est en outre un oncle par alliance du fait de son mariage avec Marie Françoise Homo sœur de la mère de la mariée Marie Madeleine Homo. Ils ont le même grand-père **Thomas Homo**, nourrisseur plaine des Sablons et sont donc cousins.
>
> **3cb- Louis Marie Geneviève,** mariée avec contrat en 1802 à Etienne Colas, tourneur en faïence, fils de voiturier.

Situation économique des nourrisseurs

Inventaire de Jean Duclos/Ducloud en février 1735

Nourrisseur locataire rue de Charenton Faubourg Saint Antoine.
7 vaches, 1 bourrique avec un bât, pas de laiterie ;
Pas d'objets marquants.
Prisée des animaux 419 livres, des meubles meublants 98 livres, vêtements 56 livres (vêtements vendus pour payer les frais funéraires), pas de bijoux et d'argenterie. Pas de deniers comptants et de dettes actives, dettes passives 185 livres (dont achat de vaches 90 livres).

Inventaire de Philippe Amiot en octobre 1738

Nourrisseur locataire rue de Charenton Faubourg Saint Antoine.
19 vaches, 1 petit cheval, 1 bourriques et un bât, 1 petite charrette, 3 porcs, pas de laiterie ;
1 miroir, pas de commode, pas de poêle.
Prisée des animaux et ustensiles 986 livres, des meubles meublants 268 livres, vêtements 30 livres (vêtements donnés aux enfants), pas de bijoux et d'argenterie. Pas de deniers comptants et de dettes actives, dettes passives 257 livres (dont achat de vaches 34 livres, aliments du bétail 48 livres).

Inventaire de Joseph Louis en janvier 1766

Nourrisseur propriétaire Petite rue de Reuilly faubourg Saint Antoine.
35 vaches, 2 chevaux hors d'âge, 1 bourrique avec un bât, 3 charrettes, 1 petite charrette, 180 volailles, 2 porcs, pas de laiterie ;
1 miroir, 11 tableaux, 1 horloge, commode, poêle.
Prisée des animaux et ustensiles 3631 livres, des meubles meublants 877 livres, bijoux et argenterie 605 livres, vêtements 248 livres. Deniers

comptants et dettes actives 1489 livres (plus loyers et rentes non valorisées), dettes passives 345 livres (dont aliments du bétail 200 livres).

Inventaire de Pierre Vincent Louis en juin 1769
Nourrisseur propriétaire Petite rue de Reuilly Faubourg Saint Antoine.
36 vaches, 2 chevaux hors d'âge, 2 charrettes, 1 petite charrette, 100 volailles, pas de laiterie ;
1 miroir, commode, poêle.
Prisée des animaux et ustensiles 5013 livres, des meubles meublants 423 livres, bijoux et argenterie 244 livres, vêtements 331 livres. Deniers comptants et dettes actives 1188 livres (plus des rentes non valorisées), dettes passives 1770 livres (dont achat de vaches 200 livres, aliments du bétail 909 livres, comptes à faire).

Inventaire de Pierre Vincent Louis en juin 1781
Nourrisseur propriétaire Petite rue de Reuilly Faubourg Saint Antoine.
45 vaches, 3 chevaux, 3 charrettes, 1 tombereau, 60 volailles, 2 porcs, pas de laiterie ;
1 miroir, 1 horloge, 1 montre, commodes, poêle.
Prisée des animaux et ustensiles 5232 livres, des meubles meublants 1118 livres, bijoux et argenterie 319 livres, vêtements 581 livres. Deniers comptants et dettes actives 40816 livres (plus des rentes non valorisées), dettes passives 2936 livres (dont achat de vaches 216 livres, aliments du bétail 1587 livres).

Inventaire de Pierre Vincent Louis en octobre 1788
Nourrisseur propriétaire Petite rue de Reuilly Faubourg Saint Antoine.
56 vaches, 5 chevaux, 4 voitures, 1 tombereau, 76 volailles, 7 porcs, pas de laiterie ;
1 miroir, 4 tableaux, 1 horloge, 1 montre, commodes, poêle.
Prisée des animaux et ustensiles 11743 livres, des meubles meublants 1409 livres, bijoux et argenterie 406 livres, vêtements 553 livres. Deniers comptants et dettes actives 36166 livres, dettes passives 530 livres. Citons un prêt de 30000 livres en 1783 à un marchand de vin, remboursable en 1793 mais qui ne sera toujours pas liquidé en 1806.

Inventaire de Pierre Vincent Louis en mars 1803
Ancien nourrisseur propriétaire Petite rue de Reuilly Faubourg Saint Antoine.
Aucune vache, 1 cheval, 3 vieilles charrettes, 2 vieux tombereaux, 11 volailles ;
2 miroirs, 1 horloge, 6 volumes, commodes, secrétaire, poêle.
Prisée des animaux et ustensiles 258 francs, des meubles meublants 477 francs, pas de bijoux et d'argenterie, vêtements 84 francs. Pas de deniers

comptants et de dettes actives, pas de dettes passives. Cela mériterait des explications.

Est-ce l'effet de la séparation de biens du contrat de mariage ? Les vaches présentes dans les étables, qui apparaissent vides, sont-elles la propriété de l'épouse et ne sont donc pas prisées ?

Inventaire de Jacques Louis en mai 1779
Nourrisseur propriétaire rue de Charenton hors barrière Faubourg Saint Antoine.
45 vaches, 2 chevaux, 2 voitures, 1 tombereau, 24 volailles, pas de laiterie ;
3 glaces, 1 horloge, 1 montre, commodes, pas de poêle.
Prisée des animaux et ustensiles 6473 livres, des meubles meublants 1359 livres, bijoux et argenterie 329 livres, vêtements 250 livres. Deniers comptants et dettes actives 903 livres, dettes passives 3550 livres (dont aliments du bétail 1887 livres).

Inventaire de Jacques Louis en février 1789
Nourrisseur propriétaire rue de Charenton proche barrière Faubourg Saint Antoine.
32 vaches, 4 chevaux (dont 1 boiteux), 2 charrettes, 1 tombereau, 1 petite voiture, 1 tonneau sur roues, 30 volailles, 2 porcs, 1 laiterie ;
1 glace, 14 tableaux et estampes, 12 volumes, 1 pendule, 1 cartel, 2 montres, commodes, pas de poêle.
Prisée des animaux et ustensiles 5309 livres, des meubles meublants 835 livres, bijoux et argenterie 318 livres, vêtements 316 livres. Deniers comptants et dettes actives 10248 livres, dettes passives 2471 livres (dont achat de vaches 506 livres).

Inventaire de Charles Vincent Louis en avril 1806
Nourrisseur locataire rue Saint Nicolas Chaussée d'Antin (quartier Place Vendôme).
9 vaches, 1 vieux cheval, 1 voiture, 33 volailles, pas de laiterie ;
1 montre, pas de commode, pas de poêle.
Prisée des animaux et ustensiles 467 francs, des meubles meublants 158 francs, bijoux et argenterie 110 francs, vêtements 160 francs. Deniers comptants et dettes actives 168 francs, dettes passives 475 francs.

Oursel/Ourcel/Ourselle

Trois frères nourrisseurs fils de François Oursel vigneron à Bouafle près de Meulan (Vexin -Yvelines). Un exemple de producteur « multi-lait ».

Tout d'abord

1- Oursel Barnabé

Marié sans contrat vers 1713, fils de François Oursel vigneron à Bouafle (Yvelines), avec Marie Perette Bureau, fille d'un vigneron de Romainville (Seine). Elle est décédée en 1721 marchand nourrisseur rue des Buttes près de Picpus Faubourg Saint Antoine laissant deux enfants et un inventaire.

Il s'est remarié en 1721 avec Marie Anne Belhomme demeurant à Créteil, fille d'un ouvrier en étoffe à Aumale (et sœur de l'épouse de Jacques Louis père). Elle est décédée en 1728 laissant quatre enfants et un inventaire à faire (mais qui n'a été fait que 21 ans plus tard). Ils on acheté la maison en 1725.

Il se remarie à nouveau en 1728 avec Antoinette Larcher, veuve d'un cordier Faubourg Saint Antoine. Elle est décédée vers 1753 sans inventaire connu. Il est décédé en 1756 nourrisseur rue des Buttes de Picpus Faubourg Saint Antoine. Quatre enfants connus.

1a- Oursel Nicolas (1er lit)
Né vers 1715. Il est boulanger à La Courtille paroisse de Belleville.

1b- Oursel Jean Baptiste
Né vers 1725. Marié à Louise Durand. Nourrisseur.

1c- Oursel Marie Françoise
Née vers 1723. Mariée à Jean Mongin. Elle est décédée vers 1748 sans inventaire connu. Il est marchand de son et farine et voiturier rue de Reuilly près de la barrière.

1d- Oursel François Nicolas
Né vers 1727. Marié à Marie Marguerite Bagré/Bagres. Elle est décédée sans inventaire. Veuf il est décédé en 1808, rentier rue des Buttes laissant deux filles mariées et un inventaire. Deux filles connues.

1da- Oursel Marie Marguerite
Mariée avec contrat en 1781, fille mineure d'un nourrisseur rue des Buttes Faubourg Saint Antoine, avec **Jean Baptiste Devoulges**, fils mineur de Jean Devoulges nourrisseur rue de Lappe Faubourg Saint Antoine. Un de leur fils est mort en nourrice dans l'Aisne en 1785. En 1808 elle est veuve remariée à un brocanteur ou marchand de meubles rue d'Aligre (division des Quinze Vingt).

1db- Oursel Marie Madeleine

Mariée avec contrat en 1785 avec **Gaspard Disset**, né vers 1757 en Haute Saône. En 1793 celui-ci est nourrisseur rue Saint Germain. Il est fabricant de colle rue Saint Germain l'Auxerrois en 1808. Ils sont décédés rentiers rue de Picpus Faubourg Saint Antoine (Paris 8e), lui en 1836 et elle en 1837, sans doute dans la maison héritée des parents.

Ensuite

2- Oursel Jean

Marié sans contrat avec Marie Madeleine Dardet. Il est décédé en 1765 nourrisseur rue de Picpus laissant quatre enfants majeurs et un inventaire. Elle est décédée en 1767 rue de Picpus avec un inventaire. Elle a un frère **Jean Dardet** nourrisseur à Paris. Quatre enfants connus.

2a- Oursel Marie Madeleine

Mariage avec contrat en 1753, fille majeure rue de Picpus Faubourg Saint Antoine avec **Marin Joseph Cannette**, garçon brasseur majeur rue du Faubourg Saint Antoine, fils d'un défunt épicier d'Heuclin en Artois. Il est décédé en 1761 nourrisseur rue de Reuilly laissant trois enfants et un inventaire. Elle s'est remariée avec **Nicolas Lacroix** nourrisseur Faubourg Saint Antoine.

2b- Oursel Hélène

Mariée à Jean-Baptiste Baron, jardinier fleuriste rue des Boulets Faubourg Saint Antoine en 1767.

2c- Oursel Jean

Nourrisseur rue de Picpus en 1767.

2d- Oursel Nicolas

Nourrisseur rue de Picpus en 1767.

Enfin

3- Oursel Philippe

Marié sans contrat avec Françoise Taupin. En 1740 il est nourrisseur rue de Charenton. Elle est décédée en 1750 nourrisseur rue de Picpus Faubourg Saint Antoine laissant trois filles et un inventaire.

Situation économique des nourrisseurs

Inventaires de Barnabé Oursel

En juin 1721
Marchand nourrisseur locataire rue des Buttes de Picpus Faubourg Saint Antoine.

17 vaches, 1 ânesse et 1 ânon, 2 chevaux, 1 charrette, 50 volailles, pas de laiterie ;
1 miroir, pas de commode, pas de poêle.
Prisée des animaux et ustensiles 1112 livres, des meubles meublants 370 livres, bijoux et argenterie 139 livres, vêtements 97 livres. Deniers comptants et dettes actives 855 livres, dettes passives 97 livres.

En novembre 1749
Nourrisseur propriétaire rue des Buttes au dessus de la barrière de Reuilly Faubourg Saint Antoine.
Inventaire après la poursuite de la communauté d'avec Marie Anne Belhomme à défaut d'inventaire après le décès ; suite au décès de sa fille laissant des enfants mineurs.
24 vaches, 4 ânesses, 9 chèvres et 3 chevreaux, 4 vieux chevaux (1 borgne, 1 aveugle), 2 charrettes, 1 tombereau, pas de laiterie ;
2 glaces, tableaux et estampes, crucifix, 1 horloge, pas de commode, pas de poêle.
Prisée des animaux et ustensiles 1849 livres, des meubles meublants 500 livres, bijoux et argenterie 60 livres, vêtements 65 livres. Pas de deniers comptants et de dettes actives, dettes passives 2669 livres (dont achat de vaches 1000 livres).

En mai 1756
Nourrisseur propriétaire rue des Buttes de Picpus Faubourg Saint Antoine.
19 vaches, 7 ânesses et leurs ânons, 4 chèvres et leurs chevreaux, 60 volailles, pas de laiterie ;
6 chevaux, 2 juments, 3 charrettes, 2 tombereaux (il avait sans doute une activité de transport) ;
2 glaces, plusieurs tableaux et 24 estampes, 1 crucifix, 28 volumes, 1 horloge, pas de commode, pas de poêle.
Prisée des animaux et ustensiles 2524 livres, des meubles meublants 291 livres, bijoux et argenterie 60 livres, vêtements 40 livres. Deniers comptants et dettes actives 292 livres, dettes passives 339 livres (plus comptes à faire).

Inventaire de Philippe Oursel en juillet 1750
Nourrisseur locataire rue de Picpus Faubourg Saint Antoine.
10 vaches, 1 cheval hors d'âge, 1 charrette, 1 tombereau, 60 volailles, pas de laiterie ;
Travail à façon des quelques terres.
1 miroir, 12 estampes, pas de commode, pas de poêle.
Prisée des animaux et ustensiles 889 livres, des meubles meublants 231 livres, pas de bijoux et d'argenterie, vêtements 108 livres, des terres 87 livres. Deniers comptants et dettes actives 122 livres, dettes passives 931 livres (dont achat de vaches 310 livres, aliments du bétail 374 livres).

Inventaire de Jean Oursel en décembre 1765

Nourrisseur propriétaire rue de Picpus Faubourg Saint Antoine.

20 vaches, 2 vieux chevaux, 1 charrette, 42 volailles, pas de laiterie ;

1 glace, 1 horloge, pas de commode, pas de poêle.

Prisée des animaux et ustensiles 1520 livres, des meubles meublants 607 livres, pas de bijoux et d'argenterie, vêtements 79 livres. Deniers comptants et dettes actives 330 livres (locataires), dettes passives 306 livres (dont achat de vaches 165 livres).

En février 1767 on prise 7 vaches, 2 vieux chevaux, 1 charrette, 2 tombereaux, 44 volailles, 3 porcs.

Inventaire de Marin Joseph Cannette en septembre 1761

Nourrisseur locataire rue de Reuilly Faubourg Saint Antoine.

23 vaches, 2 chevaux, 1 charrette, 1 tombereau, 20 poules, pas de laiterie ;

1 glace, 6 volumes, pas de commode, pas de poêle.

Prisée des animaux et ustensiles 1639 livres, des meubles meublants 344 livres, bijoux et argenterie 119 livres, vêtements 237 livres. Deniers comptants et dettes actives 5 livres, dettes passives 342 livres (dont aliments du bétail 184 livres).

Quintaine/Quintainne

Au départ deux frères jardiniers, fils d'un jardinier, du Faubourg Saint Martin. Cultivateurs et nourrisseurs, voituriers à l'occasion.

Tout d'abord

1- Quintaine Jean-Baptiste, maître jardinier, marié à Marie Geneviève Lepreux dans les années 1750 Faubourg de Gloire, paroisse Saint Laurent. Trois enfants mariés.

> **1a - Quintaine Marie Geneviève** mariée à Nicolas Gourdichon à La Chapelle.
>
> **1b - Quintaine Nicolas Cyprien**, marchand de vin, marié à Marie Didière Quidor. Quatre enfants mariés :
>
>> **1ba- Quintaine Nicolas Bonaventure** marchand de vin à La Chapelle.
>>
>> **1bb- Quintaine Bonaventure Jacques** journalier à La Chapelle.
>>
>> **1bc- Quintaine Marie Claude** mariée à Pierre Jacques Fourneaux, journalier à La Chapelle.
>>
>> **1bd- Quintaine Marie Geneviève** mariée avec contrat en 1810 à **Pierre Tison**, nourrisseur, né en 1779 à Breançon (Val d'Oise) fils d'un marchand de vaches. Adjudication d'une maison à La Chapelle en 1811. Décès de Tison en 1824 laissant trois enfants et un inventaire. Remariage de la veuve en 1826 avec **Marie Etienne Fournet**, né en 1806 ou environ, garçon nourrisseur chez la veuve, fils d'un marchand de chevaux de Vincennes. Décès de Fournet en 1832 laissant deux enfants et un inventaire. L'ampleur de l'activité a diminué de moitié et correspond sans doute à la part de la veuve dans la communauté d'avec son premier mari.
>
> **1c - Quintaine Césaire**
> Nourrisseur cultivateur à La Chapelle, né en 1761 ou environ, marié à Marie Claude Gaut née en 1773 ou environ. Elle est décédée en 1822 sans enfant et sans inventaire. Lui a vendu son fonds de nourrisseur en 1822 à un garçon nourrisseur (voir Breuilly) après le décès de sa femme et est décédé rentier à La Chapelle en 1832 sans inventaire.

Ensuite

2- Quintaine Jean-Pierre, maître jardinier, marié à Marie Claude Chotard en 1752, rue du Faubourg Saint Martin paroisse Saint Laurent. Une maison est construite en 1767. Trois enfants nourrisseurs. Lui est décédé à Paris en 1803 rue du Faubourg Saint Laurent et elle en 1812 à La Villette. Trois fils mariés et nourrisseurs.

2a - Quintaine Jean-Baptiste
Né en 1768, rue du Faubourg Saint Martin chaussée de La Villette paroisse Saint Laurent, marié avec contrat en 1789 à Marie Geneviève Arnoult, née en 1769, fille d'un nourrisseur de bestiaux rue Notre-Dame chaussée de La Villette paroisse Saint Laurent. Il est décédé, cultivateur et nourrisseur, en 1819 avec inventaire rue Notre-Dame à La Villette. Sa femme est décédée en 1841 à La Villette. Sept enfants mariés.

2aa- Quintaine Adélaïde Sophie, née en 1799 à La Villette, mariée avec contrat en 1820 à **Jean Jacques Cottin**, né en 1799, fils d'un cultivateur à La Villette. Lui est décédé nourrisseur à la Villette en 1832 avec inventaire. Cottin est d'une famille de cultivateurs.

2ab- Quintaine Adolphe Jean, né en 1802 à La Villette, cultivateur et nourrisseur à La Villette, marié avec contrat en 1823 à Marie Rosalie Renault fille d'un propriétaire nourrisseur rue de Lappe Faubourg Saint Antoine. Il est décédé en 1839 (église Sainte Marguerite Faubourg Saint Antoine). Je n'ai pas trouvé d'inventaire ; en revanche il a fait faillite en 1833 et son fonds a été vendu par voie judiciaire en février 1834 ; cette adjudication comprenait 5 vaches, 1 charrette, les ustensiles de laiterie et l'achalandage (place chez un épicier au coin de la rue du Caire) ; le cheval a sans doute été considéré comme invendable et il n'est pas sûr que les vaches mises aux enchères aient représenté la totalité du troupeau de plein exercice.

2ac- Quintaine François Jean-Baptiste, né en 1792 à La Villette, marié à Marie Louise Lezier, cultivateur à La Villette. Il est décédé maître plâtrier route de Meaux à La Villette en 1829.

2ad- Quintaine Jean Marie, né en 1800 à La Villette, marié en 1822 cultivateur à La Villette, à Madeleine Ruault, fille mineure de Jacques Ruault nourrisseur à La Chapelle.

2ae- Quintaine Marie Geneviève mariée avec contrat en 1807 à **Alexis Nicolas Trottin**, cultivateur à Romainville (Seine). Lui est décédé nourrisseur et cultivateur rue de La Chapelle à La Villette laissant trois enfants avec inventaire en 1823 et elle en 1829 avec inventaire. Aucun des enfants n'est nourrisseur.

2af- Quintaine Marie Jacques, née en 1790, mariée avec contrat à La Villette en 1812 à **Noel Jean Lalonde**, né en 1789, voiturier fils d'un voiturier à La Villette. Décès de Lalonde, cultivateur nourrisseur en 1868 à Paris 19e (La Villette) ; décès de sa femme en 1859 à La Villette. Pas d'inventaire connu.

2ag- Quintaine Marie Joséphine, née en 1798, mariée en 1819 à **Jacques Louis Aubry**, né en 1798, voiturier puis cultivateur à La

Villette, fils d'un voiturier et cultivateur. Elle est décédée à La Villette en 1845. Pas d'inventaire connu.

2b- Quintaine Jean François

Nourrisseur marié sans contrat en 1784 paroisse Saint Laurent à Marie Anne Milon décédée en 1794 avec 4 enfants et un inventaire ; achat de terres et construction d'une maison à La Villette. Remarié avec contrat deux mois après en 1794 à Madeleine Marguerite Dubois. Décès de celle-ci en 1810 avec 4 enfants et un inventaire. Remarié 11 mois après en 1811 à Anne Chesné/Chênet veuve avec deux enfants de Louis Guillaume nourrisseur décédé en 1808 rue du Faubourg Saint Martin. Il est décédé avec inventaire en 1814 rue du Faubourg Saint Martin. Anne Chesné est décédée propriétaire et rentière au même endroit en 1832 en laissant de fortes dettes. Cinq enfants mariés connus

> **2ba- Quintaine Marie Claude**, rue du Faubourg Saint Martin, mariée avec contrat en 1814 à Jean-Baptiste Mesure, hongreur veuf avec deux enfants à la Petite Villette.

> **2bb- Quintaine Anne Victoire**, née en 1791 à La Villette, mariée avec contrat en 1811 à Alexandre François Pelletier, né en 1787, voiturier à La Chapelle et beau-frère d'un nourrisseur. Elle est décédée à La Villette en 1845. Pas d'inventaire connu.

> **2bc- Quintaine Marie Elisabeth**, née en 1790 à La Villette, rue du Faubourg Saint Martin, mariée avec contrat en 1814 à **Louis Claude Morin**, veuf avec un enfant, journalier à La Chapelle, fils d'un jardinier rue du Faubourg Saint Martin. En 1822 ils demeurent route de Pantin à la Petite Villette. Il est décédé nourrisseur route d'Allemagne à La Villette avec inventaire en 1839. Remariée, elle est décédée à La Villette en 1843.

> **2bd- Quintaine Jean Jacques**, né en 1796 à la Villette marié sans contrat en 1815 à Marie Anne Delagroux. En 1822 ils sont rue Saint Victor Faubourg Saint Marceau. Il est décédé avec inventaire, nourrisseur et cultivateur rue de Chabrol à La Chapelle, en 1847. Il laissait cinq enfants dont deux garçons mariés nourrisseurs et deux filles mariées à des nourrisseurs.

> **2be- Quintaine Jean Jacques**, fils du premier lit né en 1792, est mort soldat en Russie en 1812.

2c- Quintaine Nicolas

Nourrisseur à La Villette marié à Marie Ursule Delume. Vente en 1811 d'une maison chemin de Pantin à la Petite Villette qu'ils ont faite construire sur un terrain acquis de Jean-Baptiste Quintaine et Marie

Geneviève Arnoult. Décès d'une fille en nourrice 1798 dans Yonne. Une fille mariée

2ca- Quintaine Marie Claude mariée sans contrat à Jean Marguerite Huguier maçon décédé en 1830.

Situation économique des nourrisseurs souvent cultivateurs

Vente de son fonds de nourrisseur par Césaire Quintaine en octobre 1822
8 vaches, 1 cheval, 1 charrette, 60 volailles et lapins, ustensiles de laiterie, 1 place de vente de lait chez un limonadier à Paris.

Inventaire de Jean-Baptiste Quintaine en juillet 1819
Cultivateur et nourrisseur propriétaire à La Villette.
39 vaches, 6 chevaux hors d'âge (1 borgne), 1 petit cheval, 3 voitures, 2 guimbardes, 2 tombereaux, 1 petite voiture à lait, 37 volailles, 3 porcs, 1 taureau, 1 chèvre, 1 bouc, 1 laiterie ;
3 charrues, 3 herses, 1 rouleau, 62 parcelles et 19 ha de terres semées en céréales, luzerne et betteraves ;
1 glace, 13 gravures, commode, pas de poêle.
Prisée des animaux et ustensiles 5238 francs, des meubles meublants 413 francs, pas de bijoux et d'argenterie, vêtements 174 francs, de la préparation des terres 2726 francs. Deniers comptants et de dettes actives 98 francs, dettes passives 3910 francs.

Inventaire de Jean François Quintaine en février 1794 (décès de Marie Anne Millon)
Nourrisseur propriétaire à La Villette.
11 vaches, 1 cheval hors d'âge, 2 voitures, 22 poules, pas de laiterie ;
1 miroir, 1 horloge, 1 montre, commode, pas de poêle.
Prisée des animaux et ustensiles 3005 livres, des meubles meublants 540 livres, bijoux 238 livres, vêtements 478 livres, du jardin 32 livres. Deniers comptants et dettes actives 30 francs, dettes passives 1286 livres. Effets des désordres monétaires.

Inventaire de Jean François Quintaine en août 1811 (décès de Madeleine Marguerite Dubois)
Nourrisseur propriétaire à La Villette.
10 vaches, 3 chevaux, 1 âne avec un bât, 3 charrettes, 31 volailles, 1 laiterie ;
1 charrue, 1 herse ; 1,35 ha de terres semées en céréales ;
2 glaces, 1 horloge, 1 montre, commode, pas de poêle.
Prisée des animaux et ustensiles 2748 francs, des meubles meublants 787 francs, bijoux 92 francs, vêtements 235 francs, de la préparation des terres

376 francs. Deniers comptants et de dettes actives 23 francs, dettes passives 268 francs.

Inventaire de Jean François Quintaine en avril 1814

Nourrisseur propriétaire rue du Faubourg Saint Martin.

6 vaches, 3 chevaux hors d'âge, 1 voiture, 25 volailles, 1 laiterie (voir influence de l'épizootie) ;

1 charrue, 1 herse, 3,6 ha de terres propres ou louées semées en céréales ;

3 glaces, 1 horloge, 1 montre, commode, pas de poêle.

Prisée des animaux et ustensiles 564 francs, des meubles meublants 434 francs, bijoux 176 francs, vêtements 93 francs, de la préparation des terres 294 francs. Deniers comptants et de dettes actives 618 francs (locataires), dettes passives 22258 francs (dont aliments du bétail 752 francs).

Inventaire d'Alexis Nicolas Trottin en mai 1823

Cultivateur locataire à La Villette.

11 vaches, 3 chevaux, 1 âne avec un bât, 1 voiture, 1 petite voiture, 29 volailles, 7 lapins, 1 porc, 1 laiterie ;

1 charrue, 1 herse, semis en seigle et luzerne sur 1,45 ha en 5 pièces louées, terres propres et louées à Romainville et Bobigny ;

1 glace, 6 gravures, 1 horloge, 1 montre, commodes, secrétaire, poêle.

Prisée des animaux et ustensiles 1375 francs, des meubles meublants 455 francs, bijoux 20 francs, vêtements 120 francs, de la préparation des terres 317 francs. Pas de deniers comptants et de dettes actives, dettes passives 2756 francs (dont achat de vaches 435 francs, aliments du bétail 575 francs).

Sa veuve a déménagé Cour Saint Jean de Latran et a continué l'activité de nourrisseur mais en réduisant son ampleur ; à son décès en 1829 elle a encore 6 vaches et des terres ensemencées.

Inventaire de Pierre Tison en décembre 1824

Propriétaire et nourrisseur à La Chapelle.

33 vaches, 1 taureau, 3 juments, 1 voiture, 1 tombereau, 1 voiture à lait, 30 volailles, 1 laiterie ;

1 charrue, 2 herses, terres semées en céréales, pommes de terre et betteraves (1 ha), récoltes stockées ;

1 glace, 6 gravures, 2 montres, commodes, poêle.

Prisée des animaux et ustensiles 7817 francs, des meubles meublants 924 francs, bijoux et argenterie 157 francs, vêtements 530 francs. Deniers comptants et dettes actives 1760 francs (locataires), dettes passives 12120 francs (dont achat de vaches 1200 francs, aliments du bétail 600 francs). Frais de construction en cours.

Inventaire de Marie Etienne Fournet en janvier 1833

Nourrisseur propriétaire à La Chapelle.

16 vaches, 3 chevaux hors âge, 1 charrette, 1 carriole, 23 volailles, 1 laiterie ;
1 charrue, 2 herses, terres louées, stocks de pommes de terre et betteraves ;
3 glaces, 8 gravures, 1 horloge, commodes, secrétaire, poêle.
Prisée des animaux et ustensiles 3192 francs, des meubles meublants 826 francs, bijoux 63 francs, vêtements 294 francs. Deniers comptants et dettes actives 635 francs (locataires), dettes passives 32053 francs (dont achat de vaches 2200 francs).

Inventaire de Louis Claude Morin en octobre 1839

Propriétaire rue d'Allemagne à La Villette.

21 vaches, 1 jument hors d'âge, 1 voiture à lait, 1 tonneau sur roues, 1 baratte, 1 laiterie, 2 places pour la vente de lait à Paris ;
2 juments, 2 voitures, 1 tombereau, 2 charrues, 3 herses, 1 rouleau, terres semées en céréales, luzerne, pommes de terre, carottes et betteraves (2,5 ha) ;
1 glace, 2 gravures, 1 pendule, 1 montre, commodes, secrétaire, pas de poêle.
Prisée des animaux et ustensiles 4492 francs, des meubles meublants 619 francs, bijoux 30 francs, vêtements 178 francs, des récoltes sur pied et récoltes faites 3425 francs. Deniers comptants et dettes actives 1395 francs (plus loyers payés), dettes passives 20037 francs (dont achat de vaches 5250 francs, aliments du bétail 3898 francs). Achats de maisons mises en location, frais de construction en cours, dette de 33000 francs et hypothèque sur une maison.

Inventaire de Jean Jacques Cottin en avril 1832

Nourrisseur propriétaire route de Meaux à la Petite Villette.

Voir « nourrisseur et cultivateur et voiturier » - compléments.
1 glace, 2 gravures, 1 horloge, 3 montres, commodes, secrétaire, pas de poêle.
Prisée des meubles meublants 428 francs, bijoux et de l'argenterie 366 francs, vêtements 111 francs. Gages de 3 hommes et 2 femmes.

SAGERET

Voituriers et nourrisseurs.

Sageret Jean
Marié sans contrat vers 1700-1705 à Louise Bonnenfant. Voiturier propriétaire rue Traverse Faubourg Saint Germain. La maison est héritée de Jean Louis Bonnenfant et Michèle David père et mère de Louise. Il est décédé en 1738 sans inventaire, et elle vers 1745 (vente des meubles). Les quatre fils sont dits voituriers lors du partage en 1749 et François loue la maison.
NB : rue Plumet dite rue de la Traverse ou chemin Blomet.

1- Sageret François
Marié avec contrat en 1731, voiturier majeur fils de voiturier rue Plumet paroisse Saint Sulpice, avec Marie Catherine Toquet, fille majeure de **Louis Toquet** nourrisseur rue de Sèvres paroisse Saint Sulpice et nièce de **Jean Simon Toquet** nourrisseur. Les fils Sageret sont des cousins issus de germain maternel de la femme de Jean Simon Tocquet. Le lien avec la famille Toquet, qui suit, n'a pas pu être établi. Elle est décédée en 1761 nourrisseur rue Traverse paroisse Saint Sulpice laissant trois enfants et un inventaire. La maison rue Plumet a été achetée en 1735 et d'autres maisons même rue en 1747 et 1752.

2- Sageret Jean
Marié avec contrat en 1737, fils mineur Jean Sageret voiturier rue Traverse paroisse Saint Sulpice et frère de trois voituriers, avec Marguerite Etiennette Lenain, fille mineure d'un voiturier rue Rousselet paroisse Saint Sulpice. Il est décédé en 1757 nourrisseur rue Rousselet laissant une fille mineure et un inventaire.

3- Sageret Julien
Marié avec contrat en 1731, fils mineur d'un marchand de bestiaux rue Traverse paroisse Saint Sulpice, avec Marie Jeanne Rodier, fille majeure d'un défunt marchand de bestiaux rue des Brodeurs paroisse Saint Sulpice ; elle a une sœur mariée à un chaudronnier. Il est décédé en 1763 nourrisseur rue Plumet paroisse Saint Sulpice laissant un fils mineur et deux fils majeurs et un inventaire. Trois enfants connus.

3a- Sageret Jean Baptiste
Marié avec contrat en 1766, nourrisseur majeur rue Plumet Faubourg Saint Germain, avec Catherine Morel, fille mineure d'un nourrisseur barrière de Vaugirard paroisse Saint Etienne du Mont. Il est décédé en

1783 nourrisseur rue du Petit Vaugirard hors barrière paroisse Saint Sulpice laissant quatre enfants et un inventaire.

3b- Sageret Julien
Nourrisseur rue et barrière de Sèvres en 1763.

3c- Sageret Pierre François
Nourrisseur rue de Sèvres paroisse Saint Sulpice, tuteur en 1783.

4- Sageret Mathieu
Marié avec contrat en 1744 avec Anne Marie Madeleine Teissier. Voiturier.

Situation économique des nourrisseurs

Inventaire de Jean Sageret en mai 1757
Nourrisseur propriétaire rue Rousselet paroisse Saint Sulpice.
13 vaches, 4 chevaux, 2 charrettes, 12 poules, pas de laiterie ;
1 charrue, 2 herses, 14 arpents de terres louées semées pour moitié en seigle et avoine ;
1 glace, 4 tableaux, 1 horloge, pas de commode, pas de poêle.
Prisée des animaux et ustensiles 1120 livres, des meubles meublants 312 livres, bijoux et argenterie 243 livres, vêtements 53 livres (vêtements du défunt vendus), des terres 90 livres. Deniers comptants et dettes actives 436 francs, dettes passives 2818 livres (dont achat de vaches 1070 livres, aliments du bétail 160 livres).

Inventaire de François Sageret en décembre 1761 (décès de Marie Catherine Toquet)
Nourrisseur propriétaire rue Traverse paroisse Saint Sulpice.
5 vaches, 24 volailles, pas de laiterie ;
5 chevaux, 3 charrettes, 1 tombereau ;
2 glaces, 12 tableaux ou estampes, 1 crucifix, 2 volumes, 1 pendule, commode, pas de poêle.
Prisée des animaux et ustensiles 1192 livres, des meubles meublants 963 livres, bijoux et argenterie 484 livres, vêtements 36 livres (vêtements de la défunte donnés aux enfants). Deniers comptants et dettes actives 1651 francs, dettes passives 5000 livres (dont aliments du bétail 3000 livres, plus comptes à faire).

Inventaire de Julien Sageret en juin 1763
Nourrisseur propriétaire rue Plumet paroisse Saint Sulpice.
17 vaches, 4 chevaux et un bât, 2 charrettes, pas de laiterie ;
1 glace, 20 tableaux et estampes, commode, pas de poêle.
Prisée des animaux et ustensiles 1771 livres, des meubles meublants 599 livres, bijoux et argenterie 676 livres, vêtements 134 livres (vêtements du

défunt vendus). Pas de deniers comptants et de dettes actives, dettes passives 9079 livres.

Inventaire de Jean Baptiste Sageret en mai 1783
Nourrisseur propriétaire rue du Petit Vaugirard hors barrière paroisse Saint Sulpice et sans doute voiturier.
3 vaches, 1 petit cheval, 1 petite voiture à lait, 35 volailles, 1 laiterie ;
5 chevaux, 1 voiture à fumier, 1 voiture à moellons, 2 tombereaux à gravats ;
1 glace, 2 tableaux et 9 estampes, 1 crucifix, 1 pendule, pas de commode, pas de poêle.
Prisée des animaux et ustensiles 1465 livres, des meubles meublants 221 livres, bijoux 40 livres, vêtements 48 livres (vêtements du défunt vendus). Deniers comptants et dettes actives 465 livres, dettes passives 1391 livres (dont reste achat de terres en 1774 à ses beaux-parents 1000 livres).

Inventaire de Jean Simon Tocquet en avril 1750
Nourrisseur propriétaire rue Rousselet paroisse Saint Sulpice ; oncle de Marie Catherine Tocquet.
21 vaches (dont 8 vendues au boucher et non enlevées), 1 petite jument et un bât, 2 chevaux, 2 charrettes, 24 volailles, 1 porc, pas de laiterie.
Fait de la revente du fumier des cochers aux jardiniers (créances et dettes).
3 glaces, 9 tableaux et 32 estampes, commode, pas de poêle.
Prisée des animaux et ustensiles 1966 livres, des meubles meublants 1062 livres, bijoux et argenterie 232 livres, vêtements 278 livres. Deniers comptants et dettes actives 647 livres, dettes passives 809 livres (dont aliments du bétail 100 livres).

TOQUET/TOCQUET

Voituriers et nourrisseurs, et autres.

Toquet Philippe
Marié vers 1756 avec Marie Philippe, fille de **Pierre Philippe**, dit voiturier et en fait nourrisseur rue de Vaugirard paroisse Saint Sulpice. Il est décédé en 1768 voiturier sans inventaire. Elle est décédée en 1773 rue de Vaugirard paroisse Saint Sulpice laissant six enfants mineurs et un inventaire. Ils ont acheté des terres en 1762. Les trois enfants Pierre Philippe, Jean François et Marie Louise continue l'activité de nourrisseur et de voiturier en société familiale (fondée en 1782) jusqu'en 1787, année des mariages de Marie Louise et Pierre Philippe. Pierre Philippe prend les chevaux et les voitures, Marie Louise les vaches, les volailles et les ustensiles et Jean François a droit à une obligation ; les terres affermées sont partagées.

1- Toquet Pierre Philippe
Né vers 1758. Marié avec contrat en 1787 nourrisseur et voiturier majeur chaussée de Vaugirard paroisse Saint Sulpice, avec Marie Jeanne Roger fille mineure d'un défunt jardinier rue de Sèvres paroisse Saint Sulpice (sa mère est remariée à un jardinier). Il est tuteur en 1811.

2- Toquet Marie Louise
Née vers 1761. Mariée avec contrat en 1787, fille majeure d'un défunt nourrisseur chaussée de Vaugirard paroisse Saint Etienne du Mont, avec **Laurent Venant** nourrisseur majeur à Monceau, fils de voiturier. Elle est décédée en 1811 cultivateur chaussée du Maine près la barrière laissant une fille mineure et une fille mariée à un marchand de vin du Faubourg Saint Germain et un inventaire. Venant s'est remarié en 1813 avec Dorothée Auvry veuve Crochet (voir Auvry).

3- Toquet Jean François
Né vers 1759. Marié avec contrat (minute non consultable) en 1788 avec Marie Catherine Sordot. Il est décédé en 1803 nourrisseur barrière du Maine à Vaugirard laissant sept enfants et un inventaire. Elle est décédée en 1832 propriétaire chaussée du Maine à Vaugirard avec l'inventaire d'un fonds de commerce de vins. Trois filles connues dont une célibataire.

3a- Toquet Marie Catherine
Mariée à **Louis Béguin**. Nourrisseur chaussée du Maine Petit Montrouge en 1832.

3b- Toquet Geneviève
Mariée à Victor Vedy. Marchand de vins chaussée du Maine à Vaugirard.

Situation économique des nourrisseurs

Inventaire de la veuve de Philippe Tocquet en novembre 1773
Veuve de voiturier locataire rue de Vaugirard paroisse Saint Sulpice ; continuation de la communauté à défaut d'inventaire.
13 vaches (dont 10 hors service), 1 petit cheval, 1 petite charrette, 1 tombereau, 18 poules, 1 porc, pas de laiterie ;
Terres plaine de Montrouge mises en location ;
1 glace, commode, pas de poêle.
Prisée des animaux et ustensiles 793 livres, des meubles meublants 78 livres, bijoux 92 livres, vêtements 16 livres. Pas de deniers comptants et de dettes actives 30 francs, dettes passives 93 livres (dont achat de vaches 64 livres).

Inventaire de Jean François Toquet en août 1803
Nourrisseur propriétaire à Vaugirard barrière du Maine.
9 vaches, 1 cheval hors d'âge, 1 charrette, 36 volailles, pas de laiterie ;
Travail à façon de terres (gerbes de seigle) ;
1 glace, commodes, pas de poêle.
Prisée des animaux et ustensiles 2447 francs, des meubles meublants 374 francs, pas de bijoux et d'argenterie, vêtements 287 francs. Deniers comptants et dettes actives 32 francs et 7500 livres en obligations, dettes passives 1911 francs (dont achat de vaches 670 francs, aliments du bétail 943 francs).

Inventaire de Laurent Venant en août 1811
Cultivateur propriétaire chaussée du Maine près la barrière.
Voir « nourrisseur et cultivateur et voiturier » - compléments
3 glaces, 1 horloge, 1 montre, commodes, poêle.
Prisée des meubles meublants 446 francs, bijoux et argenterie 134 francs, vêtements 209 francs.

Inventaire de Pierre Philippe en 1772
Nourrisseur locataire rue de Vaugirard hors barrière, est dit voiturier.
16 vaches, 2 chevaux hors d'âge, 1 âne, 1 charrette, 1 tombereau, 36 volailles, pas de laiterie ;
1 glace, 1 horloge, 36 estampes et gravures, pas de commode, pas de poêle.
Prisée des animaux et ustensiles 1470 livres, des meubles meublants 225 livres, argenterie mise en gages 150 livres, vêtements 14 livres. Deniers comptants et dettes actives 100 livres, dettes passives 514 livres (dont aliments du bétail 170 livres).

Annexe A Le dispositif d'enquête

Cette annexe a une ambition méthodologique et est en général absente ou peu développée dans les publications. A tort, car l'exposé de la méthode permet d'avoir une idée plus claire des limites du propos.

Cette enquête est destinée à fournir des éléments permettant de décrire l'activité et le mode de vie des nourrisseurs de bestiaux parisiens présents entre 1710 et 1830 dans le périmètre du Paris actuel en vigueur depuis 1860. Elle est fondée sur les actes des notaires du Minutier Central de Paris, principalement les contrats de mariage et surtout les inventaires après décès. Je rappelle incidemment que nous ne disposons pas de l'Etat-Civil parisien pour la période retenue malgré une reconstitution partielle.

Mode de sondage dans les actes des notaires

Cette étude très ciblée n'aurait pas pu avoir lieu sans les dépouillements et la création de bases de données de la « Salle des Inventaires Virtuelle » (SIV) par les Archives Nationales (AN) à partir du Minutier Central des notaires parisiens d'une part et par le « Projet Familles Parisiennes » à partir des documents du Châtelet de Paris (série Y des Archives Nationales) d'autre part. J'ai donc une dette fondamentale envers eux et leurs travaux.

A partir de la base nominative de « Familles Parisiennes » j'ai pu extraire systématiquement les clôtures d'inventaire après décès en fonction de la présence du terme « nourrisseur ». Puis en fonction de la date et du notaire indiqués j'ai pu retrouver dans la grande majorité des cas la cote des actes d'inventaire notarié dans la SIV des AN. Le dépouillement et l'indexation de ces registres de clôture est désormais pratiquement exhaustif. Ces clôtures d'inventaire ne concernent que les décès en présence de mineurs. En revanche le dépouillement des documents de tutelle, dont le volume est très important, est loin d'être terminé. Mais ils ne fournissent pas de références notariales et ne permettent que la révélation de l'existence de certains individus ou des dates approximatives de mariage de mineurs. La période couverte par ces documents est 1720-1790. Avant 1720 il n'y a pas de référence de « nourrisseur » dans les clôtures d'inventaire. Cette source a fourni 113 inventaires plus 18 inventaires conjointement avec la base SIV.

Les références notariales trouvées dans la base des références des actes des notaires de la SIV des AN, toujours à partir du critère de la mention « nourrisseur », doivent être exposées en deux parties. Pour connaître le contenu exact du périmètre des relevés faits par le personnel des AN, il convient de consulter le descriptif fourni dans la SIV. D'une part de 1700 à

1791, en dehors des années 1751 et 1761, les relevés des actes sont hétérogènes tant en ce qui concerne leur plage temporelle qu'en ce qui concerne le nombre d'études prises en compte ainsi que la qualité de l'information relevée fondée très souvent sur les répertoires peu diserts plutôt que sur les minutes. Il n'y a rien pour notre propos durant la période de la Révolution. D'autre part, à partir de 1801 jusqu'en 1850 nous disposons des relevés systématiques des inventaires après décès présents dans les répertoires existants des notaires auxquels s'ajoutent les relevés plus larges de 1800 à 1830 des minutes ayant un rapport avec les activités économiques dans quatre études notariales. Après 1851, et le dépouillement systématique des actes de cette année, les mentions « nourrisseur » sont rares mais la base est toujours en cours de mise à jour. Il y a donc une bonne couverture des actes d'inventaires pour cette période mais la sélection faite dépend de la façon dont les notaires ont décrit les actes dans les répertoires ; l'expérience montre que la mention « nourrisseur » n'est pas toujours présente. La sélection de la première période sur le terme nourrisseur a fourni 46 contrats de mariage (dont 6 « non vus hors champ d'étude »), 51 inventaires (dont 16 en commun avec le Châtelet) et 2 ventes de fonds. La sélection de la seconde période a fourni 25 contrats de mariage (dont 2 « non vus hors champ »), 228 inventaires après décès (dont 12 « non vus hors champ ») et 8 ventes de fonds de nourrisseur. Plus des actes de liquidation et partage de succession, des actes de notoriété, des baux, des marchés de drèches, des actes de vente d'immeubles.

Au total l'échantillon initial de l'automne 2014 repose sur 473 actes (dont 21 « non vus hors champ »), soit 71 contrats de mariage, 392 inventaires et 10 ventes de fonds. Mais 8 de ces actes ne sont pas accessibles du fait de l'absence des minutes notariales ou de la non-communicabilité des cotes concernées. Le premier contrat de mariage a été ainsi trouvé en 1721 et le premier inventaire après décès en 1720.

En partant de ces actes on peut en trouver d'autres à partir des mentions y figurant. Les contrats de mariage où une des parties est un veuf ou une veuve fournissent le plus souvent des renseignements sur l'inventaire après le décès du premier conjoint. De même, mais plus rarement, on y trouve des informations sur le décès d'un père ou d'une mère. Sans oublier les tuteurs et témoins. De même les inventaires contiennent des renseignements sur le contrat de mariage s'il y en a eu un ; et parfois des renseignements sur les inventaires et successions des pères et mères ou d'un précédent conjoint. Sans oublier les enfants, les tuteurs et les experts nourrisseurs. A partir des individus et couples révélés par ces actes on peut rechercher dans la SIV les actes les concernant qui ne portent pas le terme de « nourrisseur » ou qui ne sont pas présents dans les dépouillements donc les enregistrements de la

SIV. En outre toutes les minutes présentes sous une cote consultée ont été examinées et ont permis de trouver des actes non trouvés dans la SIV. Le stock des actes augmente donc au fur et à mesure des consultations. Notons que cette méthode favorise un peu les couples et la constitution d'ensembles familiaux et induit une légère amplification du biais géographique et temporel induit par les relevés constituant la base initiale de l'enquête.

Les inventaires après décès des baillages et prévôtés parisiens ont aussi été consultés sur la foi d'informations tirées de quelques actes notariaux mais en vain. Ces inventaires avec apposition de scellés, obligatoires en présence de mineurs, n'impliquaient pas toujours ensuite un inventaire avec prisée chez un notaire, surtout quand le défunt laissait peu de choses. L'Etat-Civil reconstitué de la Ville de Paris n'a pas été d'un grand secours ; on n'y trouve avec certitude (problème des homonymies) que moins d'une centaine de mentions de mariage, de naissance ou surtout de décès concernant les individus référencés dans l'échantillon.

Pour donner une idée de la couverture de l'échantillon, voici ci-dessous un aperçu sur le contenu de la base de la SIV. Compte-tenu des possibilités offertes par les interfaces de la SIV, ce comptage est approximatif et contient des doublons entre les minutes et les répertoires du fait des recouvrements des différents relevés effectués au cours du temps. En particulier pour les contrats de mariages de la période 1780-90 et pour les inventaires après décès des années 1801-1830. De même les « dossiers clients » ou les « mélanges » au large spectre temporel sont comptés plusieurs fois entre décennies. On note l'importance quantitative des répertoires qui jusqu'à l'Empire livrent peu de renseignements en dehors du nom des parties. Ces comptages ont été effectués par périodes de date à date en fonction du contenu des enregistrements, y compris pour les deux grandes périodes récapitulatives qui ne sont pas une totalisation des décennies. L'échantillon de départ de l'enquête représente un peu plus d'un millième des contrats de mariage et un peu moins de deux millièmes des inventaires après décès. Un comptage similaire des clôtures d'inventaire dans la base « familles parisiennes » s'avère très difficile par l'interface qui nous est proposée.

Tableau 1 Comptages par décennies des références contenues dans la SIV

Périodes	Contrats de mariage			Inventaires après décès		
	Minutes	Répertoires	Total	Minutes	Répertoires	Total
1700 à 1709	3296	0	3296	2313	26	2339
1710 à 1719	4381	0	4381	3289	42	3331
1720 à 1729	4751	0	4751	3535	81	3616
1730 à 1739	4672	3	4675	4115	73	4188
1740 à 1749	4021	0	4021	3738	51	3789
1750 à 1759	4776	121	4897	3147	80	3227
1760 à 1769	4211	140	4351	3246	2429	5675

Périodes	Contrats de mariage			Inventaires après décès		
	Minutes	Répertoires	Total	Minutes	Répertoires	Total
1770 à 1779	1143	4	1147	2893	34	2927
1780 à 1790	5978	26635	32613	4734	18987	23721
1791 à 1800	931	4	945	729	204	933
1801 à 1809	1410	27	1437	1896	21234	23130
1810 à 1819	1570	16	1586	2230	20295	22525
1820 à 1829	1100	19	1119	3172	21338	24510
1830 à 1839	253	21	274	1580	24505	26085
1840 à 1849	226	10	236	1365	27046	28411
1700-1849	41824	27037	68861	40680	136310	176990
1720-1839	34056	27015	61071	33959	109212	143171
avec nourrisseur	75	0	75	135	175	320
avec jardinier	814	3	817	643	374	1017
avec voiturier	194	1	195	170	68	238

Note : « Avec nourrisseur » signifie que l'enregistrement SIV contient le mot nourrisseur mais il ne s'agit pas forcément d'un acte dont une des parties est un nourrisseur. Comptage en janvier 2016. Contient des doublons.

Les 1130 cotes consultées sont dispersées dans 99 études notariales parmi les 122 référencées dans le Minutier Central et contiennent plus de 3400 dossiers « mois/année/étude ». Mais 52 études ne sont concernées que par moins de 5 cotes et seules 14 études sont présentes avec plus de 20 cotes ; parmi celles-ci 5 études dépassent les 50 cotes (37% du total des cotes). L'étude XXVIII du Faubourg Saint Antoine représente seule 13% des cotes.

Au final j'ai pu mettre en œuvre 507 contrats de mariage, 564 inventaires après décès et 28 ventes de meubles ou de fonds de nourrisseur. Mais 20 contrats et 12 inventaires, dont les références sont connues et présentes dans les répertoires des notaires, n'ont pas pu être consultés car les minutes sont absentes ou les cotes déclarées non-consultables. En outre plus d'une centaine de liquidations de succession, d'actes de notoriété, de baux, de ventes d'immeubles et de marchés de drèches ont été utilisés. Le nombre initial de contrats de mariage a été multiplié par près de 8 fois et celui des inventaires par près de 1,5 fois.

En ce qui concerne les particularités et les limites de l'étude du contenu des inventaires après décès on se reportera utilement par exemple aux quelques pages rédigées sur ce sujet par Micheline Baulant, Annik Pardailhé-Galabrun et Daniel Roche[76]. Selon mon expérience des inventaires

---

76. BAULANT, 2006, p. 266-268 et 272-276 ; PARDAILHÉ-GALABRUN, 1988, p. 26-33 ; ROCHE, 1998, p. 80-85. Avec les limites constituées par la représentativité des inventaires après décès pour les classes populaires.

après décès des provinces de l'Ouest, ces éléments méthodologiques doivent être complétés par la prise en compte de la diversité géographique des pratiques notariales ou coutumières sur certains points particuliers.

Définition des périodes étudiées

Les caractéristiques des données mises à notre disposition font que lors du découpage par période il y aura obligatoirement une césure en 1800 et que la décennie 1790, révolutionnaire, connaîtra un défaut d'inventaires.

Dans le cadre d'une démarche « sérielle », pour étudier l'évolution de cette population particulière et de ses pratiques, j'ai donc procédé à un découpage temporel de l'échantillon global de façon à étudier des ensembles assez fournis et diversifiés pour chaque période. Soit six périodes de 20 ans qui peuvent être regroupées le cas échéant en trois périodes d'environ 40 ans. C'est à dire « avant 1740 » soit P1, les décennies « 1740-1750 » soit P2, « 1760-1770 » soit P3, « 1780-1790 » soit P4, « 1800-1810 » soit P5, « 1820-1830 » soit P6 ; et « avant 1760 », « 1760-1799 », « 1800-1839 ». Ces périodes correspondent à peu près bien à la périodicité des changements qui ont eu lieu dans la société en général. Dans certains cas, du fait des contraintes de la constitution de l'échantillon, les données seront exposées « avant 1800 » et « après 1800 ».

Pour la décennie 1830 je n'ai retenu que des inventaires après décès ou quelques contrats de « remariage » pour des individus en activité dans la décennie 1820. Les inventaires retenus datés desdites années 1830 ne sont en fait pas tous réellement utilisables car certains correspondent à des personnes (dont des veuves) qui ont cessé toute activité de nourrisseur mais ils peuvent livrer des informations sur la période antérieure. Le premier contrat de mariage relevé date de 1704 et le premier inventaire de 1718.

Définition des zones géographiques

Paroisses, quartiers, communes et arrondissements d'avant 1860.

Zone 1 Ouest Nord-Ouest : rive droite, 1er arrondissement, paroisse La Madeleine la Ville l'Evêque, Faubourgs Saint Honoré et du Roule, Petite Pologne, Les Ternes, Villiers La Garenne (partie), Passy, Monceau et Batignolles, Porcherons (partie), rue St Lazare (partie). Soit en gros 8e, 16e et 17e arrondissements actuels. Batignolles et Monceau ont été détachés de Clichy en 1830 seulement.

Zone 2 Nord : rive droite, 2e et 3e arrondissements, paroisse Saint Eustache, Faubourgs Montmartre et Poissonnière, Montmartre, La Chapelle, rue Saint Lazare (partie), Porcherons (partie), chaussée Gaillon. Soit en gros les 9e, 18e et partie du 10e des arrondissements actuels.

Zone 3 Nord-Est : rive droite, 5e, 6e et 7e arrondissements, paroisse Saint Laurent, Faubourgs Saint Laurent, Saint Martin, « de Gloire » ou Saint Denis et du Temple, Petite Villette, La Villette, Belleville, Pantin (partie), Pré Saint Gervais (partie), chaussée de La Villette, rue Saint Maur (partie). Soit en gros le 19e et parties des 10e, 11e et 20e arrondissements actuels.

Zone 4 Est Sud-Est : rive droite, 8e et 9e arrondissements, paroisse Sainte Marguerite, Faubourg Saint Antoine, Popincourt, Picpus, Bercy, Petit Charonne, rue de Charenton, rue de Charonne, rue Montgallet, rue de Reuilly, rue Saint Maur (partie). Soit en gros le 12e et parties des 11e et 20e arrondissements actuels.

Zone 5 Sud : rive gauche, 11e et 12e arrondissement, paroisse Saint Etienne du Mont, Faubourgs Saint Jacques et Saint Marcel, Les Gobelins, Petit Montrouge, Petit Gentilly, Gentilly et Ivry partiels, rue de Vaugirard (partie), barrière d'Enfer, chaussée du Maine, rue Mouffetard. La rue des Fourneaux a été incluse dans la Zone 6. Soit en gros les 13e et 14e et parties des 5e et 6e arrondissements actuels.

Zone 6 Sud-Ouest : rive gauche, 10e arrondissement, paroisse Saint Sulpice, Faubourg Saint Germain, Gros Caillou et plaine de Grenelle, Petit Vaugirard, Vaugirard, Issy et Vanves partiels, rue de Sèvres, rue de Vaugirard (partie). Soit en gros 7e et 15e arrondissements actuels. Grenelle a été détaché de Vaugirard en 1830.

Intra-muros : paroisses ou arrondissements de Paris à l'intérieur des barrières.

Extra- muros : Paris hors barrières et communes de banlieue proche rattachées en 1860.

Etat de l'échantillon obtenu

Ces relevés dans le Minutier Central permettent de révéler 964 couples de nourrisseurs ou assimilés et un individu décédé célibataire. Compte-tenu des remariages cela correspond à 857 hommes et 889 femmes, sans le célibataire. Parmi ces couples 204 n'ont pas de mariage ou de décès connus (et pas d'acte retrouvé), 230 ont une seule référence, 454 deux références et 76 trois références (mariage et deux décès). Les couples sans référence connue sont les pères et mères, les fils ou les filles mariées ou les collatéraux cités dans les actes concernant les autres couples ou les premiers mariages de nourrisseurs veufs ou veuves, et pour lesquels je n'ai pas trouvé d'acte ou de référence de date. Notons aussi que neufs couples issus d'un remariage sont aussi dans ce cas. Au total je retiens donc 760 couples pour l'analyse, sans le célibataire. Les couples « fermés » par un ou deux décès certains (avec ou sans inventaire) sont au nombre de 590. Au total 519 couples ont à la fois une date de mariage connue et au moins un décès connu, 71 n'ont pas de date de mariage connue mais au moins un décès connu et 170 ont une date de mariage connue mais pas de date de décès connu. Certaines dates de mariage et de décès sont issues de recherches dans l'Etat-Civil tant à Paris que dans les départements qui ont mis en ligne leurs registres paroissiaux et registres de l'Etat-Civil. Les Tables de Successions et Absences (TSA) de l'Enregistrement publiées ou analysées ont aussi été utilisées à cet effet.

Tableau 2 Etat des relevés dans les minutes des notaires

		Période	Mariage	Inventaire	Vente	Total		
Point de départ								
Châtelet		1720-90	0	113	0	113		
Châtelet + SIV-AN		1720-90	0	16	0	16		
SIV-AN		1720-91	46	35	2	83		
SIV-AN		1800-39	25	228	8	261		
Total général			71	392	10	473		
dont non vus			9	20	0	29	8 non consultab.	
Relevés							Inventaires	
							retenus	non ret.
par décennies actes		1700	1	0	0	1	0	0
		1710	7	3	0	10	3	0
		1720	11	10	0	21	9	1
		1730	28	16	0	44	16	0
		1740	27	23	0	50	19	4
		1750	36	26	0	62	25	1
		1760	40	36	0	76	33	4
		1770	54	49	0	103	38	12
		1780	75	51	1	127	42	10
		1790	68	35	1	104	28	7
		1800	54	78	7	138	62	22
		1810	47	78	5	130	66	13
		1820	50	87	10	147	83	14
		1830	9	72	4	85	49	29
Total actes consultés			507	564	28	1099	473	117
Non consultables			20	12	0	32		

Note : Les inventaires et ventes retenus comprennent 4 apports détaillés au mariage et 2 ventes sous seing privé ; 4 inventaires complémentaires (papiers) et 4 ventes suite à un inventaire ont été déduits. En outre 7 inventaires, non comptabilisés ici, ont été relevés au fil des consultations à titre d'information sur les laboureurs des faubourgs ou de la périphérie. De même, 5 inventaires des années 1840 ont été examinés pour trouver des références à des actes antérieurs. Avant 1700, 3 contrats de mariage connus n'ont pas été relevés.

Parmi ces 760 couples, 531 se sont mariés avec un contrat et 167 ont déclaré s'être mariés sans contrat ; 62 restent indéterminés à ce sujet. Mais 25 de ces contrats ont été passés chez un notaire « hors Paris », 3 sont antérieurs à 1700 et n'ont pas été recherchés, 5 sont sans référence assez précise pour être trouvés et 20 n'ont pas pu être consultés. Notons que 163 dates de mariage sont connues, ou pour une part estimées, dans les cas des mariages sans contrat et les cas « indéterminés ». Les décès connus dans cet échantillon sont au nombre de 691, 391 hommes et 300 femmes. Mais seuls 536 inventaires ont été relevés, 311 après le décès d'un homme et 225 après le décès d'une femme, et 19 références d'inventaire connues n'ont pas pu être consultées. Parmi les autres décès, 43 n'ont pas donné lieu à un inventaire, 26 inventaires connus n'ont pas été consultés (en totalité après 1840 ou pour des veuves âgées) et 67 références d'inventaire n'ont pas été trouvées (pour la plupart après 1830). En outre, près de la moitié des décès des individus de l'échantillon ne sont pas connus (48,5%), en particulier celui des femmes (56,5%). Les décès sans inventaire sont révélés par les inventaires des conjoints survivants. En l'absence de mineurs, un inventaire n'a pas été fait et les enfants ont passé un accord avec leur parent survivant (souvent leur mère) ; dans ce cas la communauté initiale a été réputée se continuer. Mais parfois cet accord a pu prendre la forme d'un acte notarié de transport de droits successifs, bien moins cher qu'un inventaire.

Tableau 3 Etat global de l'échantillon par périodes de 20 ans

Périodes	1700-39	1740-59	1760-79	1780-99	1800-19	1820-39	Total
Couples nombre	76	98	132	220	155	79	760
Couples mariage connu	64	84	118	199	147	77	689
Couples « fermés »	66	82	111	165	115	51	590
Inventaires nb max.	25	40	67	66	120	127	445
Inventaires nb min.	25	39	62	55	113	113	407

Note : Pour les couples la période désignée est celle de leur création (mariage) et pour les inventaires et les ventes de fonds celle de la date de l'acte.

Tableau 4 Répartition géographique et temporelle des inventaires et ventes

Zones	1700-39	1740-59	1760-79	1780-99	1800-19	1820-39	Total
Z1-(O-NO)	4	5	7	10	21	31	78
Z2-(N)	0	6	4	3	15	14	42
Z3-(NE)	1	2	9	13	28	34	87
Z4-(E-SE)	12	15	20	11	15	18	91
Z5-(S)	2	1	11	8	17	9	48
Z6-(SO)	6	11	16	21	24	21	99
Intra-muros	23	38	57	42	51	49	260
Extra-muros	2	2	10	24	69	78	185
Ensemble	25	40	67	66	120	127	445

En ce qui concerne les inventaires analysés, je n'ai pas retenu ceux qui révélaient une cessation d'activité et ceux qui faisaient double emploi avec celui du conjoint décédé peu de temps auparavant. Il en est de même pour ceux qui se révélaient incomplets (cas d'un recollement avec un inventaire précédent, cas des séparations de biens, cas de la vente des animaux avant l'inventaire, cas des inventaires très tardifs de régularisation). Et enfin je n'ai pas retenu ceux qui étaient en fait « hors champ de l'étude » comme ceux d'individus qui étaient en fait des salariés dénommés « nourrisseur » ou ceux qui se révélaient être en dehors des strictes limites géographiques. Lors de l'étude des inventaires des nourrisseurs retenus, ont été éliminés les inventaires multiples d'un même individu (remariages) pour des périodes proches afin d'éviter les doublons qui auraient biaisé les résultats. De même certains inventaires ont été délaissés lors de l'analyse de certains aspects, en particulier ceux des années 1794 et 1795 pour l'examen des valeurs des prisées (problème des assignats) ainsi que les ventes de fonds. En définitive le nombre maximal d'inventaires et de ventes de fonds utilisés s'élève à 445 (420 inventaires et 25 ventes) et le nombre minimal d'inventaires retenus pour l'analyse à 407. Certaines ventes de fonds sont aussi de véritables ventes de meubles partielles.

Représentativité de l'échantillon

En l'absence de statistiques la représentativité de l'échantillon est difficile à déterminer. Seule est possible la comparaison du nombre de nourrisseurs à Paris vers 1820 selon les « Recherches statistiques de Paris et de la Seine » vol. 2 (1823) tableau 81 et le nombre de nourrisseurs en activité vers 1820 établi d'après leur présence en tant que parties, tuteurs, témoins ou experts dans les actes notariaux de tous genres. Les inventaires et ventes de fonds sont ceux faits de 1815 à 1833 (61 Parisiens style 1790 sur un total de 147 inventaires utilisés).

Tableau 5 Représentativité par zones « intra-muros »

Arrondissements	Stat .1820	Echant.1820	Taux %	Inventaires
P01 (Z1)	60	18	30	9
P02 P03 (Z2)	25	8	32	0
P04	0	0	0	0
P05 P06 P07 (Z3)	60	39	65	16
P08 P09 (Z4)	64	54	84	18
P10 (Z6)	41	14	34	7
P11 P12 (Z5)	76	29	38	11
Paris (style 1795)	326	162	50	61

L'ancien 8ᵉ arrondissement (Faubourg Saint Antoine) et le 5ᵉ arrondissement (Faubourgs Saint Martin, du Temple, Saint Denis, etc.) sont particulièrement bien représentés. En revanche les autres arrondissements importants ne sont couverts que pour environ un tiers des nourrisseurs recensés. Il n'est pas possible de se prononcer pour la banlieue proche dont la part n'a cessé d'augmenter dans l'échantillon global. Néanmoins il est possible d'affirmer que toutes les zones parisiennes d'activité laitière sont bien représentées, nonobstant le développement de cette activité au cours temps. Il est difficile de démêler l'influence de la source d'information utilisée et celle du développement de l'activité pour expliquer l'évolution d'un nombre de nourrisseurs en augmentation au fil des décennies. Cet échantillon n'est ni un recensement, ni un sondage statistiquement réglé.

Figure 10 Carte de Paris et de la banlieue proche avant 1860

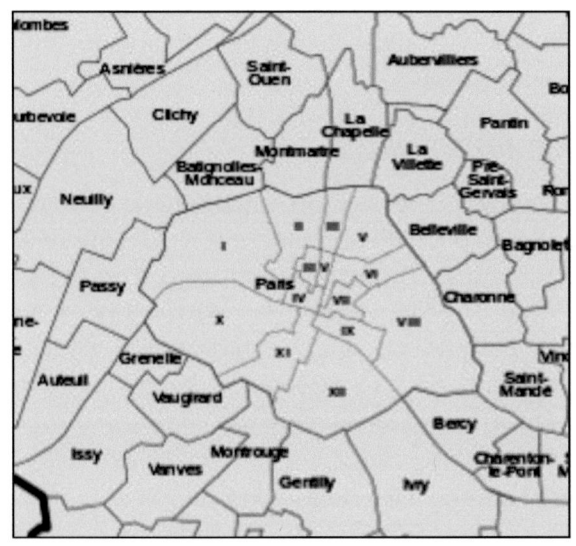

Source : Wikipedia – Département de la Seine en 1859 – Extrait[77]

---

77. En ce qui concerne l'évolution de Paris et de sa banlieue on peut consulter en ligne (internet) *paris-atlas-historique.fr* et les différents articles de *wikipedia* sur le sujet.

Tableau 6 Evolution du nombre de nourrisseurs par décennies et zones

Arrondissements	1820	1810	1800	1790	1780	1770	1760	1750	1740
P01 (Z1)	16	20	31	39	29	19	21	21	11
P02 (Z2)	6	4	5	6	6	15	17	17	13
P03 (Z2)	3	2	3	1	1	0	0	0	0
P04 (Z2)	0	0	0	1	1	0	0	0	0
P05 (Z3)	27	34	36	48	45	36	36	21	12
P06 (Z3)	9	8	6	1	1	2	2	2	0
P07 (Z3)	1	0	3	3	1	0	0	0	0
P08 (Z4)	53	53	55	49	57	51	59	57	41
P09 (Z4)	1	1	2	3	2	1	1	0	1
P10 (Z6)	13	14	21	27	43	42	31	26	14
P11 (Z5)	3	3	2	4	5	3	6	5	3
P12 (Z5)	25	26	25	22	22	19	15	11	6
Paris (1790)	158	166	189	204	213	188	188	160	101
Hors barrières					14	24	23	13	7
Banlieue proche	226	178	160	141	87	44	21	5	4
Monceau (Z1)	28	21	20	20	14	9			
Passy (Z1)	20	19	19	13	3	2			
La Chapelle (Z2)	47	40	26	17	6	2			
Petite Villette (Z3)	16	10	6	3	1	0			
La Villette (Z3)	37	29	26	27	16	8			
Vaugirard (Z6)	44	34	31	31	28	10			
Sans lieu connu	0	0	0	0	6	8	6	5	3
Total échantillon	384	344	349	345	320	264	238	183	115
Par zones									
Z1-(O-NO)	68	62	72	74	47	32			
Z2-(N)	62	51	37	28	15	18			
Z3-(NE)	96	87	86	91	69	48			
Z4-(E-SE)	55	54	57	52	63	57			
Z5-(S)	41	37	38	35	38	36			
Z6-(SO)	62	53	59	65	82	65			

Note : Selon les relevés dans les actes notariaux. Les individus ont été classés en fonction de leur dernière adresse connue sachant que certains ont changé au moins une fois d'adresse au fil du temps. Les arrondissements « intra-muros » sont ceux d'avant 1860. La banlieue proche est composée des communes incorporées intégralement ou partiellement à Paris en 1860. Pour la définition des zones se reporter au paragraphe précédent. « Hors barrières » signifie hors barrière de l'octroi mais rattaché à une paroisse parisienne ; cette notion disparaîtra avec la création des communes en 1790 et la définition stricte de Paris comme étant à l'intérieur du mur dit « des Fermiers Généraux ». Notons dans les années 1780 une incertitude dans la rédaction des adresses quant à leur position par rapport à la barrière (« rue et barrière de XXX »). Dans ce tableau « Monceau » correspond aux Batignolles et à

Monceau et « Petite Villette » est un sous ensemble de La Villette. Seules les principales communes de la banlieue proche ont été exposées.

On relève 39 individus pour la décennie 1710, 64 individus pour la décennie 1720 et 95 individus pour la décennie 1730, tous sur Paris ou près des barrières. Au total ont été répertoriés 1202 hommes. L'importance et la diversité des références introduites dans la SIV pour les années 1780 à 1790 explique pour une part le « pic » du nombre d'individus retrouvés sur Paris pour la décennie 1780 par rapport aux décennies qui l'encadrent.

ANNEXE B DONNÉES DÉTAILLÉES DES RÉSULTATS DE L'ENQUÊTE

Note- Périodes de 20 ans : P1 = avant 1740 ; P2 = 1740-59 ; P3 = 1760-79 ; P4 = 1780-99 ; P5 = 1800-19 ; P6 = 1820-39.

La formation des couples de nourrisseurs

Tableau 7 Principales caractéristiques des couples de nourrisseurs

	Filles migrantes (hors 24)	Filles de nourrisseur	Filles non migrantes autres	Veuves	Total	% (sur 838)
Nombre de couples						
Garçons migrants (hors 24)	44	54	71	33	202	26,9
Fils de nourrisseur	11	76	76	5	168	20,0
Garçons non migrants autre	21	105	159	42	327	38,9
Veufs	41	10	39	30	120	14,3
Total	117	245	345	110	817	100,0
% (sur 838)	16,8	29,1	41,0	13,1	100,0	
Indices d'intensité relative						
Garçons migrants	**152**	89	83	**121**		
Fils de nourrisseur	46	**151**	107	22		
Garçons non migrants autre	45	107	115	95		
Veufs	**239**	28	77	**186**		

Note : On utilise ici une table de contingence permettant un test de Khi-deux ; dans le cas présent ce test est statistiquement significatif. On a traduit la différence entre le nombre observé et le nombre théorique issu d'une distribution aléatoire par un rapport appelé ici « indice d'intensité relative ». Les pourcentages en marges sont calculés sur 841 couples et tiennent compte des 24 couples de migrants mariés en province.

Ces 817 couples ne comprennent pas les 24 couples qui se sont mariés en province et sont composés d'un migrant et d'une migrante. En revanche, aux 760 couples de l'échantillon retenu, ont été ajoutés 81 couples parisiens, extraits des 204 couples non retenus dans l'échantillon et qui sont pour les trois quarts formés d'enfants de nourrisseurs ; ces informations sont partielles pour 29 hommes et 57 femmes et il y a une incertitude pour 52 garçons et 24 filles. Les migrants sont originaires de lieux situés en dehors de ce qui a été le département de la Seine. Notons que 13 veufs n'étaient pas nourrisseurs avant leur remariage ainsi que 34 veuves. Au total ces 841 couples comprennent 686 hommes et 742 femmes. D'une manière générale le nombre de remariage des veuves est inférieur au nombre de remariage des veufs alors que le nombre des décès connus de nourrisseurs est supérieur à celui des décès connus de femmes de nourrisseur ; en effet les remariages des veuves en dehors de l'activité de nourrisseur ne nous sont pas connus et restent « hors champ » ; en outre les veuves ont en général plus de difficultés à se remarier que les hommes. Nous ne connaissons pas le destin de 7% des hommes et de 25% des femmes après le décès de leur dernier conjoint nourrisseur connu.

Tableau 8 Couples avec une activité de nourrisseur et un acte connu

Périodes	P1	P2	P3	P4	P5	P6	Total
Couples	**76**	**98**	**132**	**220**	**155**	**79**	**760**
Garçons	65	83	117	193	123	61	642
Veufs ou divorcés	11	15	15	27	32	18	118
Filles	62	75	121	197	136	67	658
Veuves ou divorcées	14	23	11	23	19	12	102
Garçon-Fille	52	65	110	174	114	54	569
% G/F sur total	68,4	66,3	84,0	79,1	73,1	68,4	74,9
Garçon/Veuve	13	18	7	19	9	7	73
Veuf/Fille	10	10	11	23	22	13	89
Veuf/Veuve	1	5	4	4	9	6	29
Couples non « fermés » %	13,2	16,3	15,9	25,0	25,8	35,4	22,4
Couples sans date de mariage %	15,8	14,3	10,6	9,5	5,2	2,5	9,3
Avec contrat de mariage	50	66	95	154	109	57	531
% ensemble des couples	65,8	67,3	72,5	70,0	69,9	72,2	69,9
Sans contrat de mariage	20	24	27	49	30	17	167
Indéterminé	6	8	9	17	17	5	62
Sans contrat % Garçon-Fille	37,0	35,1	25,0	29,1	27,7	29,4	29,4
Sans contrat % Autres	12,5	9,4	5,6	6,7	5,3	8,7	7,8
Garçon, fils de nourrisseur	6	7	25	47	47	16	149
% garçons	9,2	8,5	21,7	24,5	37,9	26,2	23,1
Fille, fille de nourrisseur	9	14	38	49	61	28	200
% filles	14,5	18,9	32,2	25,0	44,9	41,8	30,4

Note : Les périodes sont celles de la création du couple (mariage). Le décompte des contrats tient compte de ceux conclus « hors Paris » (24), de ceux non assez renseignés (5), des actes non consultables (20) et des actes antérieurs à 1700 (3). Les « couples fermés » sont ceux pour lesquels au moins une date de décès est connue. La notion « fils ou fille de » correspond à un père nourrisseur ou assimilé. Le célibataire n'a pas été compté parmi ces couples. Dans la décennie 1830 (P6) seuls les remariages ont été relevés.

Les jeunes mariés sont-ils orphelins ?

Tableau 9 Situation parentale des garçons d'après leur contrat de mariage

Périodes	Avant 1760	1760-1799	1800-1830	Ensemble	%
Non migrants	**48**	**111**	**83**	**232**	**100,0**
Père mère vivants	16	46	26	88	37,9
Père vivant mère défunte	3	11	10	24	10,3
Père défunt mère vivante	19	39	23	81	34,9
Père et mère défunts	10	15	14	39	16,8
Migrants	**33**	**74**	**35**	**142**	**100,0**
Père mère vivants	9	25	13	47	33,1
Père vivant mère défunte	4	14	5	23	16,2
Père défunt mère vivante	9	20	8	37	26,1
Père et mère défunts	11	15	9	35	24,6

Tableau 10 Situation parentale des filles d'après leur contrat de mariage

Périodes	Avant 1760	1760-1799	1800-1830	Ensemble	%
Non migrantes	**58**	**154**	**101**	**313**	**100,0**
Père mère vivants	18	80	53	151	48,2
Père vivant mère défunte	6	13	10	29	9,3
Père défunt mère vivante	27	39	24	90	28,8
Père et mère défunts	7	22	14	43	13,7
Migrantes	**20**	**42**	**26**	**89**	**100,0**
Père mère vivants	6	17	6	29	33,6
Père vivant mère défunte	6	7	4	17	19,1
Père défunt mère vivante	6	13	6	25	28,1
Père et mère défunts	2	6	10	18	20,2

Note : La situation a été constatée à partir des 478 contrats passés à Paris et relevés. Déduction faite des 25 contrats concernant deux veufs. Les mariages concernés sont donc les associations garçon/fille (323), veuf/fille (79), veuve/garçon (51).

Les âges au mariage

Les âges au mariage des garçons et des filles sont difficiles à déterminer en l'absence de documents de l'état-civil. La majorité des contrats n'indique le plus souvent que les notions de minorité ou de majorité. L'analyse des 328 contrats conclus chez un notaire parisien avant 1800 révèle que, sur les 266 garçons, 182 (68%) se sont mariés après 25 ans (majeurs) et que, sur les 275 filles, 183 (66%) se sont mariées avant 25 ans (mineures). Sur cette période, parmi les 225 mariages garçon/fille, les cas les plus courants sont les mariages d'un garçon majeur avec une fille mineure (41%) et les mariages de deux mineurs (28,5%) ; les mariages entre deux majeurs représentent 24% de ces mariages et le mariage d'un garçon mineur avec une fille majeure 6,5%. Après 1800, à partir de 150 contrats, 8% seulement des 108 garçons se sont mariés avant 21 ans mais 28% des 127 filles étaient dans ce cas ; néanmoins un flou subsiste sur la notion de minorité au début de cette époque.

Diverses informations ont permis de déterminer les années de naissance, et donc l'âge au mariage, pour 167 garçons sur 572 ayant une année de mariage connue et 147 filles sur 588. C'est peu. L'âge moyen des jeunes mariées est égal à 22,7 ans (écart-type 3,5) avec de faibles variations selon les périodes mais celui des garçons est un peu plus élevé avant 1800 (26,7 ans écart-type 4,9 pour 100 cas) qu'après 1800 (25,4 ans écart-type 3,7 pour 67 cas). Les garçons migrants ont tendance à se marier plus tardivement que les enfants de la deuxième génération de Parisiens ; soit 24,3 ans pour les filles migrantes (41 cas) contre 22,1 ans pour les Parisiennes (106 cas) et 28,3 ans pour les garçons migrants (67 cas) contre 24,7 ans pour les Parisiens (100 cas), mais les effectifs observés sont un peu trop faibles pour être tout à fait affirmatif. Tout ceci reste dans la tendance générale observée par les historiens démographes ; l'on se marie plus tard à la campagne qu'à la ville et un écart de plusieurs années existe entre l'homme et la femme à la campagne qui est presque négligeable en ville. En ce qui concerne les veufs nous n'avons que 39 notations avec une moyenne de 36,3 ans (écart-type 8,5) et pour les veuves 16 notations avec une moyenne de 32,8 ans (écart-type 5,5). C'est un peu court.

La durée des mariages

Tableau 11 Durées des mariages observées

Périodes	P1	P2	P3	P4	P5	P6	Total
Garçons - Filles	**40**	**42**	**83**	**107**	**82**	**37**	**391**
Moyenne années	18,6	19,6	19,2	20,1	17,1	9,7	18,1
Ecart-type années	10,3	11,7	13,5	11,0	9,9	8,4	11,5
Veufs remariés	**14**	**24**	**14**	**34**	**25**	**12**	**123**
Moyenne années	13,6	11,4	13,9	17,2	12,0	15,0	14,0
Ecart-type années	8,3	7,7	9,2	12,3	9,7	14,5	10,5
Ensemble	**54**	**66**	**97**	**141**	**107**	**49**	**514**
Moyenne années	17,3	16,6	18,4	19,4	15,9	11,0	17,1
Ecart-type années	10,0	11,1	13,1	11,4	10,0	10,4	11,4

Note : La période est celle du mariage. La dernière période n'est pas significative du fait du nombre important de décès en dehors de la période d'observation. Il s'agit ici des seuls couples présentant à la fois une date de mariage et au moins une date de décès.

On note quatre cas d'épouses séparées après un temps plus ou moins long. Deux hommes et une femme divorcés ont convolé à nouveau (ils sont comptés parmi les veufs et veuves) et trois couples ont divorcé. Parmi les

118 veufs et les 102 veuves de l'échantillon, un homme s'est marié quatre fois (mais le premier mariage n'a duré qu'un peu plus d'an). Se sont mariés trois fois 8 hommes et 5 femmes (dont 2 non mariées à un nourrisseur la première fois) et se sont mariés deux fois 96 hommes (dont 13 non nourrisseurs lors du premier mariage) et 90 femmes (dont 30 non mariées à un nourrisseur lors du premier mariage). L'échantillon est donc composé de 655 hommes et de 690 femmes ayant eu une activité de nourrisseur entre 1710 et 1830. On ne connaît pas le destin de 49 hommes et de 184 femmes après le décès de leur conjoint. Un nombre indéterminé de ces veuves se sont remariées avec un homme qui n'était pas nourrisseur. Rappelons en outre que dans l'échantillon 104 couples garçons-filles sur 569 ne sont connus que par leur seul mariage (dont 40 sur 168 mariés après 1800).

Les contrats de mariage

Tableau 12 Contenu des contrats de mariage observés

Périodes	P1	P2	P3	P4	P5	P6	Total
Contrats observés	**46**	**64**	**94**	**147**	**103**	**57**	**511**
Garçons-filles	26	35	76	107	70	36	350
Veufs ou veuves remariés	20	29	18	40	33	21	161
Avec dot parents homme	8	18	26	52	34	10	148
Avec dot parents femme	17	23	50	64	48	27	229
Avec apport animaux	6	11	21	28	20	21	107
Avec apports immeubles	8	9	15	18	26	11	87
Contrats montants complets	19	38	67	116	71	38	349
Garçons - filles							
Contrat montants complets nb	17	29	64	94	60	31	295
Apport homme livres/ francs	1038	899	1212	1342	1865	1883	1416
Apport femme livres/ francs	932	897	963	1254	1655	1944	1291
Dot homme nombre	8	15	22	48	31	10	134
Dot homme livres ou francs	1181	892	1109	1095	1472	1323	1184
Dot femme nombre	10	21	44	52	38	21	186
Dot femme livres ou francs	929	808	908	1236	1290	1694	1156
Avec apport animaux nb	4	6	13	19	8	7	57
Avec apports immeubles nb	4	6	10	11	11	2	44

Note : Apports animaux : apports de chevaux, vaches et matériels ; apports immeubles : biens propres hérités ou donnés par les parents. Une partie des contrats absents des relevés des actes ont été observés à partir de leur analyse dans les inventaires après décès. Les dots sont celles consenties par les parents du « de cujus ». Les « contrats montants complets » sont ceux pour lesquels tous les apports ont été valorisés (problème des successions non liquidées). Pour les valeurs il faut tenir compte de la stabilisation de la définition de la monnaie à partir de 1726 avec une légère modification en 1785 et 1799 (influence sur la période P1).

Cinq contrats de mariage (en fait de remariage) prévoient d'emblée la séparation de biens. La totalité des autres contrats passés à Paris sont sous le régime de la communauté des biens selon la Coutume de Paris ou le Code Civil, à l'exception d'un contrat sous le régime de la coutume de Normandie. La rédaction de ces contrats obéit à un standard ; les clauses invariables étaient souvent pré-rédigées et ont même fait l'objet d'une pré-impression à la fin des années 1780. Tous les contrats comportent les biens apportés par chaque partie ainsi que la part de ceux-ci entrant dans la communauté. Avant la mise en place du Code Civil le futur époux constitue généralement un douaire à sa future épouse. Dans la quasi-totalité des cas une donation réciproque intervient en fin de contrat qui se traduit par un usufruit en présence d'enfants. Des donations réciproques ultérieures différentes peuvent intervenir plus longtemps après. Cette donation hors contrat de mariage a souvent lieu en cas de mariage sans contrat préalable à l'union à partir de l'Empire.

Parmi les 25 contrats dits « hors Paris », 12 ont été passés chez un notaire résidant en dehors de la Seine et principalement en Basse-Normandie. De même parmi les mariages sans contrat, 12 ont eu lieu en dehors de la Seine mais nous ne connaissons pas les lieux de la cérémonie pour une grande partie de ces 167 mariages.

Les migrants

Tableau 13 Garçons et filles nés en dehors de Paris et de la Seine

Périodes	P1	P2	P3	P4	P5	P6	Total
Garçons	*65*	*83*	*117*	*193*	*123*	*61*	*642*
Garçons avec lieu enseigné	**42**	**59**	**90**	**151**	**97**	**50**	**489**
dont Migrants	**19**	**29**	**43**	**73**	**35**	**23**	**222**
% renseignés	**45,2**	**49,2**	**47,8**	**48,3**	**36,1**	**46,0**	**45,4**
Normandie	7	11	21	36	22	13	110
Ile de France	5	4	5	13	6	3	36
Picardie	2	4	2	2	3	1	14
Champagne Lorraine	3	1	5	3	1	0	13
Bourgogne Franche-Comté	1	2	4	3	0	0	10
Savoie	0	5	1	3	1	2	12
Auvergne	0	1	0	7	0	2	10
Autres régions	1	1	5	6	2	2	17
Migrants avec contrat %	68,4	79,4	79,1	69,9	74,3	65,2	73,0
Garçon migrant/Fille %	73,7	65,5	88,4	87,7	91,4	91,3	84,7
Garçon migrant/Veuve %	26,3	34,5	11,6	12,3	8,6	8,7	15,3
Filles	*62*	*75*	*121*	*197*	*136*	*67*	*658*
Filles avec lieu renseigné	**41**	**49**	**90**	**148**	**114**	**53**	**495**

Périodes	P1	P2	P3	P4	P5	P6	Total
dont Migrantes	13	14	22	53	22	14	138
% renseignées	31,7	28,6	24,4	35,8	19,3	26,4	27,9
Normandie	4	4	6	13	7	3	37
Ile de France	2	3	4	17	7	6	39
Picardie	6	5	8	9	1	0	29
Champagne Lorraine	1	1	2	4	3	2	13
Bourgogne Franche-Comté	0	0	0	3	2	1	6
Savoie	0	0	0	0	0	0	0
Auvergne	0	0	0	1	0	0	1
Autres régions	0	1	2	6	2	2	13
Migrantes avec contrat %	76,9	85,7	81,8	71,7	68,2	92,9	76,8
Fille migrante/Garçon %	69,2	57,1	81,8	77,4	68,2	42,9	70,3
Fille migrante/Veuf %	30,8	42,9	18,2	22,6	31,8	57,1	29,7

Note : Les périodes sont celles de la création du couple (mariage). Lieu de naissance hors Paris et Seine selon la définition de 1790. Ile de France recouvre la Seine et Oise (y compris le Vexin français et la région de Houdan) et la Seine et Marne définition de 1790. Pour la Normandie, Orne et Manche sont très majoritaires mais le Perche est absent. Notons que 24 couples se sont mariés en province.

Tableau 14 Activités des pères des migrants-activités des garçons migrants

Les pères	Garçons	Filles	Au mariage	Garçons
Laboureur, fermier	67	19	Nourrisseur, garçon nourrisseur	58
Cultivateur, propriét.	22	8	Jardinier, garçon jardinier	18
Vigneron	8	22	Charretier, voiturier	17
Jardinier	3	3	Journalier, gagne-denier	12
Journalier, manouvrier	21	11	Cultivateur, laboureur	4
Tisserand	8	6	Domestique	4
Marchand bestiaux	5	3	Amidonnier garçon compagnon	4
Voiturier, charretier	3	0	Marchand chevaux ou vaches	3
Autres	30	25	Artisan - compagnon ou garçon	5
			Autres	4
Sans information	55	41	Sans information	13
Total	222	138	Total	142

Note : Ces sont les activités déclarées dans les actes. Les contrats de mariage sont ceux passés chez un notaire parisien ; les mentions de l'activité des filles lors du contrat de mariage sont très rares. Les filles migrantes ont apparemment une origine sociale relativement moins élevée que celle des garçons migrants.

Les migrants sont connus comme tels par les mentions figurant dans leur contrat de mariage ou parfois dans leur inventaire après décès ; on y ajoute les frères et sœurs de migrants connus. L'information est donc incomplète. Parmi les sujets sans lieu d'origine renseigné figurent sûrement un certain nombre de migrants. Mais ces lieux non renseignés sont sans doute majoritairement situés dans les faubourgs de Paris et la banlieue proche. On peut ajouter deux veufs non nourrisseurs remariés dans les années 1810 (un Bas-Normand et un Auvergnat) et trois veuves non nourrisseuses remariées, deux en 1746 et une en 1794 (deux Bas-Normandes et une Auvergnate).

Les activités et les origines sociales

Note générale pour les tableaux qui suivent :
« Nourrisseur » comprend nourrisseurs et assimilés (cultivateur ou jardinier ou voiturier et nourrisseur). Pour les garçons on note l'activité déclarée sinon celle du père, pour les filles l'activité déclarée du père. Pour les veufs et les veuves, on note l'activité personnelle ou celle de l'ancien conjoint.

Au total 462 garçons sur 642 (72%) ont une origine socioprofessionnelle renseignée, dont 184 garçons migrants sur 222, ainsi que 439 filles sur 658 (67%), dont 97 filles migrantes sur 138. Parmi les veufs 1 migrant est sans information d'activité antérieure à son remariage ainsi que 7 veuves quant à l'activité de leur ancien conjoint. Parmi les 569 couples garçon-fille, 138 (24%) n'ont aucune information d'origine socioprofessionnelle disponible.

Tableau 15 Origines sociales des garçons et filles non migrants

	Garçons	%	Filles	%
Ensemble				
Nourrisseur	161	57,7	187	54,8
Voiturier charretier	38	13,6	31	9,1
Cultivateur	20	7,2	24	7,0
Jardinier vigneron	33	11,8	37	10,9
Autres	27	9,7	62	18,2
Sans information (ND)	142		179	
Total	421		520	
Avant 1780				
Nourrisseur	45	0,437	57	0,438
Voiturier charretier	16	0,155	16	0,123
Cultivateur	3	0,029	5	0,038
Jardinier vigneron	21	0,204	19	0,146
Autres	18	0,175	33	0,254
Sans information (ND)	72		79	
Total	175		209	
1780 – 1799				
Nourrisseur	48	0,600	44	0,489
Voiturier charretier	13	0,163	10	0,111
Cultivateur	5	0,063	7	0,078
Jardinier vigneron	9	0,113	13	0,144
Autres	5	0,063	16	0,178

	Garçons	%	Filles	%
Sans information (ND)	41		54	
Total	121		144	
Après 1800				
Nourrisseur	67	69,8	86	71,1
Voiturier charretier	9	9,4	5	4,1
Cultivateur	12	12,5	12	9,9
Jardinier vigneron	3	3,1	5	4,1
Autres	5	5,2	13	10,7
Sans information (ND)	29		46	
Total	125		167	

Note : Les pourcentages sont calculés sur le total des « renseignés », déduction faite de « sans information ».

Tableau 16 Origines des couples garçon non migrant et fille non migrante (352 cas)

Garçons \ Filles	Nourris.	Cultiva.	Jardin. Vigne.	Voitur.	Autre	Sans info.	Total
Nourrisseur	**76**	6	9	8	**17**	**19**	135
Cultivateur	9	3	0	1	0	2	15
Jardinier Vigneron	**12**	0	3	1	3	6	25
Voiturier	**13**	2	1	6	7	2	31
Autre	8	1	3	1	8	4	25
Sans information	10	1	3	3	1		18
Total	128	13	19	20	36	33	249

Couples par périodes

Périodes	P1	P2	P3	P4	P5	P6	Total
Nourrisseur/Nour	4	4	10	21	25	12	76
Autres	15	19	39	45	41	14	173
Sans information	18	20	19	31	9	6	103
Total	37	43	68	97	75	32	352

Note : Lignes pour « Garçons » ; colonnes pour « Filles ». Il y a 103 couples sans information pour les deux mariés, il reste donc 249 cas ; au total 121 garçons non migrants et 136 filles non migrantes sont sans information quant à l'origine sociale.

Tableau 17 Origines des autres couples garçons-filles (217 cas)

	Nombre		Nombre
Garçon non migrant	29	**Fille migrante**	29
Nourrisseur	11	Cultivateur	6
Cultivateur	2	Vigneron	2
Jardinier vigneron	3	Journalier	4
Voiturier	3		
Autre	3	Autre	7
Sans information	7	Sans information	10

	Nombre		Nombre
Garçon migrant	120	**Fille non migrante**	120
Cultivateur	49	Nourrisseur	49
Vigneron	7	Cultivateur	5
Journalier	9	Jardinier vigneron	8
Tisserand	3	Voiturier	9
Autre	35	Autre	19
Sans information	17	Sans information	30
Garçon migrant	68	**Fille migrante**	68
Cultivateur	25	Cultivateur	10
Vigneron	1	Vigneron	13
Journalier	6	Journalier	4
Tisserand	5	Tisserand	2
Autre	10	Autre	15
Sans information	21	Sans information	24

Note : Les migrants sont classés selon l'activité de leur père.

Tableau 18 Origines des couples de veufs ou de veuves (191 cas)

	Nombre		Nombre
Veufs	29	**Veuves**	29
Nourrisseur	16	Nourrisseur	20
Cultivateur	3		
Voiturier	1		
Autre	9	Autre	9
Sans information	0	Sans information	0
Veufs	89	**Filles**	89
Nourrisseur	73	Nourrisseur	10
Autre	15	Autre	60
Sans information	1	Sans information	19
		dont migrantes	41
Veuves	73	**Garçons**	73
Nourrisseur	44	Nourrisseur	21
Autre	22	Autre	38
Sans information	7	Sans information	14
		dont migrants	33

Note : Cumul des migrants et des non migrants.

Quelques aperçus « culturels »

Tableau 19 La capacité à signer

Périodes	P1	P2	P3	P4	P5	P6	Ensemble
Garçons	55	71	96	162	106	49	539
% signe	54,5	60,6	65,6	66,7	72,6	71,4	66,0
Filles	51	66	104	168	115	58	562
% signe	23,5	37,9	46,2	55,4	65,2	67,2	52,0
Garçons/Filles	35	45	78	123	84	38	403
Garçon signe %	62,9	66,7	66,7	65,9	70,2	71,1	67,2
Fille signe %	28,6	48,9	47,4	63,4	70,2	78,9	58,6
Les 2 signent %	25,7	35,6	37,2	43,9	51,2	50,0	42,2
Migrants							
Garçons migrants	17	27	37	60	32	20	193
% signe	41,2	44,4	54,1	61,7	62,5	65,0	56,5
Filles migrantes	12	14	18	45	19	14	122
% signe	8,3	21,4	38,9	31,1	52,6	42,9	33,6
Non migrants							
Garçons	38	44	59	102	74	29	346
% signe	60,5	70,5	72,9	69,6	77,0	75,9	71,4
Filles	39	52	86	123	96	44	440
% signe	28,2	42,3	47,7	64,2	67,7	75,0	57,0

Note : Individus pour lesquels la capacité à signer est connue (signe, dessine, ne signe), sur 642 garçons et 658 filles, 569 couples garçons/filles, 222 migrants et 138 migrantes. Ne sont pas comptés ici comme signataires ceux qui « dessinent » leur nom. Les périodes sont celles de la création des couples (mariage).

Tableau 20 Les livres, les images
Taux de présence (%) – au moins 1 item

	Livres	Images	Crucifix	Nb invent.
Période 1718-1759	9,2	38,5	21,5	65
Période 1760-1799	7,0	43,4	17,1	129
dont intra-muros	8,3	42,7	16,7	96
dont extra-muros	3,0	45,5	18,2	33
Période 1800-1839	8,0	40,7	6,6	226
dont intra-muros	11,4	47,7	9,1	88
dont extra-muros	5,8	36,2	5,1	138
Ensemble	7,9	41,2	12,1	420

Note : Livres : 17 inventaires (4%) en contiennent 10 et plus. Ils sont désignés sous le terme de « volumes », le plus souvent « sujets de dévotion » sans détail.
Images : tableaux, estampes, gravures sous verre ; 49 inventaires (12%) en contiennent 10 et plus. Crucifix : ajouter 2 ou 3 bénitiers, 3 ou 4 "reliquaires", une dizaine de statuettes en plâtre ou en cire chez les mêmes.

Tableau 21 Les horloges et les montres
Taux de présence (%) – au moins 1 item

	Horloges	Montres	Nb inventaires
Période 1718-1759	**32,3**	**4,6**	**65**
Période 1760-1799	**58,1**	**31,8**	**129**
dont intra-muros	58,3	31,3	96
dont extra-muros	57,6	33,3	33
Période 1800-1839	**63,3**	**45,6**	**226**
dont intra-muros	65,9	46,6	88
dont extra-muros	61,6	44,9	138
Ensemble	**56,9**	**35,0**	**420**

Note : Horloge, pendule, réveil, cartel. Certains en ont plusieurs.
On trouve 14 individus avec un baromètre ou un baromètre-thermomètre ; le premier apparaît en 1785 ; ils sont pour moitié « intra-muros » et pour moitié chez des nourrisseurs ayant une activité de cultivateur.

Tableau 22 Le café ou le thé à la maison
Taux de présence (%) d'après la vaisselle inventoriée

	%	Nb inventaires
Période 1718-1759	**4,6**	**65**
Période 1760-1799	**8,5**	**129**
dont intra-muros	8,3	96
dont extra-muros	9,1	33
Période 1800-1839	**38,1**	**226**
dont intra-muros	40,9	88
dont extra-muros	36,2	138
Ensemble	**23,9**	**420**

Note : Cette notation est imprécise et sous-estime la présence des boissons stimulantes car elle dépend de la façon plus ou moins détaillée dont l'expert priseur a procédé lors de l'inventaire.

L'habitat

Tableau 23 Propriétaire ou locataire des lieux ?

	Locataire %	avec sous-locataires %	Propriétaire %	avec locataires %	Nb invent.
Période 1718-1759	53,8	6	46,2	11	65
Période 1760-1799	62,0	16	38,0	39	129
dont intra-muros	62,5	18	37,5	44	96
dont extra-muros	60,6	10	39,4	23	33
Période 1800-1839	57,5	5	42,5	42	226
dont intra-muros	56,8	10	43,2	55	88
dont extra-muros	58,0	1	42,0	33	138
Ensemble	**58,3**	**9**	**41,7**	**35**	**420**

	Locataire %	avec sous-locataires %	Propriétaire %	avec locataires %	Nb invent.
02-05 vaches	70,0	0	30,0	25	80
06-10 vaches	60,7	5	39,3	41	150
11-20 vaches	57,8	15	42,2	30	135
21-40 vaches	38,5	20	61,5	44	52
41 et plus	0,0	NS	100,0	NS	3

Note : Part des locataires et des propriétaires dans l'ensemble des inventaires d'une période. Part des locataires ayant des sous-locataires, part des propriétaires ayant des locataires. Les locataires dans le cadre d'une indivision familiale ont été considérés comme des propriétaires. Les locataires sont parfois des sous-locataires d'un locataire principal. Souvent les propriétaires n'occupent pas la totalité de la maison et louent une partie des pièces. Cette position est celle du moment de l'inventaire et pas celle de l'ensemble de la vie commune du couple qui n'est très souvent devenu propriétaire qu'au cours de leur vie ou par héritage. Les sous-locations des locataires et les locations des propriétaires sont révélées par les dettes actives et les baux de l'examen des papiers ; les baux verbaux payés aux échéances n'apparaissent pas.

Tableau 24 Nombre de pièces habitées et inventoriées – répartition %

	Une	Deux	Trois	4 et plus	Moyenne	Nb invent.
Période 1718-1759	**27,7**	**49,2**	**13,8**	**9,2**	**2,1**	**65**
Période 1760-1799	**16,3**	**43,4**	**27,9**	**12,4**	**2,4**	**129**
dont intra-muros	16,7	42,7	26,0	14,6	2,5	96
dont extra-muros	15,2	45,5	33,3	6,1	2,3	33
Période 1800-1839	**4,4**	**33,6**	**32,3**	**29,6**	**3,0**	**226**
dont intra-muros	6,8	33,0	29,5	30,7	3,0	88
dont extra-muros	2,9	34,1	34,1	29,0	3,0	138
Ensemble	**11,7**	**39,0**	**28,1**	**21,2**	**2,7**	**420**
02-05 vaches	20,0	43,8	25,0	11,3	2,3	80
06-10 vaches	15,3	44,0	27,3	13,3	2,4	150
11-20 vaches	5,9	39,3	31,1	23,7	2,8	135
21-40 vaches	3,8	19,2	26,9	50,0	3,7	52
41 et plus	0,0	0,0	33,3	66,7	4,0	3

Note : Salle, chambre, cabinet, cuisine inventoriés. En général un rez-de-chaussée plus un étage, parfois deux. La pièce unique est le plus souvent à l'étage. On note une multiplication des cabinets à partir des années 1770. Présence d'une cour toujours, d'un grenier souvent, d'une cave moins souvent. Moyenne 2,7 (écart-type 1,2).

Tableau 25 Les poêles, les commodes et les secrétaires -taux de présence %

	Poêle	Commode	Secrétaire	Nb inventaires
Période 1718-1759	**1,5**	**13,8**	**1,5**	**65**
Période 1760-1799	**14,0**	**54,3**	**1,6**	**129**
dont intra-muros	14,6	54,2	2,1	96
dont extra-muros	12,1	54,5	0,0	33

	Poêle	Commode	Secrétaire	Nb inventaires
Période 1800-1839	37,6	81,0	14,6	226
dont intra-muros	47,7	84,1	22,7	88
dont extra-muros	31,2	79,0	9,4	138
Ensemble	24,8	62,4	8,6	420

Note : Au moins un item de chaque meuble.

Poêles en faïence ou en terre et leurs tuyaux ; 3 poêles en fonte dans les années 1820. Les premières citations datent de 1757 puis de 1766. Le fourneau dans la cuisine apparaît à la même époque. Il y a une relation entre la présence d'un poêle et l'évolution du nombre de pièces ; deux pièces ou la pièce unique sont équipées d'une cheminée.

Commodes en bois, autre que du bois blanc, ou en placage avec ou sans dessus de marbre ; secrétaire ou bureau et table à écrire. Première mention d'une commode en 1736 puis en 1748. Première mention d'un secrétaire en 1748 puis en 1781. Six inventaires contiennent un meuble désigné comme bibliothèque.

Tableau 26 Les miroirs et les glaces

En %	Aucun	1 ou 2	3 et plus	Nb inventaires
Période 1718-1759	18,5	72,3	9,2	65
Période 1760-1799	16,3	73,6	10,1	129
dont intra-muros	13,5	72,9	13,5	96
dont extra-muros	24,2	75,8	0,0	33
Période 1800-1839	15,9	65,5	18,6	226
dont intra-muros	5,7	70,5	23,9	88
dont extra-muros	22,5	62,3	15,2	138
Ensemble	16,4	69,0	14,6	420

Note : Miroir de toilette, trumeau, glace sur pied, glace à la Dauphine, miroir tout court.

Tableau 27 Les matelas de laine

En %	Aucun	1 ou 2	3 ou 4	5 et plus	Nb invent.
Période 1718-1759	20,0	60,0	16,9	3,1	65
Période 1760-1799	10,1	51,9	29,5	8,5	129
Dont intra-muros	11,5	53,1	29,2	6,3	96
Dont extra-muros	6,1	48,5	30,3	14,5	33
Période 1800-1839	2,2	35,8	36,7	25,2	226
Dont intra-muros	0,0	22,7	42,0	35,2	88
Dont extra-muros	3,6	44,2	33,3	18,8	138
Ensemble	7,4	44,5	31,4	16,7	420

Tableau 28 Les écuries et étables – répartition %

En %	Une	Deux	Trois	Quatre plus	Nb invent.
Période 1718-1759	**29,2**	**49,2**	**15,4**	**6,2**	**65**
Période 1760-1799	**25,6**	**48,8**	**16,3**	**9,3**	**129**
Dont intra-muros	26,0	45,8	16,7	11,5	96
Dont extra-muros	24,2	57,6	15,2	3,0	33
Période 1800-1839	**28,3**	**46,0**	**18,1**	**7,5**	**226**
Dont intra-muros	26,1	39,8	22,7	11,4	88
Dont extra-muros	29,7	50,0	15,2	5,1	138
Ensemble	**27,6**	**47,4**	**17,1**	**7,9**	**420**

Note : Etables et écuries inventoriées et parfois estimées car les inventaires ne livrent pas toujours le nombre exact d'étables. Cette distribution est à relier directement avec la distribution du nombre de bestiaux présents. La moyenne varie peu autour de 2,1 écuries (écart-type 0,9).

Tableau 29 Pièce dédiée à la laiterie – taux de présence

	Présence en %	Nb inventaires
Période 1718-1759	**0,0**	**65**
Période 1760-1799	**20,9**	**129**
Dont intra-muros	20,8	96
Dont extra-muros	21,2	33
Période 1800-1839	**57,1**	**226**
Dont intra-muros	59,1	88
dont extra-muros	55,8	138
Ensemble	**37,1**	**420**

Note : En l'absence de pièce dédiée, le matériel de laiterie est en général présent dans la pièce servant de cuisine ou dans une écurie. Dans quelques cas la laiterie est un simple appentis ou un coin de hangar. La laiterie apparaît nommément pour la première fois dans un inventaire de 1761 avec 7 vaches.

Tableau 30 Présence (%) d'une laiterie par taille de la vacherie et périodes

Classes	1718-1759	1760-1779	1780-1799	1800-1819	1820-1839	Nombre
02 à 05	0,0	0,0	13,3	22,6	42,9	80
06 à 10	0,0	14,3	25,0	46,0	54,3	150
11 à 20	0,0	7,4	33,3	63,6	73,7	135
21 à 40	0,0	25,0	85,7	100,0	100,0	52
Ensemble	0,0	11,1	31,7	47,8	66,4	
Nombre	65	63	63	113	113	417

Note : Les trois vacheries avec plus de 40 têtes inventoriées autour de 1780 non pas été retenues du fait de leur caractère exceptionnel ; elles n'avaient pas de laiterie dénommée.

La taille des vacheries

Tableau 31 Répartition des inventaires et ventes par classes de nombre de vaches standards

Classes	02 à 05	06 à 10	11 à 20	21 à 40	Total	Nb moyen
Ensemble	**85**	**160**	**143**	**54**	**442**	**11,7**
%	19,2	36,2	32,4	12,2	100,0	
Intra-muros	35	92	91	39	257	12,7
Extra-muros	50	68	52	15	185	10,2
Par zones						
Z1 (O NO)	17	26	26	9	78	11,2
Z2 (N)	10	10	12	10	42	13,9
Z3 (NE)	15	42	25	5	87	10,3
Z4 (E SE)	11	25	31	21	88	14,7
Z5 (SE)	15	15	14	4	48	10,6
Z6 (SO)	17	42	35	5	99	10,1
Par périodes						
1718-1759	**6**	**24**	**27**	**8**	**65**	**12,3**
%	9,2	36,9	41,5	12,3	100,0	
1760-1779	**8**	**22**	**27**	**8**	**65**	**12,9**
%	12,3	34,4	41,5	12,3	100,0	
Intra-muros	6	20	21	8	55	13,2
Extra-muros	2	2	6	0	10	11,1
1780-1799	**15**	**21**	**22**	**7**	**65**	**11,6**
%	23,1	32,3	33,8	10,8	100,0	
Intra-muros	8	13	14	6	41	12,6
Extra-muros	7	8	8	1	24	9,8
1800-1819	**35**	**53**	**22**	**10**	**120**	**9,5**
%	29,2	44,2	18,3	8,3	100,0	
Intra-muros	10	24	11	6	51	10,9
Extra-muros	25	29	11	4	69	8,5
1820-1839	**21**	**40**	**45**	**21**	**127**	**12,8**
%	16,5	31,5	35,5	16,5	100,0	
Intra-muros	6	13	19	11	49	14,6
Extra-muros	15	27	26	10	78	11,8

Note : Inventaires et ventes de fonds ; les périodes sont celles de la rédaction de l'acte. Les classes sont fondées sur un nombre de vaches standard prenant en compte les vaches, les ânesses et les chèvres selon leur production relative. Le mode de la distribution se situe entre 5 et 9 vaches standards (7 vaches) sans être vraiment dominant. Moyenne 11,7, écart-type 7,5. Le mode « intra-muros » est égal à 6 (moyenne 12,7, écart-type 7,8) tandis que la distribution « extra-muros » est multimodale sans mode précis (moyenne 10,2, écart-type 6,9). Ces caractéristiques de la distribution ont varié au cours du temps.

Les trois vacheries « intra-muros » avec plus de 40 têtes inventoriées autour de 1780 non pas été retenues du fait de leur caractère exceptionnel dans l'échantillon (51 vaches en moyenne pour une période limitée). L'ensemble des inventaires et ventes de fonds révèle un nombre de vaches compris entre 2 et 56 vaches. Rien pour la fameuse « Laiterie Sainte Anne » à Gentilly et ses 140 vaches sous la Restauration ; rien non plus pour Dulot rue de Sèvres et sa centaine de vaches en 1814 (vacherie citée par André Guillerme à partir des rapports au Conseil de Salubrité).

Tableau 32 Répartition des inventaires et ventes par classes de taille std.

Classes	02 à 05	06 à 10	11 à 20	21 à 40	41plus	Total	Moyen.
Ensemble	85	160	143	54	3	445	12,0
Nourrisseur seul	65	120	105	36	2	328	11,7
%	19,8	36,6	32,0	11,0	0,6	100,0	
Propriétaire	17	37	37	20	2	113	13,9
Locataire	48	83	68	16	0	215	10,5
Pluriactif	15	30	30	16	1	92	13,3
%	16,3	32,6	32,6	17,4	1,1	100,0	
Propriétaire	7	22	20	12	1	62	14,5
Locataire	8	8	10	4	0	30	11,1
Ventes de fonds	5	10	8	2	0	25	10,7
%	20,0	40,0	32,0	8,0	0,0	100,0	
Avant 1800	29	67	76	23	3	198	12,8
Nourrisseur seul	18	60	65	22	2	167	13,0
%	10,8	35,9	38,9	13,2	1,2	100,0	
Propriétaire	8	11	27	12	2	60	15,8
Locataire	10	49	38	10	0	107	11,6
Pluriactif	10	5	10	1	1	27	12,0
%	37,0	18,5	37,0	3,7	3,7	100,0	
Propriétaire	5	5	7	1	1	19	13,6
Locataire	5	0	3	0	0	8	8,2
Ventes de fonds	1	2	1	0	0	4	7,5
Après 1800	56	93	67	31	0	247	11,2
Nourrisseur seul	47	60	40	14	0	161	10,1
%	29,2	37,3	24,8	8,7	0,0	100,0	
Propriétaire	9	26	10	8	0	53	11,7
Locataire	38	34	30	6	0	108	9,4
Pluriactif	5	25	20	15	0	65	13,9
%	7,7	38,5	30,8	23,1	0,0	100,0	
Propriétaire	2	17	13	11	0	43	14,8
Locataire	3	8	7	4	0	22	12,1
Ventes de fonds	4	8	7	2	0	21	11,3
%	19,1	38,1	33,3	9,5	0,0	100,0	

Note : Les pluriactifs comprennent ici un marchand de bois (1807) et un garde de l'Hôtel de Ville (1777).

Tableau 33 Répartition des inventaires et ventes par classes de taille std.

Classes	0ou 1	02à05	06à10	11à15	16à20	21à40	Total	Moy.	Propriet
Au début		14	23	13	2	1	53	9,1	4
Avant 1800		8	14	7	1	1	31	9,3	3
%		25,8	45,2	22,6	3,2	3,2	100,0		9%
Après 1800		6	9	6	1	0	22	8,9	1
%		27,3	40,9	27,3	4,5	0,0	100,0		5%
Entre-deux		62	110	72	44	46	334	12,1	134
Avant 1800		21	49	41	23	20	154	12,6	66
%		13,6	31,8	26,6	14,9	13,0	100,0		43%
Après 1800		41	61	31	21	26	180	11,7	68
%		22,8	33,9	17,2	11,7	14,4	100,0		38%
A la fin	23	13	30	8	5	8	87	11,5	57
Avant 1800	3	3	4	2	3	3	18	17,2	10
%	16,6	16,6	22,2	11,1	16,6	16,6	100,0	ou14,3	56%
Après 1800	20	10	26	6	2	5	69	10,0	48
%	29,0	14,5	37,7	8,7	2,9	7,2	100,0	ou 7,0	70%

Note : « Au début » : inventaires des couples garçons filles avec un décès après au maximum 5 ans de mariage avec ajout de six cas non retenus dans l'échantillon des 420 inventaires ; il y a un cas exceptionnel en 1769 avec 36 vaches (héritage récent). « A la fin » : inventaires des couples pour lesquels l'homme est âgé de 55 ans et plus avec ajout de 26 cas non retenus dans l'échantillon ou sans activité apparente de nourrisseur (pas de vaches ou 1 vache, anciens nourrisseurs, personnes âgées). Au total 474 cas. Les 3 inventaires avec plus de 40 vaches, parmi les « entre-deux », n'ont pas été exposés.

Inventaire des animaux et des matériels présents

Tableau 34 Nourrisseurs en ayant et nombre total d'item par périodes

Périodes	P1	P2	P3	P4	P5	P6	Total	moy
Inventaires nombre	25	40	67	66	120	127	445	
Vache Ets en ayant	25	40	66	66	120	126	443	
Vache nombre	276	506	910	806	1135	1604	5237	11,8
Cheval Ets en ayant	20	37	58	60	100	112	387	
Cheval nombre	23	89	138	109	179	232	770	2,0
Petit cheval Ets en ayant	5	3	12	10	13	10	53	
Petit cheval nombre	5	4	12	10	13	11	55	1,0
Ane Ets en ayant	10	6	11		18	13	58	
Ane nombre	10	6	11		18	13	58	1,0
Anesses Ets en ayant	1	4	4		4		13	
Anesses nombre	1	19	54		55		129	9,9
Chèvres Ets en ayant		3	3	1	8	6	21	
Chèvres nombre		18	15	1	9	18	61	2,9
Porcs Ets en ayant	5	10	20	14	23	22	94	

Périodes	P1	P2	P3	P4	P5	P6	Total	moy
Porcs nombre	9	18	46	34	45	51	203	2,2
Lapins Ets en ayant			2	2	5	7	16	
Lapins nombre			20	30	49	53	152	9,5
Volailles Ets en ayant	17	23	46	44	81	93	304	
Volailles nombre	480	685	1506	1429	2389	2930	9419	31,0
Charrette Ets en ayant	10	36	55	57	92	97	347	
Charrette nombre	10	53	86	87	134	153	523	1,5
Petite charrette Ets en ayant	9	4	17	24	47	48	149	
Petite charrette nombre	9	5	18	26	53	57	168	1,1
Tombereau Ets en ayant	2	12	16	16	27	32	105	
Tombereau nombre	2	17	20	28	34	45	146	1,4
Charrue herses Ets en ayant	1	6	4	8	28	21	68	
Taux de présence (%)								
Cheval	80,0	92,5	86,6	90,9	83,3	88,2	87,0	
Petit cheval	20,0	7,5	17,9	15,2	10,8	7,9	11,9	
Ane	40,0	15,0	16,4	0,0	15,0	10,2	13,0	
Anesses	4,0	10,0	6,0	0,0	0,0	3,1	2,9	
Chèvres	0,0	7,5	4,5	1,5	6,7	4,7	4,7	
Porcs	20,0	25,0	29,9	21,2	19,2	17,3	21,1	
Lapins	0,0	0,0	3,0	3,0	4,2	5,5	3,6	
Volailles	68,0	57,5	68,7	66,7	67,5	73,2	68,3	
Charrette	40,0	90,0	82,1	86,4	76,7	76,4	78,0	
Petite charrette	36,0	10,0	25,4	36,4	39,2	37,8	33,5	
Tombereau	8,0	30,0	23,9	24,2	22,5	25,2	23,6	
Charrue et herses	4,0	15,0	6,0	12,1	23,3	16,5	15,3	

Note : Inventaires (420) et ventes de fonds (25). Cas avec 2 vaches et plus. Deux éleveurs d'ânesses n'ont pas de vaches.

Petite charrette, voitures « à lait » et carrioles (dont carrioles à boues). Charrettes et charrettes à moellons ou à gravats. On note six « voitures à chien ».

La distinction entre « petit cheval » et « cheval » n'est pas toujours faite. De même que celle entre « charrette ou voiture » et « petite charrette ou petite voiture ». Les « bourriques » solitaires, sans ânon, ont été considérées comme étant des ânes.

Il faut ajouter à cette liste : 14 taureaux, 5 génisses, 1 âne étalon, 8 boucs, 2 chevreaux et 2 moutons. Les petits cochons de lait n'ont pas été comptés. Peu de taureaux avant 1800, soit 2 « intra-muros » ; après 1800, 3 « intra-muros » et 8 « extra-muros », dont 5 chez des cultivateurs et nourrisseurs. Et 14 rouleaux et 2 tarares en compagnie des charrues.

Les vaches, les ânesses et les chèvres

Tableau 35 Répartition des vaches selon la couleur de leur robe (%)

Périodes	1719-59	1760-99	1800-19	1820-39	Ensemble
Rouge	51,4	48,6	40,2	35,6	40,0
Rouge blanc	7,6	10,6	11,8	12,7	11,8

Périodes	1719-59	1760-99	1800-19	1820-39	Ensemble
Noir	25,7	9,9	3,8	4,0	6,1
Noir blanc		1,0	2,1	3,2	2,4
Blanc		2,7	3,3	2,6	2,7
Brun	5,6	6,4	6,5	4,1	5,3
Blond		1,7	5,6	7,9	5,8
Bai		4,0	2,8	0,8	1,9
Caille	9,1	6,9	10,6	7,8	8,6
Gris		4,0	4,8	6,2	5,0
Bringé	0,7	4,2	6,9	6,5	5,9
Flamande			0,5	4,5	2,3
Normande			0,5	2,1	1,2
Autres			0,8	2,0	1,2
Ensemble	100,0	100,0	100,0	100,0	100,0
Nombre de vaches	144	405	797	1232	2578
Nombre de cas	16	40	91	92	239
Vaches/cas	9,0	10,1	8,8	13,4	10,8

Note : Principes de classement en fonction de la description donnée par les experts : Rouge, rouge clair, rouge foncé, rouge brun, roux, avec ou sans marque blanche au front ou au museau. Rouge et blanc, baillotte. Noir et blanc, pie, hollandaise. Blanc, blanc tâché. Brun, loup. Blond, isabelle. Caille, caille noir, caille rouge, moisi. Gris, gris rouge, gris cendré, gris moucheté, pague. Flamande, flamande rouge. Normande, Cotentine. Autres : 3 picardes, 2 artésiennes, 6 pannes ou pannetées et 20 indéterminées.

Tableau 36 Valeur unitaire des vaches lors des prisées
En livres tournois ou francs par tête par périodes de 20 ans

Périodes	Moyenne	Ecart-type	Nb de vaches	Nb de cas
1718-39	54,88	12,30	276	25
1740-59	61,85	17,69	493	39
1760-79	73,41	24,32	893	63
1780-99	120,66	46,19	720	58
1800-19	128,26	50,08	1095	114
1820-38	144,48	50,87	1457	114
Ensemble	112,59	53,47	4934	413

Note : Sans les années 1794 et 1795 et les inventaires sans prisée détaillée. Moyennes des valeurs moyennes de chaque inventaire. Dans certains cas on a du mal à comprendre la logique de la prisée. Quand on dispose d'informations sur les prix de vente aux bouchers par des nourrisseurs ou sur les prix d'achat aux marchands de bestiaux, on note un fort écart avec les prix des prisées du même inventaire ou du même moment. De même on note des écarts importants entre inventaires d'une même période restreinte, y compris pour le même individu ou sa femme. Et ces valeurs moyennes ont tendance à augmenter avec le nombre de vaches prisées dans l'inventaire. Il doit aussi y avoir un effet qualité du bovin.

Les combinaisons productives :

Vaches et ânesses et chèvres	7	(2%)
Vaches et ânesses	4	(1%)
Anesses et chèvres	2	(0%)
Vaches et chèvre	12	(3%)
Vaches seules	420	(94%)
Ensemble	445	(100%)
dont avec des ânesses	13	(3%)

Les ânesses sont les ânesses productives à l'exclusion des ânesses de bât.

Tableau 37 Les autres activités animales par périodes

Périodes	P1	P2	P3	P4	P5	P6	Total
Volailles	**25**	**40**	**67**	**66**	**120**	**127**	**445**
Aucune	8	17	21	22	39	34	141
%	32,0	42,5	31,3	33,3	32,5	26,8	31,7
Moins de 10	1	2	4	2	12	3	24
10 à 24	9	9	24	16	20	38	116
25 à 49	4	9	9	19	36	36	113
50 et plus	3	3	9	7	13	16	51
Intra-muros	15	21	39	29	34	38	178
Extra-muros	2	2	7	15	47	53	126
Porcs	**25**	**40**	**67**	**66**	**120**	**127**	**445**
Aucun	20	30	47	52	97	105	351
%	80,0	75,0	70,1	78,8	81,5	82,7	78,9
1 ou 2	4	8	16	10	17	14	69
3 et plus	1	2	4	4	6	8	25
Intra muros	5	8	17	12	13	10	65
Extra-muros	0	2	3	2	10	12	29

Tableau 38 Nombre de volailles par classes de taille standard

Classes	02 à 05	06 à 10	11 à 20	21 à 40	41 plus	Total
Aucune	44	54	35	8	0	141
%	52,4	33,8	24,8	14,8	0,0	31,9
Moins de 10	9	7	7	1	0	24
10 à 24	22	44	39	10	1	116
25 à 49	10	41	49	12	1	113
50 et plus	0	14	13	23	1	51
Ensemble	85	160	143	54	3	445

Note : La relation positive entre le nombre de volailles et le nombre de vaches est statistiquement significative.

Les volailles regroupent les poules, les poulets, les coqs, les canards, les oies, les dindes et dindons mais pas les pigeons. Les poules sont très majoritaires. Plus de la moitié (15 sur 25) des ventes de fonds et apports au mariage ne comportent pas de volailles et sont référencées dans « aucune ». De même, seules 2 ventes de fonds sur 25 comportent des porcs.

Les lapins apparaissent dans 16 cas essentiellement à partir de 1800 ; pour moitié « intra-muros » ; leur nombre ne dépasse la dizaine que dans 5 cas.

La traction et le transport

Tableau 39 Les chevaux par périodes de 20 ans

Périodes	P1	P2	P3	P4	P5	P6	Total
Aucun	5	3	9	6	20	15	58
%	20,0	7,5	13,4	9,1	16,7	11,8	13,0
1	17	15	17	34	68	67	218
2	3	10	22	17	11	18	81
3 ou 4		9	14	5	16	19	63
5 et plus		3	5	4	5	8	25
Ensemble	25	40	67	66	120	127	445

Note : Hors petits chevaux. Ceux qui ont plus de 3 chevaux sont associés à des activités de transport (présence de plusieurs charrettes, de tombereaux multiples et de carrioles à boues) ou de culture (présence d'une charrue). Parmi ceux qui n'ont pas de chevaux se trouvent 5 ventes de fonds ou apports sur 25 avec seulement un petit cheval ou un âne. La presque totalité des chevaux sont dits « hors d'âge » ou en mauvais état et un des chevaux chez ceux qui en ont plusieurs est souvent dit « hors de servir ».

Tableau 40 Les chevaux par classes de taille standard

Classes	02 à 05	06 à 10	11 à 20	21 à 40	41 plus	Ensemble
Aucun	29	22	7	0	0	58
%	34,1	13,7	4,9	0,0	0,0	13,0
1	40	100	72	6	0	218
2	8	19	32	21	1	81
3 ou 4	1	13	26	22	1	63
5 et plus	7	6	6	5	1	25
Ensemble	85	160	143	54	3	445

Les combinaisons :

Cheval et petit cheval et âne	1	(0%)
Cheval et petit cheval	33	(7%)
Cheval et âne	37	(8%)
Cheval seul	316	(71%)
Petit cheval seul	19	(4%)
Ane seul	20	(4%)
Aucun des trois	19	(4%)
Ensemble	445	(100%)

Tableau 41 Les charrettes par périodes de 20 ans

Périodes	P1	P2	P3	P4	P5	P6	Total
Aucune	15	4	12	9	28	30	98
%	60,	10,0	17,9	13,6	23,3	23,6	22,0
1	10	24	34	33	66	65	232
2		9	14	19	17	21	80
3 ou 4		3	6	5	7	8	29
5 et plus		0	1	0	2	3	6
Ensemble	25	40	67	66	120	127	445

Note : Hors petites charrettes ou voitures à lait. Il faut garder à l'esprit que l'on peut parfois s'interroger sur les désignations de « charrette » ou « voiture » et de « petite charrette » ou « petite voiture », comme pour les chevaux. Sans parler des quelques guimbardes. Certaines ventes de fonds (4) ne comprennent pas de charrette ou de petite charrette.

Tableau 42 Les charrettes par classes de taille standard

Classes	02 à 05	06 à 10	11 à 20	21 à 40	41et plus	Ensemble
Aucune	42	40	16	0	0	98
%	49,4	25,0	11,2	0,0	0,0	22,0
1	34	95	80	23	0	232
2	6	15	34	23	2	80
3 ou 4	2	10	11	5	1	29
5 et plus	1	0	2	3	0	6
Ensemble	85	160	143	54	3	445

Les combinaisons :

Charrette et petite charrette et tombereau	45	(10%)
Charrette et petite charrette	54	(12%)
Charrette et tombereau	54	(12%)
Petite charrette et tombereau	2	(0%)
Charrette seule	194	(44%)
Petite charrette seule	48	(11%)
Tombereau seul	4	(1%)
Aucun des trois	44	(10%)
Ensemble	445	(100%)

Seize inventaires ne présentent aucun cheval d'aucune sorte, aucun âne, aucune charrette ou tombereau d'aucune sorte, tous présentent de 2 à 7 vaches, dont 11 inventaires après 1800. Trois voitures à bras sont citées dans ces derniers inventaires. Parmi les petites charrettes six d'entre elles sont dénommées « voiture à chien ». On note aussi cinq tonneaux sur roues ou voitures à eau.

« Petit cheval » et « âne » sont toujours accompagnés d'un bât et semblent souvent associés à une petite charrette ou voiture dite « à lait ». Soit :

Petit cheval ou âne et petite charrette	52	(12%)
Petit cheval ou âne sans petite charrette	59	(13%)
Petite charrette sans petit cheval ou âne	96	(22%)
Aucun des trois	238	(53%)
Ensemble	445	(100%)

Les possesseurs d'au moins un de ces équipements sont plus nombreux à la fois en haut et en bas de l'échelle des tailles que dans les classes intermédiaires (52% pour les plus petits de la classe 2 à 5 vaches et 54% pour les gros de la classe des plus de 20 vaches contre 43% et 46% pour les classes entre 6 et 20 vaches). Il n'y a pas d'évolution importante dans le temps. Mais reste le biais déjà cité des qualifications des chevaux et des charrettes.

La présence d'activités autres que celle de nourrisseur

On laisse de côté de côté trois inventaires d'individus désignés comme « nourrisseur » et présentant la prisée d'un marais, dont un n'a pas été retenu dans l'échantillon du fait de l'absence de vaches et de l'âge du décédé. Et on s'intéresse à ce qui dénote une activité agricole ou une activité de transport. Les principaux travaux agricoles peuvent être faits à façon par des cultivateurs de banlieue. Les critères de détermination sont la qualification des personnes, les matériels présents, les dettes et la prisée des labours, fumures et récoltes à faire. A l'examen des prisées, dans nombre de cas, ces cultures sont orientées vers la satisfaction des approvisionnements de l'élevage. Les transports concernent les charrois de pierres ou de gravats et la collecte des boues de Paris avec la présence de plusieurs « carrioles à boues » (on note par ailleurs une activité de vidangeur et trois sous-entrepreneurs des boues de Paris). Ne sont pas comptés ici un nourrisseur marchand de bois (1807) et un nourrisseur garde de l'Hôtel de Ville (1777).

Tableau 43 Autres activités par périodes

Périodes	P1	P2	P3	P4	P5	P6	Total
Aucune	23	33	62	54	85	98	355
%	92,0	82,5	92,5	81,8	70,8	77,2	79,8
Intra-muros	21	32	54	36	40	41	224
Extra-muros	2	1	8	18	45	57	131
Avec autre	2	7	5	12	35	29	90
Culture	1	3	1	9	28	20	62
Culture partiel	0	1	1	0	4	4	10
Transport	1	0	2	3	1	3	10
Culture transport	0	3	1	0	2	2	8
%	18,0	17,5	7,5	18,2	29,2	22,8	20,2
Intra-muros	2	6	3	6	11	8	36
Extra-muros	0	1	2	6	24	21	54
Ensemble	25	40	67	66	120	127	445

Tableau 44 Autres activités par classes de taille standard

Classes	02 à 05	06 à 10	11 à 20	21 à 40	41plus	Ensemble
Aucune	**70**	**130**	**114**	**39**	**2**	**355**
%	82,4	81,2	79,7	72,2	66,7	79,8
Intra-muros	31	81	78	32	2	224
Extra-muros	39	49	36	7	0	131
Avec autre	**15**	**30**	**29**	**15**	**1**	**90**
Culture	8	20	23	11	0	62
Culture partiel	0	3	4	2	1	10
Transport	5	3	0	2	0	10
Culture transport	2	4	2	0	0	8
%	17,6	18,8	20,3	27,8	33,3	20,2
Intra-muros	4	11	13	7	1	36
Extra-muros	11	19	16	8	0	54
Ensemble	**85**	**160**	**143**	**54**	**3**	**445**

Tableau 45 Autres activités par grandes périodes et classes de taille std.

Classes	02 à 05	06 à 10	11 à 20	21 à 40	41plus	Total	%
Avant 1800	**29**	**67**	**76**	**23**	**3**	**198**	**100,0**
Nourrisseur seul	19	62	67	22	2	172	86,9
% ensemble	65,5	92,5	88,2	95,7	66,7	86,9	
dont Intra-muros	15	51	54	21	2	143	72,2
dont Extra-muros	4	11	13	1	0	29	14,7
Avec autre activité	10	5	9	1	1	26	13,1
dont Intra-muros	4	4	7	1	1	17	8,6
dont Extra-muros	6	1	2	0	0	9	4,6
Après 1800	**56**	**93**	**67**	**31**	**0**	**247**	**100,0**
Nourrisseur seul	51	68	47	17	0	183	74,1
% ensemble	91,1	73,1	70,2	54,8	0,0	74,1	
dont Intra-muros	16	30	24	11	0	81	32,8
dont Extra-muros	35	38	23	6	0	102	41,3
Avec autre activité	5	25	20	14	0	64	25,9
dont Intra-muros	0	7	6	6	0	19	7,7
dont Extra-muros	5	18	14	8	0	45	18,2

Avant 1800, 11% des 160 nourrisseurs « intra-muros » ont d'autres activités, contre 24% des 38 nourrisseurs « extra-muros ». A près 1800, ces proportions sont de 19% pour les 100 nourrisseurs « intra-muros » et 31% pour les 147 nourrisseurs « extra-muros ».

Valeurs des prisées d'inventaire

Tableau 46 Valeurs des prisées par chapitres en livres tournois ou francs

Périodes	P1	P2	P3	P4	P5	P6	Total
Nombre d'inventaires	25	39	62	55	113	113	407
Intra-muros	25	39	52	38	46	42	242
Extra-muros	0	0	10	17	67	71	165
Moyenne nombre standard vaches	11,1	12,7	13,2	11,7	9,7	12,7	11,7
Écart-type du nombre de vaches	4,3	6,9	7,8	8,1	6,8	8,1	7,5
Classe 2-5 vaches Nombre	2	4	7	12	31	21	77
Classe 6-10 vaches Nombre	11	13	20	18	50	35	147
Classe 11-20 vaches Nombre	12	15	27	19	22	38	133
Classe 21-40 vaches Nombre	0	7	8	6	10	19	50
Moyenne du total de la prisée	1361	1855	2044	2675	2737	3472	2658
Écart-type du total de la prisée	539	1092	1403	2120	2178	2661	2167
Moyenne animaux et matériels	680	1084	1303	1917	1877	2627	1854
Écart-type animaux et matériels	263	656	945	1622	1601	2151	1693
Moyenne meubles et ustensiles	390	409	367	372	448	444	417
Écart-type meubles et ustensiles	157	300	190	258	311	350	293
Moyenne bijoux argenterie	125	135	126	105	64	88	97
Ecart-type bijoux argenterie	154	209	178	130	140	160	160
Nombre « sans »	9	6	7	13	52	35	122
Moyenne vêtements	113	162	164	215	167	160	167
Ecart-type vêtements	93	112	125	185	144	135	141
Moyenne des prisées de terres	26	218	153	213	715	622	544
Nombre ayant une prisée des terres	1	8	1	9	29	20	68
Moyenne deniers comptants	98	118	340	465	94	312	245
Nombre ayant deniers comptants	25	39	62	55	113	113	407
Moyenne créances (dettes actives)	87	238	330	304	310	579	370
Nombre ayant des créances	22	38	60	55	108	113	396
Moyenne dettes passives	501	991	1219	1299	2320	4950	2524
Nombre ayant des dettes passives	22	39	60	55	106	112	394

Note : Sans les 3 inventaires avec plus de 40 vaches autour de 1780 ; sans les 8 inventaires des années 1794 et 1795 (problème des assignats) ; sans 2 inventaires dont le total de la prisée n'a pas pu être calculé. Le nombre d'inventaires de la période P4 est donc en retrait par rapport aux autres périodes. Pour les valeurs il faut tenir compte de la stabilisation de la définition de la monnaie à partir de 1726 avec une petite modification en 1785 et 1799 (période P1 – 8 inventaires entre 1718 et 1725).

La catégorie « Prisée » ne comprend pas les deniers comptants et la prisée des terres mais inclut les réserves (ferrailles, bois, coupons de tissus, viande, vin, grains, fourrages). « *Animaux et matériels* » comprend les « ustensiles » destinés à faire valoir le fonds mais pas les réserves d'aliments pour le bétail.

Les ustensiles de laiterie sont inclus dans « meubles » quand ils sont mêlés aux ustensiles de cuisine et dans « animaux et matériels » quand une prisée particulière permet de les distinguer ; « meubles » est donc un peu gonflé et « animaux et matériels » un peu diminué avant environ 1770. « *Meubles* » comprend le linge de maison mais pas les chemises quand elles peuvent être distinguées. Dans « *vêtements* » peuvent être absents les vêtements de l'homme ou ceux de la femme et ne comprend pas ceux portés par le déclarant et ceux des enfants, non prisés[78]. « *Terres* » représente la prisée des semis et travaux ou de la récolte à faire selon les cas. « *Argenterie, bijoux* » et « *Deniers comptants* » comprennent les montants nuls ; 122 inventaires ne présentent ni bijoux, ni argenterie. Avant 1780 certains « petits » nourrisseurs, qui sont aussi voituriers, ont des montants relativement élevés en argenterie. « *Créances* » et « *Dettes* » comprennent les montants nuls mais pas les montants qui n'ont pas pu être clairement établis (mentions de « compte à faire », mentions sans montant ou contenu incertain en regard de ce qui figure dans l'exposition des papiers). Deniers comptants, créances et dettes sont des déclarations à la différence des autres éléments qui sont des dires d'experts (la prisée).

Tableau 47 Moyennes pondérées par classes de taille - livres ou francs

Périodes	P1 P2	P3	P4	P5	P6	Total
Nombre d'inventaires	64	62	55	113	113	407
Moyenne du nombre std. de vaches	11,3	12,1	12,0	11,6	11,8	11,7
Moyenne du total de la prisée	1603	1948	2737	3242	3216	2658
Moyenne animaux et matériels	881	1231	1962	2264	2418	1854
Moyenne meubles et ustensiles	393	361	380	501	422	417
Moyenne bijoux argenterie	127	123	107	72	82	97
Moyenne vêtements	141	156	219	185	153	167

Note : A structure constante de la répartition par classes de nombre de vaches standards. La pondération globale en fonction de la répartition de l'ensemble des inventaires par classes de taille standard est destinée à compenser l'effet des aléas de l'échantillonnage concernant la répartition des inventaires par taille et par période. Les périodes P1 et P2 (1718-1759) ont été fusionnées pour des raisons de représentativité.

---

78. Six inventaires après 1800 ne comportent pas de vêtements prisés. Nombre d'inventaires avec « vêtements d'homme » distincts 314, moyenne 68, écart-type 55. Nombre avec « vêtements de femme » distincts 330, moyenne 112, écart-type 96.

Tableau 48 Prisée - moyennes par classes de taille - livres ou francs

Périodes	P1 P2	P3	P4	P5	P6	Total
Classe 2 à 5 vaches	918	1533	1077	974	1448	1166
Classe 6 à 10 vaches	1153	1194	1799	2443	2175	1920
Classe 11 à 20 vaches	1848	2145	3252	4367	3804	3084
Classe 21 à 40 vaches	3325	4276	6615	6091	7433	5986
Ensemble	1662	2044	2675	2737	3472	2658
Intra-muros	1662	2088	2933	3352	4208	2740
Extra-muros	NS	1818	2099	2315	3036	NS

Tableau 49 Valeur de la prisée - répartition par classes en livres ou francs

Périodes	P1 P2	P3	P4	P5	P6	Total
200-500	2	3	1	3	2	11
500-1000	11	11	10	18	14	64
1000-2000	38	24	14	38	23	137
2000-3000	5	12	13	17	26	73
3000-4000	5	8	6	11	13	43
4000-5000	3	2	5	8	10	28
5000-6000	0	1	4	6	9	20
6000-7000	0	0	1	5	8	14
7000-8000	0	0	0	3	1	4
8000-9000	0	1	0	2	2	5
9000-10000	0	0	0	1	1	2
10000 plus	0	0	1	1	4	6
Ensemble	64	62	55	113	113	407
Moyenne	1662	2044	2675	2737	3472	2658

Tableau 50 Mobilier, argenterie, vêtements - moyennes par classes de taille - livres ou francs

Périodes	P1 P2	P3	P4	P5	P6	Total
Classe 2 à 5 vaches	513	592	364	390	378	410
Classe 6 à 10 vaches	501	485	585	661	550	575
Classe 11 à 20 vaches	757	698	796	997	700	774
Classe 21 à 40 vaches	1103	1010	1343	971	1285	1159
Ensemble	676	658	692	679	692	681
Intra-muros	676	693	736	805	851	744
Extra-muros	NS	476	594	594	598	NS

Tableau 51 Meubles - répartition des inventaires par classes - livres francs

Périodes	P1 P2	P3	P4	P5	P6	Total
30-100	0	0	2	1	6	9
100-250	5	8	10	18	12	53
250-500	25	16	12	32	30	115
500-750	15	21	8	24	27	95

Périodes	P1 P2	P3	P4	P5	P6	Total
750-1000	8	5	12	16	20	61
1000-1500	7	9	7	14	10	47
1500-2000	1	3	2	5	5	16
2000-3000	3	0	2	2	1	8
3000-4000	0	0	0	1	2	3
4000plus	0	0	0	0	0	0
Ensemble	64	62	55	113	113	407
Moyenne	676	658	692	679	692	681

Tableau 52 Animaux, matériels - moyennes par classes de taille - livres ou francs

Périodes	P1 P2	P3	P4	P5	P6	Total
Classe 2 à 5 vaches	338	884	705	544	956	696
Classe 6 à 10 vaches	620	706	1209	1622	1544	1265
Classe 11 à 20 vaches	1020	1367	2377	3064	2946	2173
Classe 21 à 40 vaches	2117	2949	5002	4670	5829	4517
Ensemble	926	1303	1917	1877	2627	1854
Intra-muros	926	1309	2107	2342	3178	1854
Extra-muros	NS	1274	1492	1557	2301	NS

Tableau 53 Animaux, matériels - répartition des inventaires par classes - livres ou francs

Périodes	P1 P2	P3	P4	P5	P6	Total
100-500	14	10	5	17	6	52
500-1000	32	18	13	25	20	108
1000-2000	13	23	18	34	25	113
2000-3000	5	8	7	14	26	60
3000-4000	0	2	6	7	14	29
4000-5000	0	0	5	9	10	24
5000-6000	0	1	0	4	4	9
6000-7000	0	0	0	2	2	4
7000-8000	0	0	0	1	3	4
8000-9000	0	0	0	0	1	1
9000-10000	0	0	1	0	1	2
10000plus	0	0	0	0	1	1
Ensemble	64	62	55	113	113	407
Moyenne	926	1303	1917	1877	2627	1854

Tableau 54 Actif et passif monétaires – en livres tournois ou francs

Périodes	P1	P2	P3	P4	P5	P6	Total
Nombre d'inventaires	25	39	62	55	113	113	407
Deniers comptants							
Nombre « sans »	13	20	33	15	40	37	158
% « sans » / ensemble	52,0	51,3	53,2	27,3	35,4	32,7	38,8
Nombre « en ayant »	12	19	29	40	73	76	249
Moyenne « en ayant »	204	242	726	639	146	463	400
Créances (dettes actives)							
Nombre « sans »	16	18	23	22	56	59	194
% « sans » / ensemble	64,0	46,2	37,1	40,0	49,6	52,2	47,7
Nombre « en ayant » montant indéter.	3	1	2	0	5	0	11
Nombre « en ayant » montant connu	6	20	36	33	52	54	202
Moyenne « en ayant » montant connu	319	452	535	507	643	1212	725
dont locataires % nombre « en ayant »	50,0	10,0	45,9	42,4	46,2	42,6	41,1
Dettes passives							
Nombre « sans »	4	1	5	7	5	1	23
% « sans » / ensemble	16,0	2,6	8,1	12,7	4,4	0,9	5,7
Nombre « en ayant » montant indéter.	3	0	2	0	7	1	13
Nombre « en ayant » montant connu	18	38	55	48	101	111	368
Moyenne « en ayant » montant connu	612	1017	1329	1488	2435	4995	2681
dont bestiaux % nombre « en ayant »	38,9	47,4	47,3	33,3	57,4	58,6	51,2
dont bestiaux moyenne « en ayant »	338	289	307	614	689	1313	793
dont aliments bétail % nb « en ayant »	44,4	44,7	47,3	58,3	65,3	74,8	61,5
dont aliments bétail moy. « en ayant »	121	322	325	302	639	1356	781

Note : La présence de « montants indéterminés » est liée aux mentions « compte à faire » ou à l'incertitude sur le montant du « reste dû » des billets et obligations. Les locataires sont ceux qui louent des pièces dans la maison du nourrisseur, propriétaire ou locataire (sous-location), ou des parcelles de terre dont celui-ci est propriétaire.

Les dettes actives sont essentiellement des petits prêts, des comptes de livraison de lait ou de fumier, des termes de loyers, des rentes liées aux partages des successions. Les cas de placement d'argent sont peu nombreux ; quelques obligations importantes sur des particuliers, quelques rentes constituées, quelques souscriptions d'emprunts publics, quelques souscription auprès de caisses d'épargne ou de banques dans les années 1820 et 1830. Les dettes passives importantes prennent la forme d'obligations, de billets à ordre, de comptes en cours chez les fournisseurs.

Bilan de l'activité

Tableau 55 Pluriactivité - valeurs par grandes périodes et classes de taille

Classes	02 à 05	06 à 10	11 à 20	21 à 40	Total
Avant 1800	**25**	**62**	**73**	**21**	**181**
Nourrisseur seul	17	57	63	20	157
% ensemble	68,0	91,9	86,3	95,2	86,7
Moyenne prisée	830	1296	2114	4201	1944
Moyenne meubles	375	515	715	1075	651
Moyenne dettes/actif	0,44	0,61	0,40	0,29	0,47
Avec autre activité	8	5	10	1	24
Moyenne prisée	1881	2091	3644	13155	3129
Moyenne meubles	651	579	936	2369	826
Moyenne dettes/actif	0,45	0,44	1,08	0,02	0,68
Après 1800	**52**	**85**	**60**	**29**	**226**
Nourrisseur seul	47	60	40	14	161
% ensemble	90,4	70,6	66,7	48,3	71,2
Moyenne prisée	988	1845	3803	7514	2574
Moyenne meubles	360	515	736	1166	582
Moyenne dettes/actif	1,24	1,20	1,15	0,93	1,17
Avec autre activité	5	25	20	15	65
Moyenne prisée	2835	3504	4425	6463	4419
Moyenne meubles	613	856	955	1186	944
Moyenne dettes/actif	0,62	0,97	1,03	0,98	0,96

Note : Le marchand de bois et le garde de l'Hôtel de Ville sont inclus. L'actif mobilier du rapport dettes/actif comprend la prisée, les deniers comptants et les créances de tous types. Pour ce ratio le nombre de cas calculables est inférieur au nombre d'inventaires retenus (16 manquants, dont 9 pluriactifs, sur 407). Il est un indicateur du poids de l'endettement.

Tableau 56 Propriété - valeurs par grandes périodes et classes de taille

Classes	02 à 05	06 à 10	11 à 20	21 à 40	Total
Avant 1800	**25**	**62**	**73**	**21**	**181**
Locataires	13	47	40	10	110
% ensemble	52,0	75,8	54,8	47,6	60,8
Moyenne prisée	1122	1324	2237	4540	1925
Moyenne meubles	404	513	645	1005	593
Moyenne dettes/actif	0,47	0,52	0,30	0,28	0,41
Propriétaires	12	15	33	11	71
Moyenne prisée	1214	1471	2428	4706	2374
Moyenne meubles	529	543	867	1255	802
Moyenne dettes/actif	0,42	0,87	0,73	0,27	0,63
Après 1800	**52**	**85**	**60**	**29**	**226**
Locataires	41	42	37	10	130

Classes	02 à 05	06 à 10	11 à 20	21 à 40	Total
% ensemble	78,9	48,8	61,7	34,5	57,5
Moyenne prisée	1142	1788	3767	6042	2475
Moyenne meubles	378	466	793	996	572
Moyenne dettes/actif	1,03	1,07	0,91	0,47	0,96
Propriétaires	11	43	23	19	96
Moyenne prisée	1253	2864	4402	7459	3957
Moyenne meubles	408	762	836	1271	840
Moyenne dettes/actif	1,79	1,21	1,46	1,24	1,34

Note : L'actif mobilier du rapport dettes/actif comprend la prisée, les deniers comptants et les créances de tous types. Pour ce ratio le nombre de cas calculables est inférieur au nombre d'inventaires retenus (16 manquants, dont 14 propriétaires, sur 407). Il est un indicateur du poids de l'endettement.

Tableau 57 Pluriactivité et propriété – ensemble de l'échantillon

Classes	Locataire	Propriétaire	Ensemble
Nourrisseur seul	**211**	**107**	**318**
% ensemble	51,8	26,3	78,1
Nombre vaches	10,5	12,9	11,3
Moyenne prisée	2089	2606	2263
Moyenne meubles	560	726	616
Moyenne dettes/actif	0,72	1,05	0,83
Pluriactif	**29**	**60**	**89**
% ensemble	7,1	14,7	21,9
Nombre vaches	11,3	14,0	13,1
Moyenne prisée	3196	4494	4071
Moyenne meubles	734	998	912
Moyenne dettes/actif	0,66	1,00	0,88
Ensemble	**240**	**167**	**407**
% ensemble	59,0	41,0	100,0
Nombre vaches	10,6	13,3	11,7
Moyenne prisée	2223	3284	2658
Moyenne meubles	581	824	681
Moyenne dettes/actif	0,71	1,04	0,84

Tableau 58 « Au début », « en fin d'activité » et « entre-deux »

Classes	02 à 05	06 à 10	11 à 20	21 à 40	Total
Avant 1800					
Au début	5	14	8	1	28
Moyenne prisée	973	1400	2308	6204	1755
Moyenne meubles	401	565	747	998	603
Moyenne dettes/actif	0,21	0,27	0,28	0,24	0,26
Entre-deux	19	44	61	19	143
Moyenne prisée	1130	1349	2248	4599	2135

Classes	02 à 05	06 à 10	11 à 20	21 à 40	Total
Moyenne meubles	437	517	697	1165	669
Moyenne dettes/actif	0,47	0,72	0,50	0,27	0,53
A la fin	1	4	5	2	12
Moyenne prisée	2810	1249	3187	4897	2795
Moyenne meubles	1283	403	1366	859	953
Moyenne dettes/actif	1,12	0,44	0,59	0,28	0,53
Après 1800					
Au début	6	8	7	0	21
Moyenne prisée	1267	1670	3431		2142
Moyenne meubles	328	459	709		505
Moyenne dettes/actif	1,55	0,77	0,86		1,03
Entre-deux	37	54	46	24	161
Moyenne prisée	1181	2296	4048	7106	3258
Moyenne meubles	377	583	834	1178	696
Moyenne dettes/actif	0,97	1,21	1,13	1,07	1,11
A la fin	10	25	7	5	47
Moyenne prisée	1028	2563	4341	6318	2901
Moyenne meubles	432	746	743	1167	724
Moyenne dettes/actif	1,72	1,47	1,27	0,31	1,38

Note : 412 cas. « Au début » : inventaires des couples garçons-filles avec un décès après au maximum 5 ans de mariage avec ajout de quatre cas non retenus dans l'échantillon de 407 inventaires. « A la fin » : inventaires des couples pour lesquels l'homme est âgé de 55 ans et plus avec ajout d'un cas non retenu parmi les 407 inventaires. « Entre-deux » : les autres inventaires parmi les 407 inventaires retenus.

Tableau 59 Part des bilans négatifs par périodes et classes de taille std.

Périodes	P1 P2	P3	P4	P5	P6	Ens.	Nb
Locataires nombre	**34**	**39**	**36**	**63**	**66**	**238**	
Moyenne dettes/actif mobilier	0,34	0,53	0,35	0,82	1,10	0,71	238
Moyenne « positif » livres francs	1058	1787	2613	1682	3054	2058	183
Moyenne « négatif » livres francs	-306	-1011	-3539	-1447	-1740	-1594	55
Locataires % négatifs	**5,9**	**10,3**	**5,6**	**31,7**	**40,9**	**23,1**	
Classe 2 à 5 vaches	0,0	25,0	0,0	34,8	50,0	34,0	54
Classe 6 à 10 vaches	11,1	13,3	7,1	36,4	47,4	25,0	88
Classe 11 à 20 vaches	0,0	6,7	7,7	28,6	34,8	18,4	76
Classe 21 à 40 vaches	0,0	0,0	0,0	0,0	16,7	5,0	20
Propriétaires nombre	**26**	**20**	**19**	**42**	**46**	**153**	
Moyenne dettes/actif mobilier	0,54	0,79	0,61	0,97	1,69	1,04	153
Moyenne « positif » livres francs	2139	3002	3107	2377	2746	2609	106
Moyenne « négatif » livres francs	-1262	-2100	-4491	-4242	-10360	-6162	47
Propriétaires % négatifs	**23,1**	**35,0**	**15,8**	**26,2**	**43,5**	**30,7**	
Classe 2 à 5 vaches	50,0	33,3	0,0	28,6	33,3	22,7	22
Classe 6 à 10 vaches	0,0	75,0	50,0	29,2	46,7	35,8	53

Périodes	P1 P2	P3	P4	P5	P6	Ens.	Nb
Classe 11 à 20 vaches	33,3	27,3	16,7	28,6	46,7	33,3	51
Classe 21 à 40 vaches	16,7	0,0	0,0	0,0	38,5	22,2	27
Ensemble nombre	**60**	**59**	**55**	**105**	**112**	**391**	
Moyenne dettes/actif mobilier	0,43	0,62	0,44	0,88	1,34	0,84	391
Moyenne « positif » livres francs	1474	2116	2771	1973	2931	2260	289
Moyenne « négatif » livres francs	-1023	-1704	-4110	-2439	-5408	-3699	102
Ensemble % négatifs	**13,3**	**18,6**	**9,1**	**29,5**	**42,0**	**26,2**	
Classe 2 à 5 vaches	16,7	28,6	0,0	33,3	47,6	30,3	76
Classe 6 à 10 vaches	8,3	26,3	16,7	32,6	47,1	29,1	143
Classe 11 à 20 vaches	17,4	15,4	10,5	28,6	39,5	24,4	125
Classe 21 à 40 vaches	14,3	0,0	0,0	0,0	31,6	14,9	47

Note : Ces bilans résultent de la somme de la prisée, des deniers et des dettes actives moins les dettes passives. Seuls les inventaires intégralement valorisés ont été retenus parmi les 407 inventaires étudiés ; 16 ne l'ont donc pas été. La distinction entre locataires et propriétaires est liée aux dettes subsistantes des propriétaires induites par l'achat des immeubles ou leur construction. Certains locataires de leur maison peuvent posséder quelques parcelles de terre qu'ils louent.

Tableau 60 Bilan des inventaires - répartition par classes - livres ou francs

Périodes	P1 P2	P3	P4	P5	P6	Total
-20000 moins	0	0	0	0	4	4
-20000 à -10000	0	0	0	2	5	7
-10000 à -5000	0	1	1	4	3	9
-5000 à -2000	1	3	4	4	11	23
-2000 à -1000	1	2	0	8	9	20
-1000 à -500	2	2	0	8	7	19
-500 à 10	4	3	0	5	8	20
10 à 500	9	7	3	14	7	40
500 à 1000	8	4	7	19	6	44
1000 à 2000	20	21	16	14	18	89
2000 à 5000	15	13	18	20	26	92
5000 à 10000	0	2	4	7	5	18
10000 à 20000	0	1	2	0	2	5
20000 plus	0	0	0	0	1	1
Ensemble	60	59	55	105	112	391
Négatifs	*8*	*11*	*5*	*31*	*47*	*102*
Positifs	*52*	*48*	*50*	*74*	*65*	*289*

Tableau 61 Tables des Successions et Absences - Enregistrement de Paris

An	Sexe	Age	Etat	Mariage	Décès Ho	Décès Fe	Meubles	Immeub	Revenu
1807	F	44	M	1803		1807	12335	10500	
1807	F	57?	M	1771	1823	1807	1211	10000	
1807	F	67	V	1767	1801	1807	38648	21660	
1807	M	56	V?	1778	1807	1804	32715	0	
1812	F	48?	M	1787		1812	5083	20400	
1812	F	77	V	1760	ND	1812	229	13000	
1812	M	54	M	1787	1812		5484	6000	
1812	M	42?	M	1797	1812		1059	0	
1817	F	42	M	1805		1817	5384	20000	2000
1817	M	55	M	1791	1817		7148	0	
1817	M	53	M	1797	1817		1420	16000	800
1817	M	43	M	1805	1817		4532	8400	420
1817	M	41	M	1805	1817		1467	0	
1822	F	29?	M?	1816		1822	3780	0	
1822	M	72?	C?	NS	1822		400	0	
1822	M	61?	V?	1803	1822	1822	2680	8600	860
1827	M	60	M	1794	1827	1832	1662	0	
1827	M	53	M	1803	1827	1834	164050	124000	6200
1832	F	75	M?	1782		1832	5401	0	
1832	M	60?	M?	1798		1832	6696	13000	650
1832	M	47	M	1807	1832	1843	18926	100000	5000
1837	F	38	M	1817	1857	1837	11465	28000	1400
1837	F	73	V?	1785	1836	1837	4100	58700	2935
1842	M	64	M	1801	1842		32271	437000	21850
1867	F	82	V	1805	1861	1867	121590	0	

Note : Extraits des tableurs Excel de la base issue des travaux sur la richesse des Parisiens de Piketty, Postel-Vinay et Rosenthal ; années 1807 à 1902 tous les cinq ans. Les points d'interrogation indiquent que l'information est manquante dans le tableur et estimée à partir de l'échantillon notarial. Les années en « 2 » sont moins détaillées que les années en « 7 ». Valeurs déclarées du mobilier et de l'immobilier en francs ; « revenu » est le revenu immobilier qui sert à calculer la valeur du capital au denier vingt. Notons que certains propriétaires n'ont pas déclaration immobilière et que la partie mobilière est plus élevée que ce que révèle l'inventaire. Dans quelques cas, toujours par comparaison avec les inventaires, on est en droit de se demander s'il n'y a pas une erreur d'ordre de grandeur due soit au rédacteur de la table, soit à la personne ayant saisi les chiffres.

Comparaisons des fortunes mobilières

Tableau 62 Répartition du total des biens inventoriés et prisés –XVIIIe s.

Classes Livres tournois	Paris (a)			Vexin (b)		Paris (c)
	Maîtres métiers	Gens métiers	Les deux	Manouvriers et artisans	Laboureurs	Nourrisseurs
Moins de 100	3	6	4	18	0	0
100 – 499	13	40	25	59	18	3
500- 999	12	26	19	14	25	14
1000-3000	37	20	29	9	46	60
3000-10000	28	7	19	0	11	22
Plus de 10000	7	1	4	0	0	1
Ensemble	100	100	100	100	100	100
Moyenne livres	3780	1170	2600	420	1980	2700
Nombre	211	174	385	77	28	158

Note : Total des valeurs de l'inventaire hors papiers, créances et dettes ; (a) Pardailhé-Galabrun (1988) 1727-1789 p. 464 ; (b) Waro-Desjardins (1996) p. 485 ensemble adapté pour les classes ; (c) Echantillon notarial 1727-1789 ; moyennes calculées sur le centre des classes adapté (la moyenne directe des nourrisseurs est égale à 2460 livres).

Tableau 63 Répartition des « fortunes » (hors immeubles) - % et moyennes

Classes Livres Francs	Paris - Salariés	Paris – Nourrisseurs			Sarthe Nord	
	1775-1790 (a)	1775-90 (b)	1760-74 (c)	1800-10 (d)	1762-69 (e)	1804-10 (f)
Moins de 500	50	2	2	5	18	2
500-1000	13	13	9	16	27	14
1000-3000	14	52	62	46	39	39
3000-10000	17	30	27	30	15	37
Plus de 10000	6	3	0	3	1	8
Ensemble	100	100	100	100	100	100
Moyenne L/F	1775	3275	2805	2865	2010	4265
Nombre	100	60	44	61	85	113
Meubles L/F	375	675	685	645	455	935
« Petits » L/F	265	465	430	480	250	475
« Gros » L/F	775	870	770	1040	715	1475

Note : (a) Roche (1998) p.101-116 ; (b)/(c)/(d) Echantillon notarial – exclusion d'un cas exceptionnel des années 1780 ; (e)/(f) Gautier (2010) reprise des échantillons de bordagers et de laboureurs. Les moyennes sont calculées directement.

La « fortune » suit ici la définition de Daniel Roche à l'exception de ce qu'il a appelé « immeubles », peu nombreux ; soit mobilier, linge, vêtements, argenterie, deniers, rentes, créances et dettes actives. « Meubles » comprend le mobilier, l'argenterie et les vêtements ; avant 1780 certains « petits » nourrisseurs pluriactifs ont des montants relativement élevés en argenterie et vêtements et ont été déduits pour le calcul de la moyenne. Les « petits » sont ceux qui ont une activité inférieure à la moyenne (moins de 11 vaches standards pour les nourrisseurs et moins de 10 ha pour les cultivateurs du Nord de la Sarthe) et les « gros » ceux supérieurs à la moyenne. La répartition des Sarthois par classes de taille d'exploitation est quasiment identique dans les échantillons des deux périodes. Il y a apparemment deux populations statistiquement différentes chez les « salariés » de Daniel Roche, qui correspondent plus ou moins aux « gens de métier » du tableau précédant ; il semble que cela soit dû à la prise en compte ici des rentes et créances ; les « petits » sont dans ce cas ceux qui ont une fortune inférieure à 1000 livres et les « gros » celles supérieures à 3000 livres. Retenons au sujet de cette dernière source un problème de cohérence entre les différents chiffres exposés. En outre la représentativité des relevés des « gens de métier » ou des « salariés » n'est pas assurée car parmi ceux-ci nombreux étaient ceux qui ne faisaient pas faire d'inventaire.

Tableau 64 Fortune des Parisiens au décès pour les classes les plus élevées

Fractiles	Ensemble	P90	P95	P99
Seuils	Nb positifs	Francs	Francs	Francs
1807	3 647 (31,5%)	5 528	21 410	107 045
1812	3 889 (33,0%)	5 590	22 236	121 683
1817	3 287 (27,5%)	3 947	19 070	112 829
1822	3 965 (30,0%)	6 235	25 954	145 380
1827	3 877 (27,5%)	7 681	34 600	201 225
1832	7 087 (22,3%)	3 500	25 314	178 049
1837	4 922 (29,2%)	6 627	34 999	223 060
Moyennes	Francs	Francs	Francs	Francs
1807	5 621	53 984	96 328	287 671
1812	5 947	57 081	101 975	296 446
1817	5 888	57 491	105 031	337 345
1822	8 358	81 420	149 274	483 667
1827	9 066	88 231	159 403	448 693
1832	7 970	78 767	146 168	446 709
1837	9 714	94 925	172 648	486 205
Part dans le total (%)				
1807	100,0	96,0	85,7	51,2
1812	100,0	96,0	85,7	49,8
1817	100,0	97,6	89,2	57,3
1822	100,0	97,4	89,3	57,9
1827	100,0	97,3	87,9	49,5
1832	100,0	98,8	91,7	56,0
1837	100,0	97,7	88,9	50,1

Note : Décédés de 20 ans et plus, part (%) des « positifs » dans l'ensemble. Données extraites de Piketty, Postel-Vinay, Rosenthal (2004).

Tableau 65 Fortune des Français au décès pour les classes les plus élevées

Fractiles	Ensemble	P90	P95	P99
Seuils		Francs	Francs	Francs
1807		2 358	5 288	28 000
1817		1 845	4 136	21 900
1827		3 706	8 309	44 000
1837		3 965	7 820	51 511
Moyennes	Francs	Francs	Francs	Francs
1807	1 664	13 159	23 344	72 247
1817	1 541	12 484	22 146	68 541
1827	2 732	22 507	39 928	123 573
1837	3 049	24 277	43 432	133 452
Part dans le total (%)				
1807	100,0	79,1	70,2	43,4
1817	100,0	81,0	71,9	44,5
1827	100,0	82,4	73,1	45,2
1837	100,0	79,6	71,2	43,8

Note : Décédés de 20 ans et plus. Données extraites de Piketty, Postel-Vinay, Rosenthal (2004).

Selon les travaux sur l'échantillon « TRA Patrimoine »[79] la part des déclarations positives serait d'environ 70% pour la France Entière à cette époque (75% pour les seuls ruraux). L'échantillon parisien montre une situation tout à fait inverse avec 70% de successions nulles ou non déclarées. Avant 1825 il y avait deux tables dans les bureaux de l'Enregistrement, celle des « décès et absences » et celle des « successions acquittées » ; ces deux tables ont été ensuite remplacées par une seule table, celle des « successions et absences » (TSA), qui permettait un meilleur contrôle des déclarations de succession, obligatoires au plus tard six mois après le décès. En 1817 on peut soupçonner un effet retardé de « l'année sans été » (volcanisme) ; en 1832 on note l'effet de l'épidémie de choléra.

---

79. BOURDIEU, POSTEL-VINAY, SUWA-EISENMANN 2003, 2004, 2008.

ANNEXE C LES CARTES DE SÛRETÉ DE 1793-95

L'exploitation des registres contenant l'enregistrement de la délivrance des cartes dites « de sûreté » ou « de civisme » dans les Sections parisiennes entre la fin de 1792 et 1795 a été faite par des universitaires pour certaines Sections révolutionnaires dans les années 1960 et 1970. Deux publications sur trois Sections du Faubourg Saint Antoine (le futur 8e arrondissement de 1795) et sur trois Sections du Faubourg Saint Marcel (le futur 12e arrondissement de 1795) ont vu le jour au début des années 1980[80]. Un sondage a été effectué dans les années 1980 par des chercheurs de l'INED dont les résultats ont été publiés en 1986[81]. Une base de données a été constituée dans le cadre de la Bibliothèque généalogique de France (Bibgen). A la fin des années 1990 une analyse de cette base dans sa situation de l'époque a été publiée par des universitaires[82] ; elle concernait dans un premier temps l'origine géographique des Parisiens et devait être suivie par l'étude des professions, qui n'a sans doute jamais eu lieu. Les informations que l'on peut tirer de ces registres concernent les hommes de 15 ans et plus, leur âge, leur profession, leur adresse, leur origine géographique et leur date d'arrivée à Paris ainsi que leur capacité à signer. Depuis lors cette base s'est enrichie et je vais en présenter l'utilisation que j'ai pu en faire au sujet des nourrisseurs de bestiaux. A la même époque un essai de recensement des Normands des Sections du Nord (futur 5e arrondissement pour l'essentiel) et de leurs professions a été tenté et le texte est disponible sur internet[83]. Ces cartes de Sûreté font aussi l'objet d'une base de données à l'accès payant dans le cadre de la Bibliothèque généalogique de France (Bibgen).

Seules 30 Sections sur 48 ont conservé des registres. Il n'y a plus rien pour le quart nord-ouest de Paris sur la rive droite. Ces registres sont conservés aux Archives Nationales sous les cotes F/7/4785 à 4808-24. Mais dans certains cas ils sont incomplets ou abîmés. L'orthographe est souvent fantaisiste et les écritures pas toujours très lisibles. Toutes les rubriques ne sont pas systématiquement renseignées et il y a des lacunes. L'enregistrement et l'exploitation de ces données sont donc parfois compliqués. Les cartes ont été renouvelées à plusieurs reprises et un même individu peut être recensé deux fois.

---

80. MONNIER, 1981, BURSTIN, 1983.
81. BLUM et HOUDAILLE, 1986.
82. FARON et GRANGE, 1999.
83. CANU, 1987.

La base de données « Bibgen » a été constituée dans le but de servir aux recherches généalogiques. L'interface de l'application ne permet que des recherches limitées dont le but est la diffusion de fiches payantes. Un autre type d'accès à cette base et aux fiches payantes existe dans geneanet.org. En combinant les deux types de recherche j'ai pu tirer des informations sur les nourrisseurs de bestiaux et faire une comparaison avec la liste que j'ai établie à partir des actes notariés pour la même époque et les mêmes circonscriptions.

Au printemps 2016 la base contient 182165 références, dont des doublons, sur un potentiel théorique d'environ 205000 cartes. Il semble donc que tous les registres n'ont pas été ou pas pu être dépouillés. En 1999, il y avait 134042 cartes saisies dans la base et certaines Sections étaient plutôt déficitaires. Je ne connais pas la situation actuelle à cet égard. Les Sections concernées représentent environ les deux tiers de la population présente à Paris vers 1793-95.

Nous avons donc accès aux professions, aux adresses, aux lieux d'origine quand ils ont été renseignés et dans certaines circonstances favorables à une année (naissance ou arrivée à Paris ?). Mais pas aux signatures. La profession des nourrisseurs a été repérée sous huit orthographes différentes. Les adresses n'ont pu être déterminées que pour les trois quarts des nourrisseurs. Les mentions des lieux d'origine sont parfois fantaisistes.

On extrait donc 201 nourrisseurs, dont 2 garçons nourrisseurs, y compris les renouvellements de cartes. Soit 0,11% des cartes enregistrées. Après élimination des doublons il reste 178 individus dont 107 ne sont pas originaires de Paris intra-muros (définition de 1790). Il y a donc 23 doublons sur les 201 enregistrements extraits (11%).

La liste des individus issue des actes notariés pour la même étendue géographique et la même période comprend 151 nourrisseurs dont 22 présentent des incertitudes sur leur présence en 1793-95 ou leur présence intra-muros. Seuls 74 hommes se trouvent dans les deux listes. Donc 104 hommes issus de Bibgen ne sont pas connus dans l'échantillon notarial. Parmi les 77 autres hommes présents dans l'échantillon notarial, 19 ont été repérés sans ambigüité dans Bibgen, 22 sont indécidables du fait des homonymies (dont 6 incertains) et 36 n'ont pas pu être retrouvés dans Bibgen (dont 16 incertains). Au total, en combinant les deux sources, on peut considérer que, dans les Sections parisiennes retenues, 213 hommes de plus de vingt ans ont une activité de nourrisseurs, ou l'ont eu ou l'auront. Certains sont les fils non encore mariés d'un nourrisseur présent dans la base. Parmi les 19 hommes de l'échantillon notarial repérés dans Bibgen, on retrouve 12 professions autres que celle de nourrisseur, qui sont en fait pour la plupart celles déclarées dans leur contrat de mariage. Ces 213 hommes représentent 0,13 à 0,16% des hommes enregistrés sans doubles selon le taux retenu pour le renouvellement des cartes. Par extrapolation sur l'ensemble de Paris on trouve 315 nourrisseurs à comparer aux 325 nourrisseurs du sondage de 1986. Cette extrapolation suppose que la structure moyenne de la population des Sections manquantes soit bien représentée par celle des Sections étudiées.

Comptage sur les adresses dans l'interface Bibgen (doublons inclus) et dans la liste de l'échantillon notarial (hors individus incertains).

Arrondissements	Bibgen	Echantillon
P04	1	1
P05	51	39
P06	6	2
P07	0	0
P08	53	42
P10	21	22
P11	0	4
P12	19	20
Non trouvées	50	0
Total	201	130

Note : Les arrondissements sont ceux de 1795-1859.

Régions d'origine des 213 nourrisseurs retenus

Régions d'origine	Nourrisseurs	%
Basse Normandie	28	13,2
Bourgogne Franche-Comté	16	7,5
Picardie	14	6,6
Champagne Lorraine	13	6,1
Ile de France	12	5,6
Savoie	6	2,8
Nord Pas de Calais	5	2,4
Auvergne	2	0,9
Autres	5	2,4
Etranger	2	0,9
Non trouvées	3	1,4
Paris et Seine	107	50,2
Ensemble	213	100,0

Note : Ile de France comprend Seine et Oise et Seine et Marne.

Sur les 178 individus extraits de Bibgen, 71 ont Paris intra-muros pour origine déclarée (ou vide) soit 40% (et 99 sur le total des 213 soit 46%). Dans cette base, les autres départements d'origine sont parfois erronés du fait des difficultés de détermination en présence de lieux homonymes ou mal orthographiés (plusieurs cas trouvés dans la comparaison Bibgen /échantillon notarial). Le taux trouvé de 49,8% de migrants, originaires de lieux situés en dehors de la Seine, est à comparer avec le taux de 48,5% de migrants trouvé parmi les garçons de l'échantillon notarial dont l'origine est connue (75% des garçons) et qui se sont mariés dans la période 1760-1799.

Le sondage des chercheurs de l'INED de 1986 portait sur 12172 individus issus des registres de 25 Sections parisiennes. Parmi eux 673 ne comportaient pas d'indication d'origine (5,5%) et 314 pas d'indication de profession (2,7%). Les nourrisseurs sondés étaient au nombre de 17. L'extrapolation aboutit à 210890 hommes de vingt ans et plus répartis selon leur département d'origine (dont 11034 inconnus soit 5,2%). Les nourrisseurs sont 325 sur 205520 hommes dont la profession est connue soit 0,16 %. Ils sont 31% à être nés hors Paris et 51% signent le registre. L'extrapolation suppose que les Sections non sondées ont la même structure que les Sections sondées.

L'exploitation de la base Bibgen en 1999 ne porte que sur le département d'origine des hommes. Cette origine n'était renseignée de façon utilisable que pour 90467 individus sur les 134042 enregistrements de la base ; ce qui augmente sans doute la part des Parisiens. Les professions n'ont pas été étudiées. Les départements référencés sont les départements actuels et non ceux de 1793 comme dans le cas du sondage de 1986. Ce qui pose un petit problème pour comparer la proportion des Parisiens d'origine entre les deux études. Ces résultats supposent que pour chaque Section les cartes qui ne sont pas encore enregistrées dans la base répondent à la même structure que celles qui ont été enregistrées et étudiées.

Dans le tableau ci-dessous les résultats du sondage de 1986 sont recalculés pour ne pas tenir compte des « inconnus » afin d'être comparables à ceux de Bibgen 1999. Les régions exposées sont celles révélées par les 213 individus de l'extraction Bibgen/Echantillon notarial de 2016.

Régions d'origine de l'ensemble des encartés de 1793.

Régions	Sondage 1986 %	Bibgen 1999 %
Basse Normandie	4,5	4,5
Bourgogne Franche-Comté	7,2	6,4
Picardie	7,0	6,3
Ile de France	8,1	6,7
Champagne Lorraine	10,3	9,5
Savoie	1,2	0,9
Nord Pas de Calais	2,6	2,5
Auvergne	3,2	2,7
Autres	20,6	19,7
Etranger	4,8	2,9
Paris et Seine	30,5	37,9

Note : Pour Bibgen 1999, l'incertitude sur la répartition entre Paris, la Seine et le reste de l'Ile de France tient à ce que les résultats ont été publiés dans le cadre des départements actuels et non dans celui des départements de l'époque.

ANNEXE D QUELQUES STATISTIQUES D'ÉPOQUE

L'activité laitière au début de la Restauration à Paris

Arrondissements	Nombre de vaches 1814	Nombre de nourrisseurs 1820	Nombre de laitières 1820	Vaches/ Nourrisseur
P01 1er	362	60	113	6,0
P02 2e	125	21	268	6,0
P03 3e	49	4	106	12,3
P04 4e	0	0	82	
P05 5e	388	43	123	9,0
P06 6e	100	15	221	6,7
P07 7e	9	2	115	4,5
P08 8e	680	62	167	11,0
P09 9e	6	2	111	3,0
P10 10e	301	41	161	7,3
P11 11e	120	12	126	10,0
P12 12e	462	64	56	7,2
Paris total	2602	326	1649	8,0
Arrond. St Denis	2150			
Arrond. Sceaux	2730			

Note : Arrondissements d'avant 1860 (1795-1859).

Sources :

1) Extraits du rapport sur l'épizootie de 1814 – nombre de vaches présentes déclarées lors de l'enquête ; arrondissement de Saint Denis chiffre estimé, total affiché 1650 mais 9 communes sur 38 n'ont pas fourni de données ; arrondissement de Sceaux 41 communes. Le total Seine est donc estimé à environ 7500. Dans leur rapport les experts font montre d'un peu de scepticisme sur l'exactitude du dénombrement.

2) Recherches statistiques sur la Ville de Paris et le département de la Seine vol. 2 -1823 tableau 81 du nombre de commerces dans Paris par arrondissements (anciens) – peut-être sur la base des patentes et/ou des autorisations de vacherie et d'activité de vente du lait vers 1820 – le total affiché du nombre de « laitières » est 1749 (il y a une erreur quelque part ; peut-être 156 au lieu de 56 dans le 12e arrondissement).

Pour l'interprétation du nombre de vaches par nourrisseur, il faut retenir que le nombre de vacheries à Paris a sans doute augmenté entre 1814 et 1820 et qu'en 1814 les troupes alliées avaient réquisitionné, sinon pillé, les bestiaux et que des nourrisseurs « extra-muros » s'étaient réfugiés « intra-muros » avec leurs bêtes.

Nombre de rapports de conformité et d'autorisation de vacheries par le Conseil de Salubrité de la Seine par années de 1814 à 1830.

1814	1815	1816	1817	1818	1819	1820	1821	1822
18	10	43	126	85	74	62	54	44

1823	1824	1825	1826	1827	1828	1829	1830
30	38	19	10	21	20	18	16

Le Rapport général d'activité du Conseil de Salubrité pour 1827 dit qu'il s'agit désormais de cas de déménagement ou de changement de propriétaire plus que de cas de nouvelles vacheries. André Guillerme indique qu'entre 1817 et 1822, 400 déclarations de vacheries portaient sur un peu plus de 3000 vaches soit un peu moins de 8 vaches par étable. L'étable la plus courante était prévue pour une dizaine de vaches sur deux rangs. Mais il s'agit là de déclarations préalables, qui concernent en outre Paris « extra-muros » pour une part sans doute importante. Les Rapports généraux indiquent de façon répétitive que les effectifs réels sont souvent supérieurs aux effectifs primitivement déclarés et révèlent une surpopulation dommageable.

Enquêtes statistiques agricoles (Statistique de la France)

Effectifs des animaux dans le département de la Seine

Arrondissements	E1830	E1836-40	E1852
Vaches			
Paris	ND	3176	ND
Saint Denis	ND	6657	8220
Sceaux	ND	6106	5022
Seine total	14120	15939	ND
Chèvres			
Paris	ND	0	ND
Saint Denis	ND	698	700
Sceaux	ND	271	334
Seine total	661	969	ND
Anes Anesses			
Paris	ND	290	ND
Saint Denis	ND	872	992
Sceaux	ND	570	382
Seine total	ND	1732	ND

Note : Paris n'a pas participé à l'enquête de 1852. En 1856 Husson indique le chiffre de 2302 vaches à Paris d'après une moyenne de dix ans des ventes de vaches sur le marché ; soit environ 15550 vaches pour le département de la Seine à cette époque.

Sources : Publications de la Statistique de la France ; *Archives Statistiques*, 1837, pour E1830 ; *Agriculture (1e série)*, 1840-41, pour E1836-40 ; *Agriculture (2e série)*, 1858-60, pour E1852.

Estimation du nombre de vaches présentes dans Paris « intra-muros »

L'abbé Tessier donne le chiffre de 1200 vaches laitières dans son tableau de la consommation de Paris vers 1788 ; celles-ci s'ajoutent aux 13800 vaches affectées à la consommation de viande ; soit 15000 vaches entrées dans Paris (Lavoisier, lui, en compte 18000). Les données élaborées à partir de l'enquête notariale permettent d'établir que le chiffre minimum est de l'ordre de 2600 vaches présentes dans les étables parisiennes « intra-muros » pour les années 1780. En faisant le calcul à partir des 315 nourrisseurs extrapolés à partir des cartes de sûreté on trouve environ 3800 vaches dans Paris « intra-muros » vers 1790.

L'Annuaire administratif de la Seine pour l'An XIII donne le chiffre de 4660 vaches laitières vendues sur les deux marchés officiels en l'An XII (1804). Ces marchés fonctionnaient tant pour Paris « intra-muros » que pour la banlieue proche. Les données élaborées à partir de l'enquête notariale permettent d'établir que le chiffre minimum est de l'ordre de 3450 vaches présentes dans les étables parisiennes « intra-muros » et « extra-muros » pour les années 1800.

Lors de l'épizootie de 1814 les enquêteurs avaient des doutes sur l'exhaustivité des déclarations. Et moi aussi. Pour Paris « intra-muros » il faudrait au moins augmenter de plus d'un quart le nombre de vaches, soit au total au moins 3300-3400 vaches. A moins que les envahisseurs en aient consommé beaucoup…

Dans les années 1820, sur la base du nombre de nourrisseurs de la statistique citée ci-dessus et de la taille moyenne des étables de l'enquête on trouve un nombre d'environ 4000 vaches dans les étables de Paris « intra-muros ».

Mariages à Paris et dans la Seine 1817-1821

Arrondissements	Paris	Arr. St Denis	Arr. Sceaux	Total Seine
en 1817	**6382**	**647**	**486**	**7515**
Garçons//Filles	5171	556	444	6171
Garçons/Veuves	355	30	10	395
Veufs/Filles	605	41	21	667
Veufs/Veuves	251	20	11	282
en 1818	**6616**	**480**	**359**	**7455**
Garçons//Filles	5476	385	322	6183
Garçons/Veuves	312	29	8	349

Arrondissements	Paris	Arr. St Denis	Arr. Sceaux	Total Seine
Veufs/Filles	625	56	19	700
Veufs/Veuves	203	10	10	223
en 1819	**6246**	**502**	**456**	**7204**
Garçons//Filles	5035	413	367	5815
Garçons/Veuves	315	22	26	363
Veufs/Filles	671	51	45	767
Veufs/Veuves	225	16	18	259
en 1820	**5877**	**556**	**443**	**6876**
Garçons//Filles	4723	451	370	5544
Garçons/Veuves	296	21	17	334
Veufs/Filles	658	57	34	749
Veufs/Veuves	200	27	22	249
en 1821	**6465**	**590**	**534**	**7589**
Garçons//Filles	5234	477	433	6144
Garçons/Veuves	296	37	27	360
Veufs/Filles	704	51	50	805
Veufs/Veuves	231	25	24	280
Ensemble 5 ans	**31586**	**2775**	**2278**	**36639**
Garçons//Filles	25639	2282	1936	29857
Garçons/Veuves	1574	139	88	1801
Veufs/Filles	3263	256	169	3688
Veufs/Veuves	1110	98	85	1293

Source : Recherches statistiques sur la Ville de Paris et le département de la Seine vol. 1-1821 et vol.2 -1823.

Recensement de la population de Paris en 1891 - professions

Nourrisseurs

Ages	- 20 ans	20-39 ans	40-59 ans	60 et plus	Total
Patrons					
Hommes	0	242	179	22	443
Femmes	0	121	52	8	181
Employés ouvriers domestiques					
Hommes	138	483	114	21	756
Femmes	67	104	48	4	223
Famille					
Hommes	288	16	3	8	315
Femmes	346	219	55	17	637
Ensemble					
Hommes	426	741	296	51	1514
Femmes	413	444	155	29	1041

STATISTIQUES

Patrons nourrisseurs par arrondissements

Arrondissements	Hommes	Femmes	Ensemble	Vacheries 1886
P01 1er	0	0	0	0
P02 2e	0	0	0	0
P03 3e	2	0	2	3
P04 4e	0	0	0	2
P05 5e	17	4	21	11
P06 6e	2	0	2	4
P07 7e	20	2	22	12
P08 8e	4	1	5	2
P09 9e	15	0	15	3
P10 10e	13	7	20	14
P11 11e	21	17	38	31
P12 12e	44	17	61	30
P13 13e	41	32	73	39
P14 14e	31	19	50	35
P15 15e	75	31	106	72
P16 16e	19	7	26	35
P17 17e	27	8	35	38
P18 18e	41	7	48	58
P19 19e	42	3	45	43
P20 20e	29	26	55	32
Total	443	181	624	464

Note : Arrondissements tels que depuis 1860. En dehors des quelques filles et veuves nourrisseuses, les femmes « patrons » sont pour la plupart l'épouse du patron ; les autres épouses sont déclarées comme membre de la famille. Les patrons nourrisseurs représentent 0,19% de l'ensemble des hommes désignés comme patrons. On note des différences de localisation entre le recensement de 1891 et la statistique du Conseil de Salubrité pour 1886. A titre de comparaison ce recensement compte 610 patrons jardiniers (horticulture, maraîchage, pépinière) et 226 « patronnes ».

Sources :

1) Résultats statistiques du dénombrement de 1891 pour la Ville de Paris, 1894.

2) Rapport général des travaux du Conseil de Salubrité de la Seine pour 1884-86 ; statistique des vacheries autorisées, chiffres extraits de FANICA (2008) p. 146 ; 464 vacheries autorisées pour Paris et 612 pour la banlieue (villes de plus de 5000 habitants). En 1895 ce même rapport exposera 458 vacheries autorisées pour Paris et 833 pour la banlieue.

BIBLIOGRAPHIE

Ouvrages cités ou utilisés

BAULANT Micheline, *Meaux et ses campagnes*, PUR, Rennes, 2006, 414 p. – Niveaux de vie paysans autour de Meaux (1975), L'appréciation du niveau de vie, un problème, une solution (1989), Niveau de vie comparée des paysans briards et québécois (1992).

BOURDIEU Jérôme, POSTEL-VINAY Gilles, SUWA-EISENMANN Akiko, Pourquoi la richesse ne s'est pas diffusée avec la croissance ?, *Histoire et mesure*, volume 18, n° 1/2, 2003 p. 147-198.

BUSSEREAU-PLUNIAN Françoise, *Le temps des maraîchers franciliens de François.Ier à nos jours*, L'Harmattan, Paris, 2009, 395 p.

FANICA Olivier et PETHIEU, Michel, Du lait pour Paris, in *Ethnozootechnie*, Hors série n° 4, Clermont-Ferrand, 2003, 107 p.

FANICA Olivier, Du lait pour la capitale. La production laitière autour de Paris (1700-1914), in *Acteurs et espaces de l'élevage (XVIIe-XXIe siècle)*, Bibliothèque d'Histoire Rurale 9, Caen, 2006, pp. 141-154.

FANICA Olivier, *Le lait, la vache et le citadin*, Quae, Paris, 2008, 489 p.

GAUTIER Michel, *Un canton agricole de la Sarthe face au monde plein (1670-1870)*, L'Harmattan, Paris, 2010, 343 p.

GIRARD Roger, *Quand les Auvergnats partaient conquérir Paris*, Fayard, Paris, 1979, 276 p.

GUILLERME André, *La naissance de l'industrie à Paris, entre sueurs et vapeurs, 1780-1830*, Champ Vallon, Paris, 2007, 432 p.

HUZARD Jean-Baptiste (père), *Mémoire sur la péripneumonie chronique ou phtisie pulmonaire qui affecte les vaches laitières de Paris et ses environs*, An VIII, repris in *Instructions et observations sur les maladies des animaux domestiques*, tome V, 1813, Paris chez Mme Huzard.

PARDAILHÉ-GALABRUN Annik, *La Naissance de l'intime, 3000 foyers parisiens au XVIIe-XVIIIe siècles*, PUF, Paris, 1988, 499 p.

PIKETTY Thomas, POSTEL-VINAY Gilles, ROSENTHAL Jean Laurent, Wealth concentration in a developing economy: Paris and France 1807-1994, *Discussion Paper CEPR*, 2004, et *American Economic Review*, vol.96-1, mars 2006, pp 236-256.

PINOL Jean-Luc et GARDEN Maurice, *Atlas des Parisiens de la Révolution à nos jours*, Paris, 2009, 287 p.

POUSSOU Jean-Pierre, De la difficulté d'application des notions de faubourg et de banlieue à l'évolution de l'agglomération parisienne entre le milieu du XVIIIe et le milieu du XIXe siècle, in *Histoire, économie et société*, 1996, 15e année, n°3, pp. 339-351.

RATCLIFFE Barrie M., PIETTE Christine, *Vivre la ville, les classes populaires à Paris, première moitié du XIXe siècle*, La Boutique de l'Histoire, Paris, 2007, 584 p.

Rapports et observations sur l'épizootie contagieuse régnant sur les bêtes à cornes de plusieurs départements de la France, 1814, Paris chez Mme Huzard, 32 p.

Rapports généraux sur les travaux du Conseil de Salubrité de la Seine, diverses dates.

Recherches statistiques sur la Ville de Paris et le département de la Seine, Vol.1, 59 tableaux, 1821, Vol.2, 104 tableaux, 1823, Imprimerie Royale, Paris.

ROCHE Daniel, *Le peuple de Paris*, Fayard, 1998 (1980), 380 p.

VALLAT François, Les épizooties en France de 1700 à 1850, *Histoire et Sociétés Rurales*, n°15, 1er semestre 2001, pp. 67-104.

WARO-DESJARDINS Françoise, *La vie quotidienne dans le Vexin au XVIIIe siècle*, Société Historique de Pontoise, 1996, 542 p.

Pour les cartes de sûreté de 1793-95 :

BLUM Alain, HOUDAILLE Jacques, 12 000 Parisiens en 1793. Sondage dans les cartes de civisme, in *Population*, 41e année, n°2, 1986. pp. 259-302.

BURSTIN Haim, *Le Faubourg Saint Marcel à l'époque révolutionnaire*, Société des études robespierristes, Paris, 1983, 342 p.

CANU Gaston, *Des Normands à Paris en 1793*, 1987 (internet *noctes-gallicanae.fr*)

FARON Olivier, GRANGE Cyril, Un recensement parisien sous la Révolution. L'exemple des cartes de sûreté de 1793, in *Mélanges de l'Ecole française de Rome*, tome 111, n°2. 1999. pp. 795-826.

MONNIER Raymonde, *Le Faubourg Saint Antoine (1789-1815)*, Société des études robespierristes, Paris, 1981, 367 p.

Table des figures et des tableaux de l'enquête

Figure 1 Répartition géographique des nourrisseurs par zones 9
Figure 2 Origines sociales des garçons et filles parisiens................................16
Figure 3 Origines géographiques des provinciaux en 1793 (% du total).......21
Figure 4 Répartition (%) selon la valeur des meubles par classes.................28
Figure 5 Plan des bâtiments d'un nourrisseur...33
Figure 6 Répartition (%) des vacheries par taille...36
Figure 7 Répartition (%) des nourrisseurs selon la valeur de la prisée 44
Figure 8 Répartition (%) des nourrisseurs selon le ratio dettes/actif mobilier 51
Figure 9 Enseigne de vacherie 58
Figure 10 Carte de Paris et de la banlieue proche avant 1860 154

Tableau 1 Comptages par décennies des références contenues dans la SIV.............147
Tableau 2 Etat des relevés dans les minutes des notaires 151
Tableau 3 Etat global de l'échantillon par périodes de 20 ans....................152
Tableau 4 Répartition géographique et temporelle des inventaires et ventes............152
Tableau 5 Représentativité par zones « intra-muros » 153
Tableau 6 Evolution du nombre de nourrisseurs par décennies et zones 155
Tableau 7 Principales caractéristiques des couples de nourrisseurs 157
Tableau 8 Couples avec une activité de nourrisseur et un acte connu......158
Tableau 9 Situation parentale des garçons d'après leur contrat de mariage 159
Tableau 10 Situation parentale des filles d'après leur contrat de mariage 159
Tableau 11 Durées des mariages observées...160
Tableau 12 Contenu des contrats de mariage observés...............................161
Tableau 13 Garçons et filles nés en dehors de Paris et de la Seine par périodes........162
Tableau 14 Activités des pères des migrants et activités des garçons migrants 163
Tableau 15 Origines sociales des garçons et filles non migrants................164
Tableau 16 Origines des couples garçon non migrant - fille non migrante (352 cas) 165
Tableau 17 Origines des autres couples garçons-filles (217 cas) 165
Tableau 18 Origines des couples de veufs ou de veuves (191 cas)............166
Tableau 19 La capacité à signer 167
Tableau 20 Les livres, les images..167
Tableau 21 Les horloges et les montres 168
Tableau 22 Le café ou le thé à la maison 168
Tableau 23 Propriétaire ou locataire des lieux ? 168
Tableau 24 Nombre de pièces habitées et inventoriées – répartition % 169
Tableau 25 Les poêles, les commodes et les secrétaires – taux de présence %...........169
Tableau 26 Les miroirs et les glaces 170
Tableau 27 Les matelas de laine..170
Tableau 28 Les écuries et étables – répartition %...171
Tableau 29 Pièce dédiée à la laiterie – taux de présence 171
Tableau 30 Présence (%) d'une laiterie par taille de la vacherie par périodes............171
Tableau 31 Répartition des inventaires et ventes par classes de nombre de vaches .172
Tableau 32 Répartition des inventaires et ventes par classes de taille standard........173

Tableau 33 Répartition des inventaires et ventes par classes de taille standard 174
Tableau 34 Nourrisseurs en ayant et nombre total d'item par périodes 174
Tableau 35 Répartition des vaches selon la couleur de leur robe (%) 175
Tableau 36 Valeur unitaire des vaches lors des prisées 176
Tableau 37 Les autres activités animales par périodes 177
Tableau 38 Nombre de volailles par classes de taille standard 177
Tableau 39 Les chevaux par périodes de 20 ans 178
Tableau 40 Les chevaux par classes de taille standard 178
Tableau 41 Les charrettes par périodes de 20 ans 179
Tableau 42 Les charrettes par classes de taille standard 179
Tableau 43 Autres activités par périodes 180
Tableau 44 Autres activités par classes de taille standard 181
Tableau 45 Autres activités par grandes périodes et classes de taille standard 181
Tableau 46 Valeurs des prisées par chapitres en livres tournois ou en francs 182
Tableau 47 Moyennes pondérées par classes de taille - livres ou francs 183
Tableau 48 Prisée - moyennes par classes de taille - livres ou francs 184
Tableau 49 Valeur de la prisée - répartition par classes en livres ou francs 184
Tableau 50 Mobilier, argenterie, vêtements - moyennes par classes de taille - livres ou francs 184
Tableau 51 Meubles - répartition des inventaires par classes- livres ou francs 184
Tableau 52 Animaux, matériels - moyennes par classes de taille - livres ou francs .. 185
Tableau 53 Animaux, matériels - répartition des inventaires par classes - livres ou francs 185
Tableau 54 Actif et passif monétaires - en livres tournois ou francs 186
Tableau 55 Pluriactivité - valeurs par grandes périodes et classes de taille 187
Tableau 56 Propriété - valeurs par grandes périodes et classes de taille 187
Tableau 57 Pluriactivité et propriété – ensemble de l'échantillon 188
Tableau 58 « Au début », « en fin d'activité » et « entre-deux » 188
Tableau 59 Part des bilans négatifs par périodes et classes de taille standard 189
Tableau 60 Bilan des inventaires - répartition par classes en livres ou francs 190
Tableau 61 Tables des Successions et Absences Enregistrement de Paris 191
Tableau 62 Répartition du total des biens inventoriés et prisés –XVIIIe siècle 192
Tableau 63 Répartition des « fortunes » (hors immeubles) - % et moyennes 192
Tableau 64 Fortune des Parisiens au décès pour les classes les plus élevées 193
Tableau 65 Fortune des Français au décès pour les classes les plus élevées 194

Table des matières

INTRODUCTION 5
LE CADRE GÉNÉRAL 7
    Qu'est-ce qu'un nourrisseur de bestiaux ? 7
    Où exerce-t-il son activité ? 8
LES NOURRISSEURS DANS LA SOCIÉTÉ PARISIENNE 11
    La formation des couples de nourrisseurs 11
    Dis-moi qui tu fréquentes 14
    Les migrants 17
    La situation des nourrisseurs parmi les Parisiens en 1793 19
    Et un peu plus tard 21
    Quelques autres faits concernant l'insertion des nourrisseurs dans le milieu parisien 22
LE CADRE DE VIE DES NOURRISSEURS 25
    Les immeubles 25
    Les meubles 27
L'ACTIVITÉ DE NOURRISSEUR 35
    Classement selon la taille de la vacherie 35
    Autres activités que le lait 37
    Produire et vendre le lait 37
    Transporter 40
    Alimenter le bétail 40
BILAN DE L'ACTIVITÉ DE NOURRISSEUR 43
    Evolution et répartition de la valeur de la prisée des inventaires 43
    Influence des conditions de la première installation 44
    Influence de la pluriactivité et de la propriété 46
    Carrières de nourrisseur 47
    L'endettement et les dettes passives 49
    Le bilan final quant aux « fortunes » 50
    Comparaison des « fortunes » avec celles des Parisiens et des ruraux 51
EN GUISE DE CONCLUSION 55
HISTORIETTES - ETUDES DE CAS 59
    Cas particuliers 60
        Amavet, les ânesses du Bois de Boulogne 60
        Arfeuil, le vieil Auvergnat célibataire en déshérence 60
        Bauvé, vigneron nourrisseur en déroute post-mortem 60
        Betourné, nourrisseur ou pas ? 61
        Blaizot/Blézeau, une faillite 61
        Bourges, nourrisseuse de bestiaux contre vents et marées 62

- Bruneau, le petit bourgeois 63
- Cagny, une reconversion 64
- Ducrocq, entrepreneur des boues de Paris et affaires de famille 65
- Froment, de la mer au lait 67
- Jamart, maladie et précarité 68
- Lathuille, le bien nommé, épizootie et arnaque 68
- Lebosset, surendetté 69
- Matuchet, de Langres à Langres via Paris 70
- Millot, du lait et du bois 70
- Paulhac, la misère ? 71

Invasion et épizootie de 1814 (traces) 72
- Charbonnet 72
- Quintaine 72
- Saint Ellier 72
- Serroint 73

Nourrisseur et cultivateur et voiturier 74
- David Louis 74
- Thierry Pierre 74
- Breuilly Jean Antoine 75
- Bonamy François 75
- Isabille Jacques 76
- Delalande Michel 76
- Venant Laurent 76
- Crochet Michel 77
- Jumantier Honoré François 77
- Cottin Jean Jacques 78

Familles de nourrisseurs 79
- Aubry 79
- Auvry 84
- Beranger 89
- Breuilly 93
- Brochet 99
- Favre 103
- Gontier 106
- Granger 108
- Jonot/Jaunot 113
- Leclancher 118
- Louis 123
- Oursel/Ourcel/Ourselle 129
- Quintaine/Quintainne 133
- Sageret 139
- Toquet/Tocquet 142

Annexe A Le dispositif d'enquête	145
Mode de sondage dans les actes des notaires	145
Définition des périodes étudiées	149
Définition des zones géographiques	149
Etat de l'échantillon obtenu	150
Représentativité de l'échantillon	153
Annexe B Données détaillées des résultats de l'enquête	157
La formation des couples de nourrisseurs	157
Les migrants	162
Les activités et les origines sociales	164
Quelques aperçus « culturels »	167
L'habitat	168
La taille des vacheries	172
Inventaire des animaux et des matériels présents	174
La présence d'activités autres que celle de nourrisseur.	180
Valeurs des prisées d'inventaire	182
Bilan de l'activité	187
Comparaisons des fortunes mobilières	192
Annexe C Les cartes de sûreté de 1793-95	195
Annexe D Quelques statistiques d'époque	199
L'activité laitière au début de la Restauration à Paris	199
Enquêtes statistiques agricoles (Statistique de la France)	200
Mariages à Paris et dans la Seine 1817-1821	201
Recensement de la population de Paris en 1891	202
Bibliographie	205
Table des figures et tableaux	207

L'histoire aux éditions L'Harmattan

Dernières parutions

HISTOIRE DES HUNS
Daniarov Kalibek
L'*Histoire des Huns* dresse un tableau saisissant de l'histoire de ce peuple mystérieux, les Huns, depuis leur apparition à la chute de leur empire, survenue après la guerre menée par Attila en Europe (453 apr. J-C). Chercheur kazakh de renom, l'auteur présente ici une nouvelle analyse et synthèse de la culture hunnique. Il s'appuie sur des sources rares et inédites qui le conduisent à affirmer notamment que les Huns étaient des ancêtres probables du peuple kazakh.
(25.00 euros, 276 p.)
ISBN : 978-2-343-09492-2, ISBN EBOOK : 978-2-14-001332-4

1789 : LES COLONIES ONT LA PAROLE ANTHOLOGIE
Tome 1 : Colonies ; Gens de couleur
Tome 2 : Traite ; Esclavage
Biondi Carminella - Avec la collaboration de Roger Little
Cette anthologie regroupe tous les écrits et les discours de l'année 1789 au sujet des colonies, des gens de couleur (tome 1), de la traite et de l'esclavage (tome 2). Voici un ensemble de controverses passionnées et passionnantes de l'époque où aucun Noir n'est admis (comme à la Conférence de Berlin, un siècle plus tard).
((Tome 1 – Coll. Autrement Mêmes, 25.50 euros, 218 p.)
ISBN : 978-2-343-09854-8, ISBN EBOOK : 978-2-14-001623-3
(Tome 2 – Coll. Autrement Mêmes, 23.00 euros, 280 p.)
ISBN : 978-2-343-09855-5, ISBN EBOOK : 978-2-14-001622-6

ANTIQUITÉ, ART ET POLITIQUE
Sous la direction de Bouineau Jacques
Le lien entre ces différentes contributions se trouve dans l'utilisation de l'œuvre d'art comme vecteur politique, l'Antiquité sert de fil directeur et de multiples domaines artistiques sont concernés. Les domaines couverts sont les mondes anciens, l'Antiquité classique, le monde musulman, le monde slave et la culture européenne de l'époque moderne et contemporaine.
(Coll. Méditerranées, 33.00 euros, 318 p., Illustré en noir et blanc)
ISBN : 978-2-343-09346-8, ISBN EBOOK : 978-2-14-001407-9

L'ESPACE DANS L'ANTIQUITÉ
Sous la direction de Patrick Voisin et Marielle de Béchillon
L'espace est un thème permanent de la littérature antique, d'Homère au Ve siècle ap. J.-C. Il s'impose comme une préoccupation partagée, de l'habitant le plus humble à l'intellectuel le plus illustre. Les écrits antiques s'intéressent aux expériences et aux représentations de l'espace et nous invitent à un voyage au sein des mentalités antiques : c'est d'une ouverture de nature anthropologique dont il sera question, l'espace révélant également les valeurs, le mode de vie, les croyances ou les besoins de ces différentes civilisations.
(Coll. Kubaba, 38.00 euros, 378 p.)
ISBN : 978-2-343-05822-1, ISBN EBOOK : 978-2-336-37353-9

HÉPHAÏSTOS LE DIEU BOITEUX
Andrieu Gilbert
Presque toutes les mythologies possèdent un dieu boiteux, souvent forgeron : le cas d'Héphaïstos n'est pas unique et doit correspondre à un signe particulier qu'il faut trouver. Pourquoi ce dieu est-il si différent des autres et que représente cette singularité ? La singularité de cette divinité, qui semble à la fois immortelle et cependant particulière au point d'être presque rejetée, interroge. Homère nous en donne une image assez réductrice qu'il faut dépasser si l'on veut comprendre ce que les aèdes cachaient derrière leurs légendes.
(17.00 euros, 170 p.)
ISBN : 978-2-343-05974-7, ISBN EBOOK : 978-2-336-37490-1

POURQUOI ? LES LUMIÈRES À L'ORIGINE DE L'HOLOCAUSTE
Valdman Edouard
Et si la grande tentation pour les Juifs était d'oublier leur identité ? Et si l'assimilation faisait le lit de l'antisémitisme ? Et si la laïcité exacerbait les antagonismes religieux ? Et si les origines de l'Holocauste étaient à chercher aussi du côté des Lumières ? La réflexion de l'auteur, loin des préjugés bien pensants, est une contribution essentielle dans un contexte de résurgence de l'antisémitisme en Europe et dans le monde.
(10.50 euros, 78 p.)
ISBN : 978-2-343-04928-1, ISBN EBOOK : 978-2-336-36942-6

LES TONDUES
Un carnaval moche
Brossat Alain - Préface de Geneviève Fraisse
La tonte de milliers de femmes soupçonnées de «collaboration horizontale» avec l'ennemi est un phénomène qui a longtemps filé entre les doigts des historiens professionnels. Partant de cet embarras, l'auteur tente de saisir ces violences comme un phénomène «total» dont chaque facette ne s'éclaire qu'au prix de la mobilisation des savoirs et d'hypothèses infiniment variées. Le développement tardif, mais désormais bien ancré, en France, des études de genre souligne l'intérêt de la réédition de ce livre paru la première fois en 1992.
(Téraèdre, Coll. [Ré]édition, 36.00 euros, 348 p.)
ISBN : 978-2-36085-060-0, ISBN EBOOK : 978-2-336-37022-4

UN «MALGRÉ-NOUS» DANS L'ENGRENAGE NAZI
Les sacrifiés de l'Histoire
Cantinho Pereira Pedro
Ce livre constitue un humble hommage aux Alsaciens et Mosellans incorporés de force dans les armées allemandes lors de la Seconde Guerre mondiale et qui vivent dans l'ambiguïté de leur destin. Dans ce cataclysme, les agresseurs ont souvent été victimes de leurs propres actes. En racontant l'histoire vraie de Paul Freundlich, jeune Alsacien dont la vie a été bouleversée par la Seconde Guerre mondiale, le narrateur revient sur son propre passé.
(Coll. Mémoires du XXe siècle, série Seconde Guerre mondiale, 21.50 euros, 216 p.)
ISBN : 978-2-343-05059-1, ISBN EBOOK : 978-2-336-36992-1

TROUPES (LES) COLONIALES D'ANCIEN RÉGIME
Fidelitate per Mare et Terras
Lesueur Boris - Préface de Michel Vergé-Franceschi
«Le désavantage des colonies qui perdent la liberté de commerce est visiblement compensé par la protection de la Métropole qui les défend par ses armes ou les maintient par ses lois». Cette phrase de Montesquieu résume les liens compliqués entre une métropole et ses colonies sous l'Ancien Régime. La prospérité apportée par les colonies devait être souvent défendue avec acharnement. Des compagnies détachées aux régiments coloniaux, l'aventure des soldats au temps de la Nouvelle-France et des Îles demeure singulière et mal connue.
(SPM, Coll. Kronos, 45.00 euros, 534 p.)
ISBN : 978-2-917232-28-6, ISBN EBOOK : 978-2-336-36549-7

DROIT (LE) DES NOIRS EN FRANCE AU TEMPS DE L'ESCLAVAGE
Textes choisis et commentés
Boulle Pierre H., Peabody Sue
En France entre le XVIe siècle et le XIXe siècle, la vision de l'individu doté d'une liberté formelle fut confrontée à l'existence de l'esclavage aux colonies, en particulier lorsqu'à partir de 1716 une exception au principe du sol libre fut octroyée aux planteurs qui souhaitaient amener en métropole leurs esclaves domestiques. Tout un appareil juridique dut être créé pour accommoder cette exception. Le présent ouvrage cherche à illustrer les différentes étapes que prit cette recherche d'un équilibre entre liberté et esclavage.
(Coll. Autrement Mêmes, 29.00 euros, 291 p.)
ISBN : 978-2-343-04823-9, ISBN EBOOK : 978-2-336-36295-3

ÂGES (LES) DE L'HUMANITÉ
Essai sur l'histoire du monde et la fin des temps
Bolton Robert
Comment, quand et pourquoi le monde a-t-il commencé ? Et quand touchera-t-il à son terme ? Les deux mille dernières années sont analysées en termes de cosmologie traditionnelle, à l'aide de la science des nombres afin de permettre le calcul de la position de notre époque dans l'ère à laquelle elle appartient. L'auteur arrive à la conclusion qu'il y a de fortes probabilités pour que son terme coïncide avec la fin des temps.
(Coll. Théôria, 28.00 euros, 272 p.)
ISBN : 978-2-343-03921-3, ISBN EBOOK : 978-2-336-36288-5

DIVINATION (LA) DANS LA ROME ANTIQUE
Études lexicales
François Guillaumont et Sophie Roesch (éds.)
Les Romains vivaient dans un monde peuplé de signes de la volonté des dieux. Savoir lire ces signes, par le biais de la divination, permettait aux hommes de s'assurer le succès de leurs entreprises. L'objet de ce recueil est de compléter par une approche lexicale les nombreuses publications déjà consacrées à ce domaine de la religion antique, afin de mieux définir les croyances et les pratiques divinatoires des Romains.
(Coll. Kubaba, 15.50 euros, 150 p.)
ISBN : 978-2-343-04273-2, ISBN EBOOK : 978-2-336-36431-5

DISPARITION (LA) DU DIEU DANS LA BIBLE ET LES MYTHES HITTITES
Essai anthropologique
Nutkowicz Hélène, Mazoyer Michel
Drames et tragédies se succèdent qui voient les destructions de la nature, de l'homme et du cosmos dans les royaumes tant hatti que judéen, témoins de la rupture entre le monde terrestre et le monde divin. Quelles explications les peuples touchés par ces situations de crises apportent-ils ? Quels sont les points partagés et les divergences développées par ces deux peuples ?
(Coll. Kubaba, série Antiquité, 22.00 euros, 214 p.)
ISBN : 978-2-343-04876-5, ISBN EBOOK : 978-2-336-36434-6

ÉCHANGES (LES) MARITIMES ET COMMERCIAUX DE L'ANTIQUITÉ À NOS JOURS (2 volumes)
Sous la direction de Philippe Sturmel
Tous les peuples, ou presque, ont voulu faire de la mer et des océans leur terrain de jeu, de chasse, d'échanges ou d'aventures. A l'aube de l'époque moderne, la navigation commerciale connaît un essor spectaculaire et les terres apparaissent comme un obstacle à son développement. La mer, enfin, comme lieu de toutes les spéculations, intellectuelles, philosophiques ou utopiques. C'est cette grande histoire que les communications rassemblées dans cet ouvrage ont l'ambition de raconter.
(Volume 1, Coll. Méditerranées, 31.00 euros, 300 p.)
ISBN : 978-2-343-03509-3, ISBN EBOOK : 978-2-336-36383-7
(Volume 2, Coll. Méditerranées, 30.00 euros, 294 p.)
ISBN : 978-2-336-30724-4, ISBN EBOOK : 978-2-336-36382-0

MENSONGES DE L'HISTOIRE (Tome 2)
Monteil Pierre
Avec simplicité, esprit critique et objectivité, l'auteur s'attaque, dans ce second tome, à de nouveaux «mensonges de l'Histoire» : ainsi, saviez-vous que l'Enfer est une conception médiévale ? Que les chiffres arabes sont en réalité indiens ? Que Gutenberg n'a pas inventé l'imprimerie ? Qu'Abraham Lincoln était raciste ? Que l'Allemagne nazie fut le premier pays dans l'espace ?
(Coll. Rue des écoles, 30.00 euros, 300 p.)
ISBN : 978-2-343-04362-3, ISBN EBOOK : 978-2-336-36119-2

VOYAGEUSES (LES) D'ALBERT KAHN (1905-1930)
Vingt-sept femmes à la découverte du monde
Arasa Yaelle
Entre 1905 et 1930, Albert Kahn, riche banquier autodidacte, crée en France, une bourse féminine Autour du monde, octroyée aux plus brillantes des jeunes femmes titulaires de l'agrégation. Les lauréates se nourrissent, durant une année, d'un quotidien nomade, se frottant aux traditions les plus anciennes et à la modernité la plus échevelée. Courriers, rapports et carnets de bord narrent les changements de paysage, du monde, de la société, de l'enseignement féminin et de la vie des femmes durant un quart de siècle.
(38.00 euros, 382 p.)
ISBN : 978-2-343-04419-4, ISBN EBOOK : 978-2-336-36174-1

MYTHE (LE) INDO-EUROPÉEN DU GUERRIER IMPIE
Blaive Frédéric, Sterckx Claude
Cet ouvrage s'appuie sur les travaux de comparatisme indo-européen initié par Georges Dumézil et plus particulièrement d'un mythème de «guerrier impie» s'attaquant obstinément à tous les niveaux du sacré, du droit et du juste, repoussant dédaigneusement les avertissements divins et s'obstinant dans sa démesure jusqu'à succomber. Ces enquêtes rendent compte des formes et des motivations propres à chaque culture du guerrier impie (tels que les Grecs Achille et Bellérophon, les Romains César et Julien l'Apostat, l'Irlandais Cuchulainn, le Scandinave Harald l'impitoyable, voire l'Anglais Richard III).
(Coll. Kubaba, série Antiquité, 22.00 euros, 224 p.)
ISBN : 978-2-336-30260-7, ISBN EBOOK : 978-2-336-35479-8

FIGURES ROYALES DES MONDES ANCIENS
Sous la direction de Michel Mazoyer, Alain Meurant et Barbara Sébastien
Dans les mondes indo-européen et méditerranéen, la royauté apparaît comme la forme naturelle et privilégiée de la souveraineté. Son souvenir est particulièrement bien conservé, nos sociétés modernes en ont largement hérité. Dix variations sur la royauté dans l'Antiquité, du monde celtique au domaine gréco-romain en passant par celui des Scythes et des Hittites sont ici proposées.
(Coll. Kubaba, 23.00 euros, 230 p.)
ISBN : 978-2-343-00291-0, ISBN EBOOK : 978-2-296-53505-3

ESSAIS D'HISTOIRE GLOBALE
Sous la direction de Chloé Maurel – Préface de Christophe Charle
L'histoire globale est une approche novatrice qui transcende les cloisonnements étatiques et les barrières temporelles et promeut un va-et-vient entre le local et le global. Développé depuis plusieurs années aux États-Unis, ce courant connaît un essor récent en France. Voici un tour d'horizon varié des travaux récents en histoire globale (concernant l'abolition de l'esclavage, l'histoire du livre et de l'édition, des revues et celle des organisations internationales).
(23.00 euros, 226 p.)
ISBN : 978-2-336-29213-7, ISBN EBOOK : 978-2-296-53077-5

L'HARMATTAN ITALIA
Via Degli Artisti 15; 10124 Torino
harmattan.italia@gmail.com

L'HARMATTAN HONGRIE
Könyvesbolt ; Kossuth L. u. 14-16
1053 Budapest

L'HARMATTAN KINSHASA
185, avenue Nyangwe
Commune de Lingwala
Kinshasa, R.D. Congo
(00243) 998697603 ou (00243) 999229662

L'HARMATTAN CONGO
67, av. E. P. Lumumba
Bât. – Congo Pharmacie (Bib. Nat.)
BP2874 Brazzaville
harmattan.congo@yahoo.fr

L'HARMATTAN GUINÉE
Almamya Rue KA 028, en face
du restaurant Le Cèdre
OKB agency BP 3470 Conakry
(00224) 657 20 85 08 / 664 28 91 96
harmattanguinee@yahoo.fr

L'HARMATTAN MALI
Rue 73, Porte 536, Niamakoro,
Cité Unicef, Bamako
Tél. 00 (223) 20205724 / +(223) 76378082
poudiougopaul@yahoo.fr
pp.harmattan@gmail.com

L'HARMATTAN CAMEROUN
BP 11486
Face à la SNI, immeuble Don Bosco
Yaoundé
(00237) 99 76 61 66
harmattancam@yahoo.fr

L'HARMATTAN CÔTE D'IVOIRE
Résidence Karl / cité des arts
Abidjan-Cocody 03 BP 1588 Abidjan 03
(00225) 05 77 87 31
etien_nda@yahoo.fr

L'HARMATTAN BURKINA
Penou Achille Some
Ouagadougou
(+226) 70 26 88 27

L'HARMATTAN SÉNÉGAL
10 VDN en face Mermoz, après le pont de Fann
BP 45034 Dakar Fann
33 825 98 58 / 33 860 9858
senharmattan@gmail.com / senlibraire@gmail.com
www.harmattansenegal.com

L'HARMATTAN BÉNIN
ISOR-BENIN
01 BP 359 COTONOU-RP
Quartier Gbèdjromèdé,
Rue Agbélenco, Lot 1247 I
Tél : 00 229 21 32 53 79
christian_dablaka123@yahoo.fr

Achevé d'imprimer par Corlet Numérique - 14110 Condé-sur-Noireau
N° d'Imprimeur : 134700 - Dépôt légal : décembre 2016 - *Imprimé en France*